有时动机越简单，就越容易成功

接纳不完美的自己

好的人生

从懂得人生哲理开始

宿文渊☆编著

四川人民出版社

图书在版编目（CIP）数据

好的人生：从懂得人生哲理开始 / 宿文渊编著 . --成都：四川人民出版社，2021.6

ISBN 978-7-220-11673-5

Ⅰ . ①好… Ⅱ . ①宿… Ⅲ . ①人生哲学－通俗读物 Ⅳ . ① B821-49

中国版本图书馆 CIP 数据核字 (2019) 第 272204 号

HAO DE RENSHENG : CONG DONGDE RENSHENG ZHELI KAISHI

好的人生：从懂得人生哲理开始

宿文渊　编著

出 版 人	黄立新
策划组稿	张明辉
责任编辑	任学敏
营销策划	张明辉
插画绘制	金版文化
封面设计	简明波
责任印刷	李　剑
出版发行	四川人民出版社（成都槐树街2号）
网　　址	http：//www.scpph.com
E-mail	scrmcbs@sina.com
新浪微博	@四川人民出版社
微信公众号	四川人民出版社
发行部业务电话	（028）86259624　86259453
防盗版举报电话	（028）86259624
印　　刷	深圳市雅佳图印刷有限公司
成品尺寸	135mm × 180mm
印　　张	14
字　　数	300千
版　　次	2021年6月第1版
印　　次	2021年6月第1次印刷
书　　号	ISBN 978-7-220-11673-5
定　　价	49.90元

前言

PREFACE

人生在世总有诸多疑惑与不解，比如：什么是人生价值，如何实现人生价值；为什么有的人总是一帆风顺、好运连连，为什么有的人总是左右为难、举步维艰；什么才是最值得追求的幸福，怎样才能百折不挠、越战越勇……面对这样的问题，我们往往百思不得其解。若不尝试在哲理中寻找答案，也许我们的一生都将在浑浑噩噩、茫茫然然中度过，只会抱怨命运的不公、责骂人生的不幸，最终却一无所获。

孔夫子曾说过："吾十有五而志于学，三十而立，四十而不惑，五十而知天命，六十而耳顺，七十而从心所欲不逾矩。"意思是说，一个人早年励志学习，到三十岁有所作为，四十岁时能从容面对外部的诱惑，五十岁懂得顺应天命，六十岁就可以坦然接受各种言论，到古稀之年就能达到随心所欲又能合乎规律的最高境界。这句话就像一盏人生的指路明灯，告诉人们每个阶段应该做的事情，或应该达到的境界，并据此一步步地行动，才能成就一个完满的人生。

人的一生会碰到关于事业、爱情、亲情、友情中的诸多难题，要解决这些问题，我们更是需要有一个准则、一条建议、一句告诫，给我们安慰、力量与希望，使我们达到"尽人事，知天命"的境界，为我们指明前进的方向。而人生的哲理就扮演着这样一个为众生指点迷津的智者角色：当焦躁不安的时候，提醒我们要珍惜当下；当一败涂地的时候，鼓励我们重整旗鼓；当得意忘形的时候，告诫我们小心谨慎；当失意怅惘的时候，指引我们驱除心灵的迷雾。

哲理之于人生，就如明灯之于黑夜、凉风之于酷暑、甘霖之于焦土。有了它，再回首平淡的生活，将发现一份恬然与纯真；有了它，再迎接艰难的处境，将收获一份勇敢与力量。著名小说家米兰·昆德拉曾说过："生活是一张永远无法完成的草图，是一次永远无法正式上演的彩排，人们在面对抉择时完全没有判断的依据。我们既不能把它们与我们以前的生活相比，也无法使其完美之后再来度过。"正是如此，我们才需要一部人生哲理，帮助我们慎重做出抉择，认真对待生活的点点滴滴，从容处理生活中的各种问题，尽量为自己的人生少留遗憾。

本书汇集了我们在生活之中可能会遇到的方方方面、大大小小的各种问题，包含了古今中外具有启发性与指导性的各类哲理故事，以寓教于乐、轻松愉快的方式，帮助我们理解与把握人生中颠扑不破的真理，指导我们轻松走出人生困境，坦然面对人生。本书对于青年人来说，是一本及早了解人生百态、把握为人处世准则的宝典；对于中年人来说，是一本及早认清处境、扭转局面与调整心态的秘籍；对于老年人来说，是一本融汇了智慧、总结了经验的回忆录。希望读者们在阅读本书的过程中，都能有所收益、有所感悟，最终成就自我。

目录

Contents

第一篇 世界上没有失败，只有暂时的不成功

第二篇 世界本不完美，人生当有不足

第三篇 二十几岁跟对人，三十几岁才能做对事

第四篇 不为失败找借口，只为成功找方法

第五篇 你可以平凡，但不能平庸

第六篇 生气不如争气，抱怨不如改变

第七篇 大度集群朋，广施得众助

第八篇 你不理财，财不理你

第九篇 情绪不失控，人生就不失控

第十篇 成功时看得起别人，失败时看得起自己

第十一篇 选择需要智慧，放弃更要理智

第十二篇 再累也要挺一挺，再苦也要笑一笑

第十三篇 人生得于淡定时，成功须过寂寞关

第十四篇 放得下，人生不必太计较

第十五篇 态度对了，幸福就来了

第十六篇 让心平静，然后才有所见

第十七篇 苦才是人生，给才是幸福

第十八篇 爱出者爱返，福往者福来

第十九篇 经历人生，更要善待人生

第一篇

世界上没有失败，只有暂时的不成功

成功无定律，要靠自己去寻找

20世纪50年代初期，有个叫丹尼尔的年轻人，从美国西部一个偏僻的山村来到纽约。走在繁华的都市街头，啃着干硬冰冷的面包，他发誓一定要闯出一片属于自己的天空。

然而，对于没有进过大学校门的丹尼尔来说，想在这座城市里找到一份称心如意的工作简直比登天还难，几乎所有的公司都拒绝了他的求职请求。

就在他心灰意冷之时，有一天，他接到一家日用品公司让他去面试的通知。他兴冲冲地去应聘，但是面对主考官有关各种商品的性能和如何使用的提问，他吞吞吐吐的一句话也答不出来。说实话，摆在他眼前的许多东西他从未接触过，有的连名字都叫不出来。

眼看唯一的机会就要消失，丹尼尔在转身退出主考官办公室的一刹那，有些不甘心地问："请问阁下，你们到底需要什么样的人才？"

主考官彼得微笑着告诉他："这很简单，我们需要能把仓库里的商品销售出去的人。"

回到住处，丹尼尔回味着主考官的话，突然有了奇妙的感想：不管哪个地方招聘，其实都是在寻找能够帮自己解决实际问题的人。既然如此，何不主动出去，去寻找那些需要帮助的人？他想，总有一种帮助是他能够提供的。

不久，在当地的一家报纸上，出现了一则颇为奇特的启事。文中有这样一段话：谨以我本人信用作担保，如果你或者贵公司遇到难处，如果你需要得到帮助，而且我也正好有这样的能力给予帮助，我一定竭力提供最优质的服务……

让丹尼尔没有料到的是，这则并不起眼儿的启事登出后，他接到了许多来自不同地区的求助电话和信件。

原本只想找一份适合自己的工作的丹尼尔，这时又有了更有趣的发现：老约翰因为自己的花猫生下小猫照顾不过来而发愁，而凯茜却为自己的宝贝女儿吵着要花猫却找不到卖主而着急；北边的一所小学急需大量鲜奶，而东边的一处牧场却奶源过剩……诸如此类，他一一看在眼里。

丹尼尔将这些情况整理分类，一一记录下来，然后毫不保留地告诉那些需要帮助的人。而他也在一家需要市场推广员的公司找到了适合自己的工作。不久，一些得到他帮助的人给他寄来了汇款，以表谢意。

据此，丹尼尔灵机一动，辞职注册了自己的信息公司，业务越做越大，他很快就成为纽约最年轻的百万富翁之一。

后来，丹尼尔告诫自己的孩子：成功无定律，幸运从来不主动光顾你，要靠自己去寻找。有时候，给别人帮助的同时，其实也为自己创造了最好的成功机会。

世界上没有失败，只有暂时的不成功

西娅在维伦公司担任高级主管，待遇优厚，很长一段时间，她都为到底去什么地方度假而烦恼。但是情况很快就变得糟糕起来。为了应对激烈的竞争，公司开始裁员，而西娅则是被裁掉的其中一员。那一年，她43岁。

“我在学校里一直表现不错，”她向朋友说道，“但没有哪一项特别突出。后来，我开始从事市场销售。在30岁的时候，我加入了那家大公司，担任高级主管。”

“我以为一切都会很好，但在我43岁的时候，我失业了。那感觉就像有人给了我的鼻子一拳，”她接着说，“简直糟糕透了。”

在那段灰暗的日子里，西娅不能接受自己失业的事实，躲在家里不敢出门，因为每当看到忙碌的人，她都会觉得自己没

用。她的脾气也越来越大，孩子们也越来越怕她。情况似乎越来越糟糕。

但就在这时，转机出现了。一个月后，一个出版界的朋友向她询问如何向化妆业出售广告位。这是她擅长的东西，她似乎又重新找到了自己的方向：为很多的公司提供建议、出谋划策。

两年后，西娅拥有了自己的咨询公司。她已经不再是打工者，而是一个老板，收入自然也比以前的工作多很多。

“被裁员是一件糟糕的事情，但那绝对不是地狱。也许，对你自己来说，可能还是一个改变命运的机会，比如现在的我。其实，重要的是如何面对。我记得那句名言：世界上没有失败，只有暂时的不成功。”西娅总结道。

经验教训缺一不可

有个渔人有着一流的捕鱼技术，被人们尊称为“渔王”。然而渔王年老的时候非常苦恼，因为他的三个儿子的渔技都很平庸。

于是他经常向人诉说心中的苦恼：“我真不明白，我捕鱼的技术这么好，儿子们的技术为什么这么差？我从他们懂事起就传授捕鱼技术给他们，从最基本的东西教起，告诉他们怎样织网最容易捕捉到鱼，怎样划船最不会惊动鱼，怎样下网最容易‘请鱼入瓮’。他们长大了，我又教他们怎样识潮汐、辨鱼汛……凡是我长年辛辛苦苦总结出来的经验，我都毫无保留地传授给了他们，可他们的捕鱼技术竟然赶不上技术比我差的渔民的儿子！”

一位路人听了他的诉说后，问：“你一直手把手地教他们吗？”

“是的，为了让他们得到一流的捕鱼技术，我教得很仔细、很耐心。”

“他们一直跟随着你吗？”

“是的，为了让他们少走弯路，我一直让他们跟着我学捕鱼技术。”

路人说：“这样说来，你的错误就很明显了。你只传授给了他们技术，却没传授给他们教训。对于才能来说，没有教训与没有经验一样，都不可能使人成大器。”

有时动机越简单，就越容易成功

美国有个叫杰福斯的牧童，他的工作是每天把羊群赶到牧场，并监视羊群不越过牧场的铁丝栅栏到相邻的菜园里吃菜。

有一天，小杰福斯在牧场上不知不觉地睡着了。不知过了多久，他被一阵怒骂声惊醒。只见老板怒目圆睁，大声吼道：

“你这个没用的东西，菜园被羊群搅得一塌糊涂，你还在这里睡大觉！”

小杰福斯吓得面如土色，不敢回话。

这件事发生后，机灵的小杰福斯就想：怎么才能使羊群不再越过铁丝栅栏呢？他发现，那片有玫瑰花的地方并没有牢固的栅栏，但羊群从不过去，因为羊群怕玫瑰花的刺。“有了！”小杰福斯高兴地跳了起来，“如果在铁丝上加上一些刺，就可以挡住羊群了。”

于是，他先将铁丝剪成了5厘米左右的小段，然后结在铁丝上当刺。结好之后，他再放羊的时候，发现羊群起初也试图越过铁丝栅栏去菜园，但每次被刺疼后，都惊恐地缩了回来。被

多次刺疼之后，羊群再也不敢越过栅栏了。

小杰福斯成功了。

半年后，他申请了这项专利，并获批准。后来，这种带刺的铁丝网便风行全世界。

一个人若想成功，往往要经历很多事

安德莱耶维奇手拿报纸，坐在沙发上打盹儿。突然，有人急促地敲窗，这使安德莱耶维奇有些不知所措，因为他住在8楼，而且他的房间是没有阳台的。起初，他只当是自己的幻觉。但是，敲窗声再次传来。陡然，窗户自动打开，窗台上显现出一个男子的身影，这人穿着长长的白衬衫。

安德莱耶维奇惊恐地想："是个梦游病患者吧，他要把我怎么样？"只见那男子从窗台跳到地板上，背后的两只翅膀摆动了一下。接着，他走到沙发跟前，随意地挨着安德莱耶维奇坐下，说："深夜来访，请您原谅。不过，这是我的工作。有人说，我们天使逍遥自在，终日吃喝玩乐，其实那是胡言乱语。实际上，他对我任意欺压，刻薄着呢。"

安德莱耶维奇一下子没弄懂，问："这个'他'是谁呀？"天使压低声音回答："我告诉你吧，是上帝！""哦，明白了，明白了。那么，上帝或者您，找我有事儿吗？"天使说："您要知道，我是奉他的命令来找您的。我负责分配上帝所赐的东西，也就是智慧。每个人都应该被分配到智慧，只是或多或少罢了。可是昨天我查明，由于我一时疏忽，您遭到了不公正的对待，也就是说，我忘了分配智慧给您。”

安德莱耶维奇怒气冲冲，从沙发上一跃而起：“什么，什么？您怎么能够如此粗心大意！快把我应有的一份交给我！别人的我管不着，可我的一份，劳驾，快交给我吧。哼，难道我低人一等？”天使安慰他：“我正是为此而来。我完全承认自己的过错。我尽力弥补，为您效劳。我给您送来的，不仅是智慧，而且是大智慧！”天使从怀里取出一个小塑料袋，里面五颜六色，流光溢彩。安德莱耶维奇接过小塑料袋，藏进床头柜的抽屉里，转身说：“谢谢您想起了我！要不然，我就会一点智慧也没有，傻头傻脑地混一辈子了！”“如今全安排好了！我真为您高兴！现在，您将享受到苦苦怀疑的幸福！”“什么，什么？怎样的怀疑？”

“苦苦的怀疑。”“这是为什么？非苦不可吗？”“那当然。此外，您还将狠狠地摔跤，飞速地升迁！”安德莱耶维奇没听清楚：“飞速地升迁？那好哇，还有什么？”“狠狠地摔跤！”安德莱耶维奇警觉起来：“唔，那么，还会怎么样？”“您还会由于暂时不被理解的孤立而感到一种崇高的自豪。”

“暂时不被理解？您不骗人？的确是暂时的吗？”“当然，暂时的！不过，这段时间可能比您的一生还长得多，但是您将具有一种创造的冲动！”安德莱耶维奇皱眉蹙额地说：“创造的冲动？还有什么？您爽爽快快地全说出来吧，别折磨人了。”“哦，还多着呢。也许，甚至要为所抱的信念而牺牲生命，死而无憾！”“一定得……得死吗？”“要

有充分的思想准备。这是获得人们敬仰的、万世流芳的伟大幸福。”

安德莱耶维奇沉默片刻，使劲地握握天使的手，说：“哦，好吧，谢谢您，感谢之至！”等天使飞出窗户，安德莱耶维奇就从抽屉里取出小塑料袋，准备丢进垃圾桶。

转念一想，又下了楼，走进院子，找了个阴暗角落，把一塑料袋大智慧深深地埋入土中。

只有充分了解自己，才能握住成功的手

龟兔经过三次赛跑，似乎皆大欢喜。

乌龟请织布鸟在为他重新装修龟壳，做着长远的规划……

过了几天，重塑形象的乌龟给狮王递上呈文，要求被委以重任。

狗问乌龟：“你想要什么职位？”

乌龟说：“想当跟车的仆人。”

“这哪儿成？”狗纳闷儿，“你怎能胜任这个职务？你爬一步才前进一寸，而跟车的仆人要有飞毛腿般的奔跑能力，你真是异想天开。看来，你从没侍候过富家豪门。”

乌龟道：“只要有诚心，老天爷肯安排，就一定能让他们

满意。”

结果呢？乌龟果然当上了这个官。这么一来，赞颂之词漫天飞，都夸乌龟跑得快，是个了不起的奇才。

在这种社会评价下，乌龟更加自信，又产生了更宏伟的设想，于是找到了鹰王说：“请教我飞翔吧！只上一堂课我就能冲上云霄，穿过大气层，翻飞在太空。在那里，我可以看太阳、月亮，还有成千上万的星星。我还可以神速地降落，逍遥自在地掠过一个又一个城市，在短短的几天中饱览所有风光！”

鹰王嘲笑乌龟的荒唐，奉劝他耐心地用自己的方式生存。可乌龟却固执己见，坚持要鹰王把飞翔的本领教给他。

鹰王无奈，只好抓起乌龟直飞云端，并对乌龟说：“看你怎样飞翔！”说着鹰王爪子一松，乌龟掉了下来，摔得粉身碎骨。

要取得成功，就要善于发现和抢占机会

1951年夏天，凯蒙斯·威尔逊驾驶一辆大汽车，带着全家老小往华盛顿特区旅游观光。一路上，美丽的风光使他心旷神怡，可住宿的遭遇却让他十分恼火：客房既小又脏，水暖设备差，洗澡不方便；很少见汽车旅馆有餐厅，即使有的话，所供应的食物也很差，收费也不低；一家人合住一间客房，每个孩子还要再加收钞票。

“孩子睡在地板上还要加钱，太不应该了。”凯蒙斯对妻子抱怨道，“设施齐全、服务周到的汽车旅馆居然一家都

没有！”

“都是这样的，在外就将就些吧。”妻子劝慰说。

那一刻，凯蒙斯的眼睛一亮：汽车旅馆普遍差，这不是蕴含着巨大的商机吗？如果我建造一些宾馆式的汽车旅馆，不就能赚大钱了吗？

他兴奋地对太太说：“我打算建造许多新型的汽车旅馆，和父母同住客房的儿童也绝不另外收取费用。我要做到人们一看到旅馆的招牌，就像到了自己的家。出外度假所宿旅馆必须舒适和方便，这正是现在汽车旅馆所缺少的。我想，我是极其平常的人，我喜欢的东西，别人也会喜欢。”

1952年8月1日，他的第一家假日酒店正式开张营业。

旅馆所在的孟菲斯市萨默大街，是汽车从东进入孟菲斯的主要通道，也是来往美国东西部的一条重要机动车道路。

在路的旁边，一块18米高的黄绿两色“假日酒店”的大招牌特别引人注目。到了晚上，招牌上的霓虹灯闪闪发光，更是醒目。汽车无论行驶在高速公路上的哪个方向，都能远远地一眼就望到假日酒店的招牌。凯蒙斯花费1.3万美元做了这块招牌，这块招牌让无论是成人还是小孩子都会联想到这是一个有趣的地方。

走进酒店，你会发现服务设施特别周全：走廊上备有软饮料和制冰机，旅客可以免费取用；客房里的空调让人感到十分凉爽；游泳池里清波荡漾；走几步就是餐厅，可供全家用餐，餐桌上还有特地为儿童设计的菜单；你住进酒店，工作人员会叫得出你的名字，这让你倍感亲切，他们见了你就微笑——

这是凯蒙斯要求他们这样做的。他说：“世界上的语言有几百种，但微笑是通用的语言。微笑不需要翻译。”旅客需要服务，马上就会有人来，并且绝不收取小费；天气好的话，旅客可以在晚饭后出外散步，享受郊外的宁静感觉……而享受这一切，价格绝对便宜：单人房才收4美元，双人房6美元。凯蒙斯规定，和父母一起住的孩子一概不另外收费。

“高级膳宿，中档收费。”凯蒙斯说，“既不完全是汽车旅馆，也不完全是宾馆，但提供它们两者都有的服务。”

旅客纷纷前来，有的旅客走进酒店，房间已经住满，服务的先生或小姐会为旅客和附近的旅馆联系住宿——这又是凯蒙斯发明的服务。

一炮打响，凯蒙斯马上着手建造更多的假日酒店。他采取特许经营办法，向社会出售特许经营权，从而迅速推动假日酒店在全美各地到处开花……

20世纪60年代初，人们对电脑还是很陌生的。可凯蒙斯却在想，如何应用这个新的技术来为酒店服务。他有一种预感，电脑会给酒店带来许多好处。他想，为旅客预订外地假日酒店客房唯一的办法就是打长途电话，长途电话费太贵了，能不能利用电脑，为各地的假日酒店相互之间建立“快车道”呢？他委托国际商用机器公司IBM设计安装一套电脑系统，它可以即时找出或预订在任何地方的任何一家假日酒店的可供投宿的客

房，代价是800万美元。

后来，那套电脑系统设计出来了，并且取得了成功。当时其他的连锁旅馆都没有这种先进设备，假日酒店一下子拥有了巨大的优势。

成败不是由命运和神明决定的，它取决于自己

欧洲的某个城镇又热闹起来了，这里正在举行一年一度的电单车竞赛，全球的高手都陆续涌进这个城镇。许多竞赛好手都提前两三个星期到当地训练，以适应现场的地理环境。

在众多好手中，有3个人生观不同的青年。

第一个相信宿命论。有一次他在竞赛时滑倒了，无论他后来如何拼搏都无法改变失败的结果。此后，每遇比赛，一旦他不幸滑倒就会自动弃权，因为他认为那是命中注定的。他将整个竞赛的成败寄托于冥冥之中的“命运”。

第二个青年，从小就依从父母，膜拜古代的某一位英雄。每逢竞赛之前，他一定跟从父母到附近唐人街的一间庙里去烧香，向庙里扶乩的人询问结果。若那人点头准许他参加竞赛的

话，他便有信心去参赛；否则，便放弃。至于这次参赛，他父母亲已到庙里询问过了，那人很有信心地告诉他父母，这次他一定可以成功地夺取冠军，他会得到神明相助的。这名青年将整个竞赛的夺冠机会交给一种超自然的神秘力量。

最后一个青年，是第一次参赛，他这次的参赛目的也是为了夺取冠军，以赢取10万美元的奖金，好让他病重的母亲到外国去治疗。他每天都勤奋地练习，跌倒了，又爬起来，他不断鼓励自己："我一定要得到冠军！我一定要！"他将这场比赛的胜利掌握在自己手中。

不久，比赛开始了。一声枪响，上百名选手便往前冲去。现在，让我们将注意力放在那3个年轻人身上。

第一个青年在比赛开始后不久，因路滑跌倒，他便将单车推到路旁，很无奈地看着许多选手从他的眼前驰过。"唉，这是上天的安排，有什么办法呢！"

第二个青年因有"神"的保佑而拼命地飞驰，突然，在一个转弯处，他一不留神，发生意外，人仰车翻，不省人事。当他的父母从电视上看到这种情景时，便很生气地赶到那间庙堂去责问那个扶乩的人。那人刚好在睡午觉，被他们的突然登门而吵醒。"你说神明保佑我的儿子平安无事，一定得冠军，你看他现在已发生了意外，你到底有没有保佑他？"那青年的母亲很生气地说。扶乩的人揉着眼睛说："唉，我已尽力帮助你的儿子。当他要跌倒时，我也尽力赶去扶助他，但他骑的是电单车，怎么追得上呢？"

至于那第三个竞赛者，他也很拼命地奔驰。一旦跌倒了，他又赶快爬起来，忍痛继续冲刺。滚滚沙尘、炎炎烈日，均无法遮盖他那颗炽热的心。由于他将成败掌握在自己手中，终于夺得了冠军。

拥有强烈的自信，就等于成功了一半

1926年，毕业于东京大学法律系的大村文年进入“三菱矿业”做了一名小职员。

当公司为新人举行欢迎会时，他对那些与他同时进入公司的同事说：“我将来一定要成为这家公司的总经理。”

一番豪言壮语之后，他开始了自己的长远计划。他凭借旺盛的斗志与惊人的体力，数十年如一日，孜孜不倦地工作，后来远远超过众多资深的干部与同事，在毫无派系的背景之下，完全凭借本人实力，冲破险境，终于在35年之后当上“三菱矿业”的总经理。

以三菱财阀的历史而言，未到60岁就成为直系公司的总经理是史无前例的。他的就职惊动了日本工商界人士，人们无不惊讶，并深感佩服。

再来看下面的这个故事：

在1949年，一个24岁的年轻人，充满自信地走进美国通用汽车公司，应聘做会计工作。他只是为了父亲曾说过的“通用汽车公司是一家经营良好的公司”，并建议他去看一看。

在应聘时，他的自信使考官印象十分深刻。当时只有一个空缺，而考官告诉他，那个职位十分艰苦难当，一个新手可能很难应付得来。但他当时只有一个念头，即进入通用汽车公司，展现他足以胜任的能力与超人的规划力。

当考官决定雇用这个年轻人后，对他的秘书说："我刚刚雇用了一个想成为通用汽车公司首席执行官的人！"

这个年轻人就是从1981年开始出任通用汽车首席执行官的罗杰·史密斯。

罗杰刚进公司的第一位朋友阿特·韦斯特回忆说："合作的一个月中，罗杰一本正经地告诉我，他将来要成为通用的首席执行官。"高度的自信，指引他要永远朝成功迈进，也是引导他经由财务阶梯登上首席执行官宝座的法宝。

第二篇

世界本不完美，人生当有不足

不完满才是人生

一位名叫奥里森的人希望寻找到一个完美的人生伴侣。某天他有幸遇到了一位女士，她告诉奥里森她能帮他实现愿望，并把他带到了一所房子前让他选择他的命运。奥里森谢过了她，向隔壁的房间走去。里面的房间有两个门，第一个门上写着“终生的伴侣”，另一个门上写的是“至死不变心”。奥里森忌讳那个“死”字，于是便迈进了第一个门。接着，又看见两个门，左边写着“美丽、年轻的姑娘”，右边则是“富有经验、成熟的妇女和寡妇们”。可想而知，左边的那扇门当然更能吸引奥里森的心。可是，进去以后又有两个门，上面分别写的是“苗条、标准的身材”和“略微肥胖、体形稍有缺陷者”。用不着多想，苗条的姑娘更中奥里森的意。

奥里森感到自己好像进了一个庞大的分拣器，在不断地筛选着。下面分别看到的是他未来的伴侣操持家务的能力，一扇门上是“爱织毛衣、会做衣服、擅长烹调”，另一扇门上则是“爱打扑克、喜欢旅游、需要保姆”。当然爱织毛衣的姑娘又赢得了奥里森的心。

他推开了门把手，岂料又遇到两个门。这一次，令人高兴的是，“介绍所”把各位候选人的内在品质也都分了类，两个门分别介绍了她们的精神修养和道德状态：“忠诚、多情、缺乏经验”和“天才，具有高度的智力”。

奥里森确信，他自己的才能已能够应付全家的生活，于是便迈进了第一个房间。里面，右侧的门上写着“疼爱自己的丈夫”，左侧写的是“需要丈夫随时陪伴她”。当然，奥里森需要一个疼爱他的妻子。下面的两个门对奥里森来说是一个极为重要的抉择：上面分别写的是“有遗产，生活富裕，有一幢漂亮的住宅”和“凭工资吃饭”。理所当然地，奥里森选择了前者。奥里森推开了那扇门，天啊……已经上了马路了！那位身穿浅蓝色制服的门卫向奥里森走来。他什么话也没有说，彬彬有礼地递给奥里森一个玫瑰色的信封。奥里森打开一看，里面有一张字条，上面写着：“您已经‘挑花了眼’。”

人不是十全十美的。在提出自己的要求之前，应当客观地认识自己。像奥里森那样渴求人生的完美，不仅给自己的心灵带来沉重负担，也是“不可能完成的任务”。其实人生当有不足才是一种“圆满”，因为不完美才让人们有盼头、有希望。

古时候，一户人家有两个儿子。当两兄弟都成年以后，他们的父亲把他们叫到面前说：“在群山深处有绝世美玉，你们都成年了，应该做探险家，去寻求那绝世之宝，找不到就不要回来。”兄弟俩次日就离家出发去了山中。

大哥是一个注重实际、不好高骛远的人，有时候，即使发现的是一块有残缺的玉或者是一块成色一般的玉甚至那些奇异的石头，他都统统装进行囊。过了几年，到了他和弟弟约定的会合回家的时间。此时他的行囊已经满满的了，尽管没有父亲所说的绝世完美之玉，但造型各异、成色不等的众多玉石，在他看来也可以令父亲满意了。

后来弟弟来了，两手空空，一无所得。弟弟说：“你这些东西都不过是一般的珍宝，不是父亲要我们找的绝世珍品，

拿回去父亲也不会满意的。我不回去，父亲说过，找不到绝世珍宝就不能回家，我要继续去更远更险的山中探寻，我一定要找到绝世美玉。”哥哥带着自己的那些东西回到了家中。父亲说，你可以开一个玉石馆或一个奇石馆，那些玉石稍一加工，都是稀世之品，那些奇石也是一笔巨大的财富。短短几年，哥哥的玉石馆已经享誉八方，他寻找的玉石中，有一块经过加工成为不可多得的美玉，被国王作为传国玉玺，哥哥因此也成了富豪。在哥哥回来的时候，父亲听了他介绍弟弟探宝的经历后说：“你弟弟不会回来了，他是一个不合格的探险家，他如果幸运，能在中途有所悟，明白至美是不存在的这个道理，是他的福气。如果他不能早悟，便只能以付出一生为代价了。”

很多年以后，父亲已经奄奄一息。哥哥对父亲说要派人去寻找弟弟，父亲说，不必去找，如果经过了这么长的时间和这么多的挫折都不能醒悟，这样的人即便回来又能做成什么事情呢？

世间没有绝美的玉，为追求这种东西而耗费生命，是多么不值得！人也是如此，智者再优秀也有缺点，愚者再笨拙也有优点。对人多做正面评估，不以放大镜去看缺点。生活中对己宽、对人严的做法，必遭别人唾弃。避免以完美主义的眼光去观察每一个人，以宽容之心包容其缺点。责难之心少有，宽容之心多些，没有遗憾的过去无法连接人生。对于每个人来讲，不完美是客观存在的，无须苛求。

苛求完美，生活会和你过不去

“金无足赤，人无完人。”即使是全世界最出色的足球选手传球也有失误，最棒的股票投资专家也有马失前蹄的时候。我们每个人都不是完人，都有可能存在这样或那样的过失，谁能保证自己的一生不犯错误呢？也许只是程度不同罢了。如果你一味追求完美，对自己没有达到完美标准的事深深自责，那么一辈子都会背着罪恶感生活。

过分苛求完美的人常常伴随着莫大的焦虑、沮丧和压抑。事情刚开始，他们就担心失败，生怕干得不够漂亮，这就妨碍了他们全力以赴地去取得成功。而一旦遭遇失败，他们就会异常灰心，想尽快从失败的境遇中逃离。他们没有从失败中获取任何教训，而只是想方设法让自己避免尴尬的场面。

很显然，背负着如此沉重的精神包袱，不用说在事业上谋求成功，在自尊心、家庭问题、人际关系等方面也不可能取得满意的效果。他们抱着一种不正确和不合逻辑的态度对待生活

和工作，他们永远无法让自己感到满足。

张爱玲在她的小说《红玫瑰与白玫瑰》中写了男主角佟振保的爱恋，同时也一针见血地道破了男人的心理，以及完美之梦的破灭：白玫瑰有如圣洁的恋人，红玫瑰则是热烈的情人。娶了白玫瑰，久而久之，变成了衣服上的一粒白米饭，而红玫瑰则有如心口的朱砂痣；娶了红玫瑰，年复一年，则变成墙上上的一抹蚊子血，而白玫瑰则仿佛是床前明月光。

事实上，世界上根本就没有真正的“最大、最美”，人们要学会不对自己、他人苛求完美，对自己宽容一些，否则会浪费掉许许多多的时间和精力，最终只能在光阴蹉跎中悔恨。

世界并不完美，人生当有不足。对于每个人来讲，不完美的生活是客观存在的，无须怨天尤人。不要再继续偏执了，给自己的心留一条退路，不要因为不完美而恨自己，不要因为一时之错而埋怨自己。看看身边的朋友，他们没有一个是十全十美的。

完美往往只会成为人生的负担，人绷紧了完美的弦，它却可能发不出优美的声音来。那些爱自己、宽容自己的人，才是生活的智者。

绝对的光明如同完全的黑暗

人人都热爱光明，但绝对的光明是不存在的。如果真出现了绝对的光明，那也就无所谓光明与黑暗了，人们将如同在绝对的黑暗中一样。因此，万事都有缺陷，没有一个是圆满的。人世间做人做事之难，也在于任何事都很少有真正的圆满。但正是有这种不完满的存在，我们才有了丰富多彩的人生。

我们可以这样说，人生的剧本不可能完美，但是可以完整。当你感到了缺憾，你就体验到了人生五味，你便拥有了完整人生——从缺憾中领略完美的人生。

人生在世，起初谁都希望圆满：读书能上自己理想的学校，念自己喜欢的专业，做自己擅长的工作，娶（嫁）自己中意的人……然而，我们绝大多数人经历的也许是这样的生活：上了一个还不错的学校，学了一个不算讨厌的专业，干了一份糊口的工作，和一位还说得过去的人相伴一生。与原来的设想难免会有悬殊，无论是王侯将相还是凡夫俗子，所有人的人生都会有遗憾，都不会圆满。完美永远只存在于我们的想象中，它是我们的愿望，但却不可实现。

有时候，一时的丰功伟绩，从历史的角度看，却恰恰相反。乾陵有一块“无字碑”，也称丰碑，是为女皇武则天立的一块巨大的无字石碑。据说，“无字碑”是按武则天本人的临终遗言而立的，其意无非是功过是非由后人评说。武则天辉煌一时，临终前在经历了被逼退位之后，便预见到她身后将面临的无休止的荣辱毁誉的风风雨雨。一代女皇尚难免任人评说，普通人又怎么会轻易得到一致好评呢？

世上难有真正的圆满，不妨换个角度来看一时的缺陷与失落。作家刘墉先生写过这样一则故事：

他有一个朋友，单身半辈子，快50岁了，突然结了婚，新娘跟他的年龄差不多，徐娘半老，风韵犹存。只是知道的朋友都窃窃私语：“那女人以前是个演员，嫁了两任丈夫都离了婚，现在不红了，由他拾了个‘剩货’。”话不知道是不是传到了他朋友的耳里。

有一天，朋友跟刘墉出去，一边开车，一边笑道：“我这个人，年轻的时候就盼着开奔驰车，没钱买不起，现在呀！还是买不起，只好买辆二手车。”他开的确实是辆老车，刘墉左右看着说：“二手？看来很好哇！马力也足。”

“是啊！”朋友大笑了起来，“旧车有什么不好？就好像我太太，前面嫁了个四川人，后来又嫁了个上海人，还在演艺圈二十多年，大大小小的场面见多了，现在，老了，收了心，没了以前的娇气、浮华气，却做得一手四川菜、上海菜，又懂得布置家。讲句实在话，她真正最完美的时候，反而是被我遇上了。”

“你说得真有理，”刘墉说，“别人不说，我真看不出来，她竟然是当年的那位明星。”“是啊！”他拍着方向盘，

“其实想想自己，我又完美吗？我还不是千疮百孔，有过许多往事、许多荒唐？正因为我们都走过了这些，所以两个人都成熟，都知道让，都知道忍，这种‘不完美’正是一种‘完美’啊！……”

“不完美”正是一种“完美”！

我们每一个人的生命都被上苍划了一个缺口，虽然你不想要这个缺口，但是这个缺口却如影随形地跟着你。也许正是因为认识到了每个生命都有欠缺，所以我们的人生才因此而更加美丽。正如美神维纳斯的断臂，她的存在和闻名世界不能不说是一个意外。创作者最初的意图显然是要塑造一个完美的塑像，哪个雕塑家会去用一件残缺的艺术品来证明自己？然而，维纳斯的断臂则恰恰证明了残缺的美才是真正的完美。

人生如远行，走哪一条路都意味着放弃另一条路。不同的人生道路留下不同的缺憾。犹如夜幕里蕴藏着光明，缺憾之中不仅埋藏着逝去的青春和曾经的梦想，缺憾的背后还隐伏着许多生命的契机。

缺憾人生，使人类有了理想。人生有缺憾，我们才有追求完美的理想和热情；也只有接受人生的缺憾，我们才能真正理解和追求美好人生。

每个人在人生的旅途中，都会经历许多不尽如人意之事。偶然的失落与命运的错失本来是具有悲剧色彩的，但是因为命运之手的指点，结局或许反而会更加圆满。如果懂得了圆满的相对性，对生命的波折、对情爱的变迁，也就能云淡风轻、处之泰然了。

人活一世，每个人都在争取一个完满的人生。然而，自古及今，海内海外，一个百分之百完满的人生是没有的，其实，不完满才是人生。正如西方谚语所说：“你要永远快乐，只有到痛苦里去找。”你要完美，也只有到缺憾中去寻找。所以得失荣辱我们大可不必放在心上，有了痛苦我们才会珍惜快乐的时光，有了不算完满的人生才称得上完美。

人生原来就是不圆满的，能够认识到这一点，我们便不会去苛求我们的人生，也不会去苛求他人。只有一个懂得接受的人才会更懂得去珍惜。

完美只是海市蜃楼的幻想

在佛教的《百喻经》中，有这样一则可笑而发人深省的故事：

有一位先生娶了一个体态婀娜、面貌俊秀的太太，两人恩恩爱爱，是人人称羡的神仙美眷。这个太太眉清目秀、性情温和，美中不足的是长了个酒糟鼻子，好像失职的艺术家，对于一件原本足以称傲于世间的艺术精品少雕刻了几刀，显得非常突兀怪异。

这位先生对于太太的鼻子耿耿于怀。一日出外去经商，行经贩卖奴隶的市场，宽阔的广场上，四周人声沸腾，争相吆喝出价，抢购奴隶。广场中央站了一个身材单薄、瘦小清癯的女孩子，正以一双汪汪的泪眼，怯生生地环顾着这群如狼似虎、决定她一生命运的大男人。

这位先生仔细端详女孩子的容貌，突然间，他被深深地吸引住了。好极了！这个女孩子的脸上长着一个端端正正的鼻子，他要不计一切代价，买下她！

这位先生以高价买下了长着端正鼻子的女孩子，兴高采烈地带着女孩子日夜兼程赶回家，想给心爱的妻子一个惊喜。到了家中，把女孩子安顿好之后，他用刀子割下女孩子漂亮的鼻子，拿着割下的鼻子，大声疾呼："太太！快出来哟！看我给你买回来最宝贵的礼物！"

"什么样贵重的礼物，让你如此大呼小叫的？"太太狐疑地应声走出来。

"你看！我为你买了个端正美丽的鼻子，你戴上看看。"

这位先生说完，突然抽出怀中锋锐的小刀，一刀朝太太的酒糟鼻子砍去。霎时太太的酒糟鼻子掉落在地上，他赶忙用双手把端正的鼻子嵌贴在伤口处。但是无论他如何努力，那个漂亮的鼻子却始终无法粘在妻子的鼻梁上。

可怜的妻子，既得不到丈夫苦心买回来的端正而美丽的鼻子，又失掉了自己那虽然丑陋但是货真价实的酒糟鼻子，并且还受到无端的刀刃创痛。而那位糊涂丈夫的愚昧无知，更叫人可怜可恨！

这个行为虽然让人觉得有些可笑，但是人们追求完美的心理，却与文中那个手拿利刃的丈夫如出一辙。有些人以为自己追求完美的心理是积极向上的表现，其实他们才是最可怜的人，因为这种完美根本不存在。也就是说，他们所有的追求有如海市蜃楼，只是一个幻影而已。

被批评不是什么坏事

乔治在纽约郊外著名的卡瑞月湖度假村工作。

一个周末，乔治正忙碌不堪时，服务生端着一个盘子走进厨房对他说，有位客人点了这道油炸马铃薯，抱怨切得太厚。

乔治看了一下盘子，跟以往的油炸马铃薯并没有什么不同，但他却按客人的要求将马铃薯切薄些，重做了一份请服务生送去。

几分钟后，服务生端着盘子气呼呼地走回厨房，对乔治说：“我想那位挑剔的客人一定是生意上遭遇困难，然后将气借着马铃薯发泄在我身上，他对我发了顿牢骚，还是嫌切得太厚。”

乔治在忙碌的厨房中也很生气，从没见过这样的客人！但他还是忍住气，静下心来，耐着性子将马铃薯切成更薄的片状，之后放入油锅中炸成诱人的金黄色，捞起放入盘子后，又在上面撒了些盐，然后第三次请服务生送过去。

不一会儿，服务生又端着盘子走进厨房，但这回盘子里空无一物。服务生对乔治说："客人满意极了。餐厅的其他客人也都赞不绝口，他们要再来几份。"

这道薄薄的油炸马铃薯从此成了乔治的招牌菜，并发展成各种口味，今天已经是地球上不分地域、人种，人人都喜爱的休闲食品。

乔治的成功，关键在于他在面对批评的时候，不是满腹牢骚、抱怨别人，而是能忍住怨气做好自己的工作，让顾客满

意。一次一次地改进，不仅满足了顾客，同时也成就了乔治的事业。

成功的人，所具备的素质之一就是当有人对自己不满意时，不是去抱怨别人，而是积极努力地完善自己。

过度挑剔不如**充实自己**

他是一位咖啡爱好者，立志将来要开一家咖啡馆。闲暇时间，他到处喝咖啡，除了品尝不同的咖啡之外，也看看咖啡馆的装潢。

有一次，他约一位朋友喝咖啡。带着朝圣的心情，朋友跟他去了一趟咖啡馆。很不巧，他对那家咖啡馆似乎没有什么好感。朋友问他："怎么样，这家店的咖啡口味还不错吧？"他淡淡地说："没什么！"朋友继续问："店面的装潢呢？"他还是回答："没什么！"以后的日子里，朋友陆续跟他到过不同的咖啡馆，品尝不同口味的咖啡，"没什么"仿佛是他的口头禅，对所有去过的咖啡馆，他的评价都是"没什么"，而且带着有点儿不屑的语气。朋友心想：大概是他的品位太高了，这些咖啡馆提供的饮料及气氛果真都不如他的心意。

另外，有一位对西式糕点有兴趣的女孩子。从前，她也常说："没什么！"她不但爱吃西式糕点，还利用空闲时间拜师学艺，到专业的老师那儿上课，学做西式糕点。刚开始学习的那段日子，她还是不改本性，不论到哪里，吃到什么西式糕点，都会给对方"五星级"的评价："没什么！"标准之严苛，让大家觉得她挑剔得过火。过了半年，当她从西式糕点初学班结业之后，态度有了180度大转变，无论在哪里，品尝过谁做的西式糕点，她都很认真地研究里面的配方，用什么材料、多少比例、烘焙的步骤。如果做西式糕点的师傅在场，她还会很好奇地向对方讨教、研究成功的关键技巧。朋友笑着对她说："你变了。从前是说：'没什么！'现在是问：'有什么？'""没错，没错，其实每一件事情一定都'有什么'，差别只在于你有没有观察到它'有什么'而已。"

挑剔是人们的普遍心理，人们总感到这也不好、那也不如意，却又没有比别人更好的办法来改进。如果放下对别人严苛的审视目光，改为通过各种途径来充实自己，做一个从"没什么"到"有什么"的转变，你会从别人身上发现更多值得称道的东西。

有一个自以为是的年轻人毕业以后一直找不到理想的工作，他觉得自己怀才不遇，对社会感到非常失望。痛苦绝望之下，他来到大海边，打算就此结束自己的生命。这时，正好有一个老人从这里走过。老人问他为什么要走绝路，他说自己不能得到社会的承认，没有人欣赏并且重用他。老人从脚下的沙滩上捡起一粒沙子，让年轻人看了看，然后就随便地扔在地上，对年轻人说："请你把我刚才扔在地上的那粒沙子捡起来。""这根本不可能！"年轻人说。老人没有说话，接着又从自己的口袋里掏出一颗晶莹剔透的珍珠，也是随便扔在了地上，然后对年轻人说："你能不能把这颗珍珠捡起来呢？""当然可以！"听到年轻人的回答，老人点点头，转身走了。因为他相信这个年轻人虽然拾不起那粒沙子，但会收起自杀的念头。

在困难面前，人们很少检讨自己的行为，而是总在抱怨“千里马常有，而伯乐不常有”，总会认为自己是有才而无用武之地，却很少问一问自己，自己是一粒沙子还是一颗珍珠。沙子总会被湮没，而珍珠无论在哪里都会光彩耀人。有的时候，你必须知道你自己是一颗普通的沙粒，而不是价值连城的珍珠，若要使自己卓越出众，那你就要努力使自己成为一颗珍珠。

沙子与珍珠的最大区别就是沙子落下便无法再被拾起，而珍珠无论在哪里都是明亮耀眼的。沙子与珍珠，要做哪一个，全在于你自己。

思想成熟者不会强迫自己做“完人”

莎士比亚说：“聪明的人永远不会坐在那里为他们的损失而悲伤，却会很高兴地去找出办法来弥补他们的创伤。”

如果你做了还感到不好，改了还感到不快，考了99分还嫌不是100分，刻意追求完美，这样一定会“很累”，这种情况必须改善。

请瞧瞧你手中的苹果，它们并不处处圆润，却甘甜润喉；再近距离看看牡丹，它上面也可能有一两个虫眼，却贵气十足，令百花折服。果无完美，花无完美，何况人生！

思想成熟的人不会强迫自己做“完人”，他们允许自己犯错误，并且能采取适度的方式正确地对待自己的错误。

在这个世界上，谁都难免犯错误，即使是四条腿的大象，也有摔跤的时候。“人要不犯错误，除非他什么事也不做，而这恰好是他最基本的错误。”

反省是一种美德。不反省不会知道自己的缺点和过失，不悔悟就无从改进。但是，这种因悔悟而责备自己的行为应该适可而止。在你已经知错、决定下次不再犯的时候，就是停止后悔的最好的时候，然后你就应该摆脱这悔恨的纠缠，使自己有心情去做别的事。如果悔恨的心情一直无法摆脱，而你一直苛责自己，懊恼不止，那就是一种病态，或可能形成一种病态。

你不能让病态的心情持续。你必须了解它是病态，一旦精神遭受太多折磨，有发生异状的可能，那就严重了。

所以，当你知道悔恨与自责过分的时候，要相信自己能够控制自己，告诉自己“赶快停止对自己的苛责，因为这是一种病态”。为避免病态具体化而加深，要尽量使自己摆脱它的困扰。这种自我控制的力量是否能够发挥，决定一个人的精神是否健全。

做好人的愿望当然值得鼓励，但不必“好”到一切都迁就别人，凡事委屈自己，不能希望自己好到没有一丝缺点，更不能发现缺点就拼命“修理”自己。一个健全的好人应该是该做就做、想说就说，一切要求合情合理之外，如果自己偶有过失，也能潇洒地承认：“这次错了，下次改过就是。”不必把一个污点放大为全身的不是。

人人都可能做错事，做了错事而不知悔改，那是不对的；

知道悔改，即为好人。所谓“放下屠刀，立地成佛”，过去的既然已经无法挽回，那么只有以后坚决行善才可以补偿。每个人都有缺点，所以我们要接受教育。教育使我们有能力认识自己的缺点并加以改正，这就是进步。但在知道随时发现自己的缺点并随时改正之外，更要注意建立自己的自信，尊重自己。

有人一旦犯了错误，就觉得自己样样不如人，由自责产生自卑，由于自卑而更容易受到打击。经不起小小的过失，受到了外界一点点轻侮或为任何一件小事，他都会痛苦不已。

一个人缺少了自信，就容易对周围环境产生怀疑与戒备，所谓“天下本无事，庸人自扰之”。面对这种“无事自扰”的心境，最好的方法是努力进修，勤于做事，使自己因有进步而增加自信，因工作有成绩而增加对前途的希望，不再向后做无益的回顾。进德与修业，都能建立一个人的自信心和荣誉感。对自己偶尔的小错误、小疏忽，不要过分苛责。

自尊心人人都有，但没有自信做基础，就会使人变得偏激狂傲或神经过敏，以致对环境产生敌视与不合作的态度。要满足自尊心，只有多充实自己，使自己减少“不如人”的可能性，而增加对自己的信心。

朋友如音乐，也有觉得刺耳的时候

驰名于世的《包法利夫人》的作者是19世纪法国批判现实主义作家福楼拜，他的家当时坐落在摩里略镇，是同时代法国作家龚古尔、都德、莫泊桑、梅里美等利用星期日经常聚会、讨论的地方。

后来，福楼拜家的客厅里又多了一张新面孔，他就是被称为“小说家中的小说家”的屠格涅夫，他的小说语言纯净优美，结构简洁严密。作品充满诗意的氛围和淡淡的哀愁，给人无尽回味。《最后一课》的作者都德见到了侨居法国的屠格涅夫后，向他倾诉了自己对他的才华、人品的无限仰慕及对《猎人笔记》的高度赞赏。

自此，两人结下了深厚的友谊，屠格涅夫甚至成了都德家里的常客。然而，屠格涅夫并不因为他们之间的友谊而改变他对都德著作的评价。在他看来，都德是他们圈子里“最低能的一个”，但他只把这个看法作为内心的一个秘密写进了心爱的日记里。

1833年，屠格涅夫因脊髓癌病逝了。当都德无意间发现了这个秘密时，感到万分意外，就像迎头挨了一记闷棍似的。他感慨地说："我始终记得他在我的家里，在我的餐桌上，怎样温柔热情地吻着我的孩子们的事，我还收藏着他写给我的无数亲切可爱的信件。但在他的那种和蔼的微笑下却隐藏着这样的意念。天哪！人生是怎样的奇怪，希腊人的所谓'冷酷'两字是多么的真实！"

这种友情的幻灭当然使都德很伤心，但在屠格涅夫方面，却并无他的不是处。因为他将友情和作品分离了，他对都德，甚至对他的孩子有友情，但是不满意他的作品，所以才在背后说出那样的话，如果不是为了友谊，屠格涅夫也许当面就向都德说了。这样一来，都德早就和屠格涅夫绝交，也不至于有死后这样的幻灭了。

能力和才华不是选择朋友的最高标准，只要投缘，只要够朋友，这些就显得不重要了。人无完人，再好的朋友也不可能让你处处满意。那就让你的不满成为内心的秘密吧，因为朋友知道后，也许会离开你，那样会使你更加痛苦。

在参加《新青年》的编辑工作时，鲁迅认识了刘半农，并和他成了好朋友。对刘半农的为人，鲁迅极为赞赏，认为他勇敢、活泼、对人真诚，用不着提防。但同时，鲁迅也发觉他有些"浅"。将刘半农与陈独秀、胡适进行比较后，鲁迅说："刘半农虽浅，却如一条清溪；如果是烂泥的深渊呢，那就更不如浅一点儿的好。"不料，如此热情洋溢的评论却伤害了刘半农，因此他有些自卑。对刘半农的这种心理，鲁迅表现出了明显的"憎恶"，但他说："这憎恶是朋友的憎恶。"

对友人，开口之前，我们要三思，但一言既出，就坦然面对吧。从另一方面来说，这也是对彼此交情的一种检验，连几句话都承受不了的交情，毕竟是脆弱的。

所以，朋友也不是十全十美的，所有的朋友也都不是你想象的那个样子，既然是朋友就得包容他，理解人与人之间的不同，不要对朋友要求太高。

接纳不完美的自己

一位挑水夫有两个水桶：其中一个桶有裂缝；另一个则完好无缺。在每趟长途挑运之后，完好无缺的桶总是能将满满一桶水从溪边送到主人家中，但是有裂缝的桶到达主人家时，却只剩下半桶水。

两年来，挑水夫就这样每天挑一桶半的水到主人家。当然，好桶对自己能够送满整桶水感到很自豪。破桶呢？对于自己的缺陷则非常羞愧，它为只能负起一半的责任感到很难过。

饱尝了两年失败的苦楚，破桶终于忍不住，在小溪旁对挑水夫说："我很惭愧，必须向你道歉。""为什么呢？"挑水夫问道，

“你为什么觉得惭愧？”“过去两年，因为水从我这边一路地漏，我只能送半桶水到你主人家，我的缺陷，使你做了全部的工作，却只收到一半的成果。”破桶说。挑水夫替破桶感到难过，他满怀爱心地说：“我们回到主人家的路上，你可以留意路旁盛开的花朵。”

果真，他们走在山坡上，破桶眼前一亮，看到缤纷的花朵开满路的一旁，沐浴在温暖的阳光之下，这景象使它开心了很多！但是，走到小路的尽头，它又难受了，因为一半的水又在路上漏掉了！破桶再次向挑水夫道歉。挑水夫温和地说：“你有没有注意到小路两旁，只有你的那一边有花，好桶的那一边却没有花开呢？我明白你有缺陷，因此我善加利用，在你那边的路旁撒了花种，每回我从溪边来，你就替我一路浇了花！两年来，这些美丽的花朵装饰了主人的餐桌。如果不是你这个样子，主人的桌上也没有这么好看的花朵了！”

第三篇

二十几岁跟对人，三十几岁才能做对事

选老板就像选对象，一定要慎重

一个人肚子里装满才华，就好比一家小店进满了货，进货的目的是为了卖出去，这就需要找到一个合适的老板，在“老板”财力和精神的支持下，小店才能经营得有声有色；而一个有才华的人也需要这样一位“识货”的老板，将肚子里的“才华”卖出去，唯有如此，有才华的人才能找到用武之地，实现自己的人生理想。

如果有货，找到的却是一位“不识货”的老板，是小店，就会货物滞仓，长此以往，“店将不店”，迟早关门歇菜；是人，则“人将不才”，你受到的不是人才的待遇，是连一般人都不如的待遇。将自己的“货”卖出去，一直卖到清仓、进货、再清仓，你才有可能发财，职场上成功的人莫不是如此。

能否找到一位合适的老板，你的情况会有天壤之别。张飞在市井混时，结识过大批小流氓和小老板，可是依然得靠卖猪肉为生，而跟随刘备以后，他才得以成为叱咤风云的大将。

可见，选对老板跟对人，对于一个有才华的人来说是多么重要！

那么，二十几岁的年轻人，如何才能找到合适的老板、跟对人呢？下面是几点建议，不妨作为选择老板的标准：

（1）无论学历如何，对商海有独到见解、对自己有强烈信心的人。你不是在选教授，不必一定选择高学历，因为只有他精于商业，在商场上节节取胜，你才有可能从士兵升到将军。

（2）无论文化水平如何，求知若渴、孜孜以求的人。无知的人是最易满足的人，而不满足的人往往有知有识、进步飞速。

（3）上班比职工还准时的人。起码说明他对自己是负责的，如果对自己都不负责，如何对别人负责？

（4）格外遵守时间的人。不因内部开会而迟到，也不虚假解释，在没有人敢对他指责的情况下，准时是他人品和素质的反映。

（5）凡事有原则的人。奖励你有奖励你的原则，惩罚你也有惩罚你的标准，不以个人情绪为转移。只有奖惩分明才能带动一支队伍。

（6）心胸坦荡、不计较针针线线的人。一个老板要能容人，容不得人如何纳千军万马？职工打个哈欠，他非说坏了他的财气，这样的人不可跟。

（7）有胆量和魄力的人。什么叫胆量？就是别人不敢他敢，当然违法犯罪的事除外。什么叫魄力？就是别人只想着做1万元的事，他却在想着做1000万元的事，当然空想也没用。画饼充饥、只一味许诺却从不实现的人不要跟，也不能跟。

（8）不妒贤嫉能、永远能够看到别人优点的人是首选的对

象。有种人看见别人好，自己就睡不着觉；看见别人不行，又在那儿骂骂咧咧，永远是别人不对。跟着这样的人，你永远没有出头之日。嫉妒别人的人不可跟。

（9）不大方，也不小气的人。该花的，花多少也不吝惜；不该花的，一个钉子也要从地上捡起来。

这只是几点建议，二十几岁的年轻人究竟如何选择最适合你的老板，就像如何选择最适合你的对象一样，没有统一的标准。想选对老板，最后还要看你个人的眼光，选择权在你，选得好或坏就看你的眼力了。

事必躬亲的老板不能跟

什么是“事必躬亲”型的老板？

一般来说，这样的老板在工作中都会带有“每一件事情我不经手就一定会出差错”的想法，所以他们总是小心谨慎地应对每一件事。其实在他们心里，这是他们引以为傲的一件事。他们还喜欢说的另一句话就是“累死了”，但是脸上却表现出很知足的样子。这类老板的心理定式就是“能者多劳”，他们认为谁最“累”便是谁最“能”，老板当然不会放过享受这样的“殊荣”。

生活中，事必躬亲的老板并不少见，尤其是一些小公司。老板的事必躬亲一般出于以下三个原因：

一是出于利益上的考虑，认为只要自己多干一些就可以少请一名员工；少请一名员工，就可以少发放一份工资，节约成本。

二是过分相信自己的能力，认为只有自己才能把事情办好；也有少数老板畏惧下属的能力，担心一旦授权会“功高盖主”；有的老板有强烈的权力欲望，只有事必躬亲，才能显示自己是有权力的人，不要说授权，就是下属职责范围内的事他也要插手。

三是老板对员工有偏见，对其毫不信任，所以自己把持着公司里几乎所有的权力，无论什么事，只有自己亲自做才放心，只要是和公司有关的事，事无巨细，没有他的同意哪件事都别想开展下去，即使是很小的办公用品都要到他指定的地点去购买。

事必躬亲的结果往往是企业内部舞弊、分权不均，职位形同虚设。

有一家餐饮业的老板，短短几年，便把一个大排档发展成为一家有数家分店的餐饮连锁企业。企业越大，他就越忙，天天“两眼一睁，忙到熄灯”。虽然聘请了一个月薪过万的总经理，但是由于老板大权独揽，小权不放，动辄“一竿子到底”，这位总经理也就大小事情都向老板汇报，将自己的功能降到楼面经理的位置。由于老板不懂、不肯、不会授权，也没有激发下属的潜能，企业的各类事情只能被动应对，碰到什么突发、紧急事情，常常顾前不顾后。

“吃饭有人找，睡觉有人喊，走路有人拦”，是这位老板每天的生活写照。最后，企业萎缩，终告破产，老板也只能到外地去谋发展。事业无成倒也罢了，由于终年劳累，他还落下了一身的病。

做老板，像例子里的这位一样事必躬亲，大事小事一手抓，只能埋没下属的能力，让自己疲惫不堪，是很不值得的。一个明智的、有远见的老板一定是懂得授权的人，他会让下属忙碌，而自己则乐得清闲。

授权指的是老板根据工作需要，将自己拥有的一部分权力和责任授给下属去执行，让下属在公司严格的制度下放手工作的一种领导艺术。“想大事、抓根本、懂授权、真信任”，是领导者举足轻重的法宝。一个老板应该懂得，适当的授权可以减轻自己的工作负担，让自己从琐碎的事务中解脱出来，集中精力想大事干大事，发挥下属的专长，增强组织的凝聚力和战斗力，建立团队精神等，这些大事才是一个老板应该做的。

老板应该抓大放小，把握好大的方向，引领自己的企业走在正确的道路上，至于具体该怎么做则是下属的事。如果老板分不清轻重，什么都做，甚至把员工该做的都做了，那员工做什么？没有任何一个团队，仅凭老板一人单枪匹马就可以打天下的，现实的世界不存在“孤胆英雄”，老板顶多是队长，他的心中必须时时刻刻树起一个团队的旗子。

一个能成大事的老板会懂得抓大事、议大事，而把具体的事务交给下属去做，激励下属创造性地开展工作，这样不仅能解脱自己，还能充分调动下属的主观能动性，从而取得最佳的工作效益。二十几岁的年轻人在职场中跟对了这样的老板，才有可能充分发挥个人才能，不断得到提升。而那些事无巨细都要过问的老板，只会限制你的发展。

选对朋友，离成功更近点

每个人都需要朋友，结识一些相互欣赏、有情有义的朋友对一个人的事业、生活是极其重要的。然而，人心有异，在交朋友之前，二十几岁的年轻人要学会洞察其是否有真朋友的心怀。只有选择了对的朋友，对我们才更有益、更有帮助。

吴明上大学后违背父母的意愿，放弃医学专业，专心于创作。值得庆幸的是，一次偶然的机会，她遇到了知名的专栏作家田恬，她们成了知心朋友，无所不谈。经田恬的悉心指教，吴明不久便寄给父母一张刊登自己文章的报纸。一个人在挫折时得到的帮助是很难忘的，更何况是朋友。吴明与田恬的关系好得不得了：她们一同参加鸡尾酒会，一同去图书馆查阅资料；吴明还把田恬介绍给所有她认识的人。

但这时的田恬正面临着不为人知的困难，她已经拿不出与名声相当的作品了，创作源泉几近枯竭。

一次，当吴明把她最新的创作计划毫无保留地讲给田恬听时，田恬心里闪过了一丝光亮。她仔细听完，不住地点头，脑中产生了一个罪恶的想法。

不久，吴明在报纸上看到了她构思的创作，文笔清新优美，署名是“田恬”。吴明谈到她当时的心情时说：“我痛苦极了。其实，如果她当时给我打一个电话，解释一下，我是能够原谅她的，但我面对报纸整整等了3天，也没有任何音讯。”

半年之后，吴明在图书馆遇到了田恬，她们互相询问了对方的生活，很有礼貌地握手告别。

自那件事以后，她们两个人都停止了创作。

可见，交友时要有一定的戒心，要有一定的识别能力。和一个人交往时要判断对方和你交往的动机是什么，是看重你的人还是别的。如果是纯粹看重你的钱和势或其他利益，那就不必深交；如果能达到互利互惠，当然也不妨交往一下。

应该明确的是，朋友的甄选并不能单凭你感情上的好恶作为标准。因为如果你只是凭自己喜欢与否来选择朋友，那会使你失去很多有价值的朋友。有的人可能你第一眼看上去感觉就不舒服，或者因为他模样长得怪，或者因为他不卫生，或者因为他语言不雅，但这只是你的第一印象，也许在你了解他以后，会觉得他是你最可信赖的朋友。

物以类聚，人以群分。看看对方周围都是些什么人，即可知道他是否值得你交。如果对方的朋友都是一些不三不四的人，他的素质一般不会太高；如果他结交的都是些没有道德修养的人，他自己的修养可能也好不到哪里去。所以，了解一个人的朋友也就了解了这个人。

想了解一个人，还可以观察他是怎样对待别人的。人在得意时，特别爱诉说他与别人交往的情景，他说的时候是无意的，不会想到他与被说人有什么关系，所以一般比较真实。

如果对方当着你的面说自己如何占了别人的便

宜，如何欺骗了对方，等等，那你以后就得对他注意一点儿，他有可能也会这么对待你。

还有一种人比较圆滑，好像很会处世，但往往是当面一套、背后一套。聪明的人一定要注意这种人，因为他在背后说别人坏，就有可能在别人面前说你坏。

有一种人可能当面批评你，指出你的缺点来，却又在你面前夸奖别人的优点，你也许不愿接受他的这种直率，但这种人却是非常值得信赖的，可以做你的好朋友。

要知道哪些人不可交，关键是要在生活中对其行为有比较理性的判断，如此你便会交上真正的朋友。

择良木而栖

做人要辨别是非曲直，做忠臣可以，但不要做愚忠之臣。俗话说，水往低处流，人往高处走。弃暗投明，适当的时候炒掉你的上司，跟对的人，才能开始你的成功人生。禽择良木而栖，本身并没有错。

遇到小人暗算而又无路可走时，最佳的办法便是弃暗投明、另择明主。二十几岁的年轻人千万不可吊死在一棵树上。

章邯是秦朝的大将，对朝廷忠心耿耿，屡建大功。

陈胜、吴广起义后，章邯受命讨伐。由于兵力不足，他便把刑徒和官奴也组织起来。在他的调教下，这支拼凑起来的队伍也颇有战斗力。

章邯性情直率，不喜谄媚，他对当时掌控着朝政的权臣赵高也不逢迎，惹得赵高十分恼怒。他为了报复章邯，竟对章邯的大功视而不见，更无封赏之意。

项羽崛起后，章邯与之交手多有败绩，他为此频频向朝廷告急。不想赵高为置其于死地，不仅不派兵援助，还把他的告急文书一律扣压，从不向秦二世禀报。

章邯连连失败的消息，有一天终于让秦二世知道了。秦二世身边的太监就对秦二世说："章将军勇冠三军，若他有失，秦国就危险了，陛下将怎样对待他呢？"

秦二世怒不可遏："章邯深负皇恩，罪该万死，他还想活命吗？"

太监摇摇头说："章将军如今已是败军之将，必心多惶恐，斗志有失。陛下既依靠他杀敌保国，就不能任性责罚他了，否则他惧祸投敌，陛下岂不更加危险？陛下若能忍下气来，略作抚恤，章邯见陛下不怪罪，定能定下心神，再为秦国建功。"

秦二世于是再找赵高议论此事，赵高故作惊讶地说："章邯此人自高自大，向来不把朝廷放在眼里，这样的人不加责罚，哪能显出陛下的天威呢？"

秦二世于是下诏，对章邯大加指责，言辞甚厉。章邯接诏，又气又怕，一时六神无主。长史司马欣前去咸阳替他探听消息，从别人口中知晓这其中的缘故，于是赶紧返回对章邯说："赵高对将军心有排斥，看来无论你有功无功，都不免遭他陷害了。"

章邯大吃一惊，情绪更加低落。

值此时刻，赵将陈余派人前来送书，劝他反叛秦国。信中说："白起、蒙恬都是秦国的大功臣，可他们的下场却是被赐死。将军为秦卖命奋战，到头来却为赵高陷害、昏君猜忌，命运可想而知。天意亡秦，如将军认清形势，反戈一击，不但无有灾祸，还有除暴济世之大名，何乐而不为呢？"

章邯见信落泪，久不作声。司马欣长叹一声，出语说："皇上不识奸佞，反责忠臣，这不是将军欲反，而是不得不反啊。"

于是，章邯向项羽投降，追随了项羽。

识时务者为俊杰，章邯的反叛加速了秦朝的灭亡和一个新朝代的建立。择主依时而变，不但顺应天理，而且对己有利。这种两全其美的事，对于有"心机"的人来说，是不难选择的。

二十几岁的年轻人在适当的时候，可以选择弃暗投明，择良木而栖，这样才能保全自己的利益，保全自己的前途。

不仅“做事”，更要“做成事”

有一次，作家刘墉和女儿一起浇花。女儿很快就浇完了，并准备出去玩。刘墉叫住她问：“你看看爸爸浇的花和你浇的花有什么不一样？”

女儿看了看，没发现有什么不一样的地方。

于是刘墉将两人浇的花连根拔了起来，女儿一看，脸就红了：原来爸爸浇的水都浸透到了根上，而自己浇的水仅仅只将表面的土淋湿了。

刘墉语重心长地教育女儿：做事不能只做表面功夫，一定要彻底，做到“根”上。

做事并不难，人人都在做，天天都在做，难的是将事做成。做事和做成事是两个不同的概念，做事只是基础，而只有将事做成，你的任务才算真正完成了。做事其实也和浇花一样，如果只是敷衍了事，做了跟没做一样，那就等于在浪费时间。这就是很多看起来一天到晚很忙的人忙而无果的重要原因。

有的人经常说：“我努力了，所以我问心无愧。”而老板喜欢说的却是：“我看到你努力了，但请给我结果。”许多人宣扬结果不是最重要的，这是一种非常可笑的观点，怀着这种所谓的“超然”心态去做事，其结果往往是无法超然的失败。这种人所看重的“内心的体验”也只不过是失败所带来的遗憾和伤感。这种遗憾和伤感或许是诗人们创作的源泉，但对于我们绝大多数靠薪水生活的普通人来说，没有任何帮助。

崔律、刘冬、何蝶不仅是中学同班同学，而且是大学同班同学，更是在同一天进入同一家公司的同事。

但是他们的薪水却不相同：崔律的月薪是6000元，刘冬的月薪5000元，何蝶的月薪4000元。有一天，他们的中学老师来看望他们，得知他们薪水的差距之后，老师就去问总经理："在学校，他们的成绩都差不多呀，为什么毕业一年就会有这么大的差距？"

总经理听完老师的话，笑着对老师说："在学校他们是学习书本知识，但在公司里，却是要行动、要结果。公司与学校的要求不同，员工表现也与学校的考试成绩不同，薪水作为衡量的标准，自然不同呀！"

看到老师仍然满脸不解的样子，总经理对老师说："这样吧，我现在叫他们三人做相同的事情，你只要看他们的表现，就可以知道答案了。"

总经理把这三个人同时找来，然后对他们说："现在请你们去调查一下停泊在港口边的船。船上毛皮的数量、价格和品质，你们都要详细地记录下来，并尽快给我答复。"

一小时后，他们三人都回来了。

何蝶先做了汇报："那个港口有一个我的旧识，我给他打了电话，他愿意帮我们的忙，明天给我结果。我为了保证明天他给我结果，我准备今晚请他吃饭，请您放心，明天一定给您结果。"

接着，刘冬把船上的毛皮数、品质等详细情况报给了总经理。

轮到崔律的时候，他首先重复报告了毛皮数量、品质等情况，并且将船上最有价值的货品详细记录了下来。然后表明，他已向总经理助理了解到总经理的目的，是要在了解货物的情况后与货主谈判，于是，他在回程中又打电话向另外两家毛皮公司询问了相关货物的品质、价格等。

此时，总经理会心一笑，老师恍然大悟。

相信看到这种情况后，任何一个人都会像那位老师一样，一下子就明白了。

称职者只满足于做事，最棒者却是要做成事，正如例子里的崔律。做成事你才能永远领先他人一步，许多不幸运的人在工作中或生活中满足于“做事”，认为工作只要过得去就行，没有必要做到最好，但是那些在自己的工作中做出了非凡成绩的人都是以“做成事”为目标的。

二十几岁的年轻人，一定要树立把事情做成的态度，要知道自己不仅是要“做事”，还要“做成事”。

找一个对手激发潜能

1996年世界爱鸟日这一天，芬兰维多利亚国家公园应广大市民的要求，放飞了一只在笼子里关了4年的秃鹰。3天后，当那些爱鸟者们还在为自己的善举津津乐道时，一位游客在距公园不远处的一片小树林里发现了那只秃鹰的尸体。解剖发现，秃鹰死于饥饿。

秃鹰本来是一种十分凶悍的鸟，甚至可与美洲豹争食。然而由于它在笼子里关得太久，远离天敌，结果失去了生存能力。

无独有偶。一位动物学家在考察生活于非洲奥兰治河两岸的动物时，注意到河东岸和河西岸的羚羊大不一样，前者的繁殖能力比后者更强，而且前者每分钟奔跑的速度比后者要快13米/分钟。他感到十分奇怪：既然环境和食物都相同，何以差别如此之大？为了解开其中之谜，动物学家和当地动物保护协会进行了一项实验：在两岸分别捉10只羚羊送到对岸生活。结果，送到西岸的羚羊发展到14只，而送到东岸的羚羊只剩下了3只，另外7只被狼吃掉了。谜底终于被揭开了，原来东岸的羚羊之所以身体强健，是因为它们附近居住着一个狼群，这使羚羊天天处在一个“竞争氛围”中。为了生存下去，它们变得越来越有“战斗力”。而西岸的羚羊弱不禁风，恰恰就是因为缺少天敌，没有生存压力。

大自然的法则就是“物竞天择，适者生存”。没有竞争，就没有发展；没有对手，自己就不会强大；没有敌人，就没有胜利可言。

和大自然类似，人的一生，无论顺利还是坎坷，注定要扮演“战士”的角色，遭遇大大小小的对手或“敌人”。战场上的真刀真枪自不必说，哪怕是在和平年代里，大到创业，小到一场牌局，同样需要艰苦奋战，才能稳操胜券。

其实，在许多时刻，敌人和对手都显得比朋友更“真诚”。当他打败你时，绝对不会留什么情面；他嘲笑你时，那份冷酷更是刻骨铭心。是对手或敌人的强悍，让我们昼夜习武，练成一身好功夫；是对手或敌人的狡诈，使我们时刻保持

警觉之心；是对手或敌人的强大，鞭策我们卧薪尝胆、韬光养晦；是对手或敌人的智慧，激励我们不断学习、与时俱进；是对手或敌人的威胁，令我们战战兢兢、如履薄冰；是对手或敌人的围追堵截，使我们不断自我否定，使我们打败真正的敌人——我们自己；是对手或敌人的暂时麻痹或懈怠，才导致了我们的幸运和成功。

在第27届奥运会上，孔令辉在男子乒乓球单打决赛中，艰难地以3：2战胜瓦尔德内尔后，拿到了冠军。全国人民为之欢呼雀跃，而主持人白岩松后来说了一句让我们难忘的话："我们感谢瓦尔德内尔。"

是的，正如白岩松所说，有了这么一个强大的对手，和他多年来竞技水平的不断提高，才让垄断世界乒坛的中国队找到了真正意义上的对手。这样的对手，可使我们更强大，我们要感谢这样强大的对手。

生活中，竞争是无处不在的，对手也是无处不在的。正因为对手的存在，我们才会产生要打败他而成为强者的念头。这是人渴望胜利的本性，也是社会赋予人机会的条件。优胜劣汰，适者生存，这就是竞争，这就是要战胜对手的根本原因。有些对手阻碍我们成功，所以你追求成功；有些对手阻碍你生活，所以你偏要活下去。谁也不想被淘汰出局，让我们在对手的激励下，变得越来越强大吧。

俗语“蚌病生珠”，说的是一粒沙子嵌入蚌的体内后，它将分泌出珍珠质来疗伤，时间长了，便会逐渐形成一颗晶莹的珍珠。

说到“对手”，我们想到的往往就是某种敌意和戒备，但是，“对手”也可以成为我们的伙伴和朋友。二十几岁的年轻人，给自己找一个对手，认识到自己和别人的差距，从而为自己确立一个奋斗目标。给自己找的那位竞争对手，不能太强，太强了会让你感觉高不可攀，反而打击你的信心；也不能太弱，那样就无法很好地激发出你的潜能。最好的竞争对手，是比你稍强一点的，他在某一方面值得你去学习，最重要的是，你从他身上要能感觉到，自己经过一段时间的努力能够赶超他，这样才会更有动力。

做对了，才叫做了

“做对了，才叫做了”，这句话一针见血地指出了许多二十几岁的年轻人在生活和工作中最容易犯的错误：只是满足于“做”，却不重视是否把事情做好了。所以，表面看起来整天在付出、在努力、在忙，但是这种“忙”却是穷忙、瞎忙。

老板对小张越来越不满意了，可究竟为什么，连老板自己也说不太清楚。他只知道，小张每次都能把他交代的事情完成，却不能让他完全满意。

有一次，老板让小张帮忙查一下北京主要宾馆的情况，因为有个重要的客户从新疆过来，老板自然要好好地招待一番。

小张接到任务就忙开了。半天之后，小张给老板发来了一封电子邮件，上面密密麻麻地写着20多家宾馆的众多信息，包括宾馆等级、地理位置、服务质量，等等。

老板看到这封邮件就皱起了眉头，显然，他不是很满意。他希望看到的是简洁明了的说明，最好有一些小张的建议，比如哪家宾馆的新疆菜做得好，或哪家的服务会比较适合这位客户。但这些信息老板都没有看到。

但老板又不好指责小张，因为小张确实将老板交代的工作做了，而且也尽快完成了。所以，问题恐怕就出在小张并没有把工作做对。

职场中有许多像小张这样的人，他们会对老板交代的任务不打折扣地完成，并且不会发生方向的偏差，也就是说，能把老板布置的工作完成。然而，他们还欠缺一点主动性和一点变通能力，还不能够用自己的智慧和能力把事情做好。

“做了”与“做对”，虽然只有一字之差，却有本质区别。前者只是走过场，甚至是糊弄人；后者却意味着对工作的质量负责。做工作，绝对不能满足于“做了”这一点。满足于“做了”，不仅会浪费资源，更可怕的是自欺欺人，既有可能将自己麻痹，也有可能使单位疏忽乃至麻痹，于是，该有的效率出不来，没有想到的陷阱和危机却可能不期而至。

做了不等于做好了，只有做好了才叫做了。把问题解决好，才称得上是合格地完成了该做的事。二十几岁的年轻人只有把“做对”作为执行的关键，才能圆满地完成任务。

第一次就把事情做对

在我们的工作中经常会出现这样的现象：

——5%的人并不是在工作，而是在制造问题，无事必生非，他们是在破坏性地做。

——10%的人正在等待着什么，他们永远在等待、拖延，什么都不想做。

——20%的人正在为增加库存而工作，他们是在没有目标地工作。

——10%的人没有对公司做出贡献，他们是“盲做”“蛮做”，虽然也在工作，却是在进行负效劳动。

——40%的人正在按照低效的标准或方法工作，他们虽然努力，却没有掌握正确有效的工作方法。

——只有15%的人属于正常范围，但绩效仍然不高，仍需要进一步提高工作质量。

这些人做事看似很努力、很敬业，但他们不精益求精，只求差不多。尽管从表面上看来，他们很努力，但结果却总是无法令人满意。

在他们的工作经历中，也许都发生过工作越忙越乱的情况，解决了旧问题，又产生了新故障，在一团忙乱中造成了新的工作错误，像无头苍蝇一样四处打转，越忙越“盲”，把工作搞得一团糟。结果是，轻则自己不得不手忙脚乱地改错，浪费大量的时间和精力；重则返工检讨，给公司造成经济损失或形象损失。但如果我们能在第一次就把事情做对，就能大大提高办事效率和成功的概率。

罗青是一家文化公司创意部的经理，曾为自己做事粗糙的习惯付出了巨大的代价。有一次，由于完成任务的时间比较紧，他在审核广告公司回传的样稿时没仔细看，弄错了一个电话号码——服务部的电话号码被他们打错了一个。就是这么一个小小的错误，给公司带来了一系列的麻烦和损失。

罗青忙了大半天才把错误的问题理清楚，耽误的其他工作不得不靠加班来弥补。与此同时，还让领导和其他部门的数位同事和他一起忙了好几天。

罗青的故事告诉我们一次性做对事的重要性。我们平时最经常说到或听到的一句话是：“我很忙。”是的，在“忙”得心力交瘁的时候，我们是否考虑过这种“忙”的必要性和有效性呢？假如在审核样稿的时候罗青稍微认真一点，还会这么忙乱吗？

由此可见，第一次没做好，同时也就浪费了没做好事情所花费的时间，返工的浪费最冤枉。第二次才把事情做对，既不快，也不便宜。

工作缺乏质量，容易出错，结果忙着改错，改错中又很容易忙出新的错误，恶性循环的死结越缠越紧。这些错误往往不仅让自己忙，还会让很多人跟着你忙，造成整个团队工作效能的低下。

美国华盛顿市政厅的一份研究报告披露说，在华盛顿因工

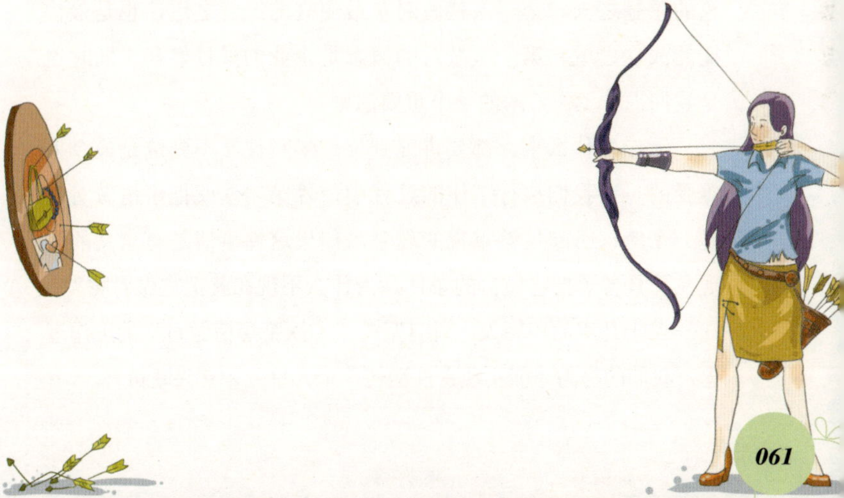

作马虎造成的损失，每天至少有100万美元。该城市的一位商人曾抱怨说，他每天必须派遣大量的检查员，去各分公司检查，尽可能地制止各种马虎行为。在许多人眼里有些事情简直是微不足道，但积少成多、积小成大，一些不值一提的小事会影响他们做事的工作效率，当然也会影响到他们工作上的晋升和事业上的发展。

某些人在工作和生活中养成了马马虎虎、心不在焉、懒懒散散的坏习惯。他们没有工作的质量观念，总想着还有下一次修正的机会，这样是无法保证工作绩效的。

我们工作的目的是为了创造价值，而不是制造错误或改正错误。在工作完成之前，想一想出错后带给自己和公司的麻烦，想一想出错后造成的损失，就应该能够理解“第一次就把事情完全做对”这句话的分量了。

“第一次就把事情做对”（Do It Right the First Time，DIRFT）是著名管理学家菲利浦·克罗斯比“零缺陷”理论的精髓之一。第一次就做对是最便宜的经营之道，也是最快捷的成功之道！第一次做对的概念是企业的灵丹妙药，同时也是我们提升工作效率的一个重要法则。

无论做什么事，都要讲究到位，半到位又不到位是最令人难受的。在我们执行工作的过程中，“第一次就把事情做对”是一个应该引起足够重视的理念。如果这件事情是有意义的，现在又具备了把它做对的条件，为什么不现在就把它做对呢？

二十几岁的年轻人，只有坚持“一次把事情做对”的工作理念，我们的努力才能实现良性运转，个人事业才有兴旺可言。

第四篇

不为失败找借口，只为成功找方法

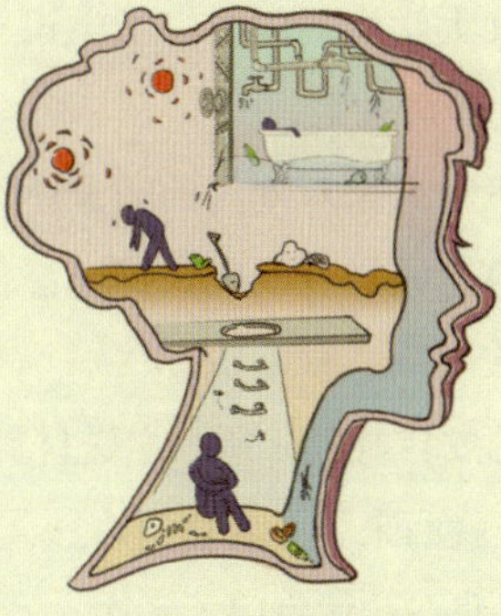

借口是失败的温床

借口是失败的温床。有些人在遇到困境，或者没有按时完成任务时，总是试图找出一些借口来为自己辩护，安慰自己，总想让自己轻松些、舒服些。在一个公司里，老板要的是勤奋敬业、不折不扣、认真执行任务的员工。如果一个员工经常迟到早退，对工作马马虎虎，还不时找借口说自己很忙，他是不会赢得老板信任和同事尊重的。

在日常生活中，我们经常会听到这样一些借口：上班迟到，会说“路上塞车”；任务完不成，会说“任务量太大”；工作状态不好，会说“心情欠佳”……我们缺少很多东西，唯独不缺的好像就是借口。

殊不知，这些看似不重要的借口却为你埋下了失败的祸根。借口让你获得了暂时的原谅和安慰，可是，久而久之，你却丧失了让自己改进的动力和前进的信心，只能在一个个借口中滑向失败的深渊。

刚毕业的女大学生刘闪，由于学识不错，形象也很好，所以很快被一家大公司录用。

刚开始上班时大家对刘闪的印象还不错，但没过几天，她就开始迟到早退。领导几次向她提出警告，她总是找这样或那样的借口来解释。

一天，老总安排她到一所大学送材料，要跑3个地方，结果她仅仅跑了一个就回来了。老总问她怎么回事，她解释说：“那所大学好大啊。我在传达室问了几次，才问到一个地方。”

老总生气了："这3个单位都是大学里的著名单位，你跑了一下午，怎么会只找到这一个单位呢？"

她急着辩解："我真的去找了，不信你去问传达室的人！"

老总更有气了："我去问传达室干什么？你自己没有找到单位，还叫老总去核实，这是什么话？"

其他员工也好心地帮她出主意：你可以打大学的总机问问3个单位的电话，然后分别联系，问好具体怎么走再去；你不是找到其中的一个单位吗？你可以向他们询问其他两个怎么走；你还可以进去之后，问老师和学生……

谁知她一点也不领会同事的好心，反而气鼓鼓地说："反正我已经尽力了……"

就在这一瞬间，老总下了辞退她的决心：既然这已经是你尽力之后达到的水平，想必你也不会有更高的水平了，那么只好请你离开公司了！

虽然刘闪的举动让很多人难以理解，但像这种遇到问题不去想办法解决而是找借口推诿的人，在生活中并不少见。而他们的命运也显而易见——凡事找借口的人，在社会上绝对站不稳脚跟。

找了借口，就不再找方法了

平庸的人之所以平庸，是因为他们总是找出种种理由来欺骗自己；而成功的人，会想尽一切方法来解决困难，而绝不找半点借口让自己退缩。

任何一个社会似乎都存在两种人：成功者和失败者。根据二八法则，20%的人掌握着社会中80%的财富。什么原因让少数人比多数人更有力量？因为多数人都在找借口。两种人的区别在于：一种是不找借口只找方法的人；另一种是不找方法只找借口的人。而前一种人往往是成功者，后一种人往往是失败者。

须知，成功也是一种态度，整日找借口的人是很难获得成功的。你尽可以悲伤、沮丧、失望、满腹牢骚，尽可以每天为自己的失意找到一千一万个借口，但结果是你自己毫无幸福的感受可言。你需要找到方法走向成功，而不要总把失败归于别人或外在的条件。因为，成功的人永远在寻找方法，失败的人永远在寻找借口。一旦找了借口，就不会冥思苦想地去寻找方法了，而不找方法，你就很难走向成功。

在一家名叫凯旋的天线公司，有一天总裁来到营销部，让员工们针对天线的营销工作各抒己见、畅所欲言。

营销部李部长耷拉着脑袋叹息说："人家的天线三天两头在电视上打广告，我们公司的产品毫无知名度，我看这库存的天线真够呛。"部里的其他人也随声附和。

总裁脸上布满阴霾，扫视了大伙儿一圈后，把目光驻留在进公司不久的大刘身上。总裁走到他面前，让他说说对公司营销工作的看法。

大刘直言不讳地对公司的营销工作存在的弊端提出了个人意见。总裁认真地听着，不时嘱咐秘书把要点记下来。

大刘告诉总裁，他的家乡有十几家各类天线生产企业，唯有001天线在全国知名度最高、品牌最响。其余的都是几十人或上百人的小规模天线生产企业，但无一例外都有自己的品牌。有两家小公司甚至把大幅广告做到001集团对面的墙壁上，敢与知名品牌竞争。

总裁静静地听着，挥挥手示意大刘继续讲下去。

大刘接着说："我们公司的天线今不如昔，原因颇多，但总结起来或许是我们的销售策略和市场定位不对。"

这时候，营销部李部长对大刘的这些似乎暗示了他们工作无能的话表示了愠色，并不时向大刘投来警告的一瞥，最后不无讽刺地说："你这是书生意气，只会纸上谈兵，尽讲些空道理。现在全国都在普及有线电视，天线的滞销是大环境造成的。你以为你真能把冰推销给因纽特人？"

李部长的话使营销部所有人的目光都投向大刘，有的还互相窃窃私语。李部长不等大刘“还击”，便不由分说地将了他一军：“公司在甘肃那边还有5000套库存，你有本事推销出去，我的位置让你坐。”

大刘朗声说道：“现在全国都在搞西部开发建设，我就不信质优价廉的产品连人家小天线厂也不如，偌大的甘肃难道连区区5000套天线也推销不出去？”

几天后，大刘风尘仆仆地赶到了甘肃省兰州市中兴大厦。大厦老总一见面就向他大倒苦水，说大刘的厂的天线知名度太低，一年多来仅仅卖掉了百来套，还有4000多套在各家分店积压着，并建议大刘去其他商场推销看看。

接下来，大刘跑遍了兰州几个规模较大的商场，有的即使是代销也没有回旋余地，因此几天下来毫无建树。

正在沮丧之际，某报上一则读者来信引起了大刘的关注，信上说那儿的一个农场由于地理位置的关系，买的彩电都成了聋子的耳朵——摆设。

看到这则消息，大刘如获至宝，当即带上十来套天线样品，几经周折才打听到那个离兰州有100多千米的天运农场。信是农场场长写的，他告诉大刘，这里夏季雷电较多，以前常有彩电被雷电击毁，不少天线生产厂家也派人来查，都知道问题出在天线上，可查来查去没有眉目，使得这里的几百户人家再也不敢安装天线了。所以几年来这儿的黑白电视只能看见哈哈镜般的人影，而彩电则只是形同虚设。

大刘拆了几套被雷击的天线，发现自己公司的天线与他们的毫无二致，也就是说，他们公司的天线若安装上去，也免不了重蹈覆辙。大刘绞尽脑汁，把在大学几年所学的知识在脑海里重温了数遍，加上所携仪器的配合，终于使真相大白，原因是天线放大器的集成电路板上少装了一个感应元件。这种元件在一般型号的天线上都是不需要的，它本身对信号放大不起任何作用，厂家在设计时很少会考虑雷电多发地区，但没有这个元件就等于使天线成了一个引雷装置。它可直接将雷电引向电视机，导致线毁机亡。

找到了问题的症结，一切都可以迎刃而解了。不久，大刘在天线放大器上全部加装了感应元件，并将这种天线先送给场长试用了半个多月。期间曾经雷电交加，但场长的电视机却安然无恙。此后，仅这个农场就订了500多套天线。同时热心的场长还把大刘的天线推荐给存在同样问题的附近5个农林场，又给他销出2000多套天线。

一石激起千层浪，短短半个月，一些商场的老总主动向大刘要货，连一些偏远县市的商场采购员也闻风而动。原先库存的5000余套天线很快售完。

一个月后，大刘返回公司。而这时公司如同迎接凯旋的英雄一样，为他披红挂彩并夹道欢迎。营销部李部长也已经主动辞职，公司正式任命大刘为新的营销部部长。

在这个故事中，大刘成功了，是因为他没有跟着李部长找借口推脱责任，而是积极地寻找解决问题的方法；反之，李部长失败了，因为他只是一味寻找借口，而不去寻找方法，自然要被找方法而不找借口的大刘取而代之。

许多杰出的人都富有开拓和创新精神，他们绝不在没有努力的情况下就事先找好借口。没有任何借口，是每个成功者走向成功的通行证。

扔掉“可是”这个借口

拒绝“可是”，拒绝借口，你才能找到解决问题的切入点，才能真正认识到自己的能力，而后准确地给自己定位。因为任何“可是”、任何借口，其实都是懒人的托词，它只会慢慢地把你推向失败的旋涡，让你处于一种疲惫且不思进取的状态。只有扔掉“可是”这个借口，你才能发掘出自己的潜能，闯出属于自己的一片天地。

“我本来可以，可是……”

“我也不想这样，可是……”

“是我做的，可是这不全是我的错……”

“我本来以为……可是……”

行事不顺时，我们都喜欢以“可是”这个借口来推脱责任，却很少有敢于承担后果的勇气，很少去思考解决问题的方法。就这样不断地求助于“可是”，不断地寻找各种各样的借口，糟糕的事情不断发生，生活也就不断地出现恶性循环。须知，唯有扔掉“可是”这个借口，你才能跨出心灵的囚笼，取得意想不到的辉煌成果。

对于很多善于找借口的人来说，从一件事情上入手来尝试着丢掉借口，抓紧时间，集中精力去做好手边的事，结果也许会大不相同。

美国著名教育家、人际关系专家戴尔·卡耐基先生的夫人多萝西·卡耐基女士，在她训练学生记人名的一节课后，一位女学生跑来找她，这位女学生说："卡耐基太太，我希望你不要指望你能改进我对人名的记忆力，这是绝对办不到的事。"

"为什么办不到呢？"卡耐基夫人吃惊地问道，"我相信你的记忆力会相当棒！"

"可是这是遗传的呀，"女学生回答她，"我们一家人的记忆力全都不好，我爸爸、我妈妈将它遗传给我。因此，你要知道，我这方面不可能有什么更出色的表现。"

卡耐基夫人说："小姐，你的问题不是遗传，是懒惰。你觉得责怪你的家人比用心改进自己的记忆力容易。你不要把这个'可是'当作你的借口，请坐下来，我证明给你看。"

随后的一段时间里，卡耐基夫人专门耐心地训练这位小姐做简单的记忆练习，由于她专心练习，学习的效果很好。卡耐基夫人最终打消了这位小姐认为自己无法将记忆力训练得优于父母的想法。她因此学会了从自己本身找缺点，学会了自己改造自己，而不是找借口。

"可是"是人们回避困难、敷衍塞责的"挡箭牌"，是不肯自我负责的表现，是一种缺乏自尊的生活态度的反映。怎样才能不再找借口，并不是学会说"报告，没有借口"就足够了，而是要按照生活的真实法则去生活，重新寻回你与生俱来但又在成长过程中失去的自尊心和责任感。

你改变不了天气，请不要说"可是"，因为你可以调整自己的着装；你改变不了风向，请不要说“可是”，因为你可以调整你的风帆；你改变不了他人，请不要说“可是”，因为你可以改变你自己。所以，面对困难，你可以调整内在的态度和信念，通过积极的行动，消除一切想寻找借口的想法和心理，成为一个勇于承担责任的人，成为一个不抱怨、不推脱、不“可是”、不为失败找借口的人。

扔掉“可是”这个借口，让你没有退路、没有选择，让你的心灵时刻承载着巨大的压力去拼搏、去奋斗，置之死地而后生。只有这样，你的潜能才会最大限度地发挥出来，成功也会在不远的地方向你招手！

成功的人不会寻找任何借口，他们会坚毅地完成每一项简单或复杂的任务。一个追求成功的人应该确立目标，然后不顾一切地去追求目标，最终达到目标，取得成功。

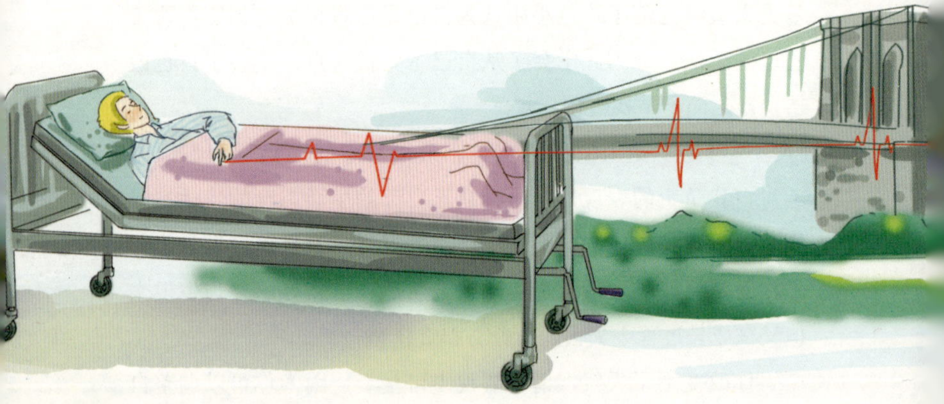

拒绝说“办不到”

冲破人生难关的人一定是一个拒绝说“办不到”的人，在面对别人都不愿正视的问题或者困难时，他们勇于说“行”。他们会竭尽全力、想尽一切方法将问题解决，等待他们的也将是努力后的成果、付出后的收获。

实际生活中，许多人的困境都是自己造成的。如果你勤奋、肯干、刻苦，就能像蜜蜂一样，采的花越多，酿的蜜也越多，你享受到的甜美也就越多。如果你以“办不到”来搪塞，不知进取，不肯付出半点辛劳，遇点困难就退缩，那么你就永远也品尝不到成功的喜悦。

失败者的借口通常是“我能力有限，我办不到”。他们将失败的理由归结为不被人垂青，好职位总是被他人捷足先登。

那些意志坚强的人则绝不会找这样的借口，他们不等待机会，也不向亲友们哀求，而是靠自己的勤奋努力去创造机会。他们深知唯有自己才能拯救自己，他们拒绝说“办不到”。

文杰在一家大型建筑公司任设计师，常常要跑工地、看现场，还要为不同的客户修改工程细节，异常辛苦。但她仍主动地做，毫无怨言。

虽然她是设计部唯一的女性，但她从不因此逃避重体力的工作。该爬楼梯就爬楼梯，该到野外就勇往直前，该去施工现场也是二话不说。她从不感到委屈，反而挺自豪，她经常说：“我的字典里没有‘办不到’这三个字。”

有一次，老板安排她为一名客户做一个可行的设计方案，时间只有3天，这是一件很难做好的事情。接到任务后，文杰看完现场，就开始工作了。3天时间里，她都在一种异常兴奋的状态下度过。她食不知味、寝不安枕，满脑子都想着如何把这个方案弄好。她到处查资料，虚心向别人请教。

3天后，她虽然眼里布满了血丝，但还是准时地把设计方案交给了老板，得到了老板的肯定。

后来，老板告诉她：“我知道给你的时间很紧，但我们必须尽快把设计方案做出来。如果当初你不主动去完成这个工作，我可能会把你辞掉。你表现得非常出色，我最欣赏你这种工作积极、认真的人。”

因做事积极主动、工作认真，文杰已经成为公司的红人。老板不但提升了她，还将她的薪水翻了3倍。把“办不到”这三个字常常挂在嘴边，其实是在处处为自己寻找借口。事实上，世上之事，不怕办不到，只怕拿借口来取代方法。

这个故事告诉我们，自己的命运掌握在自己手中。只要你勤奋、肯干，积极寻找问题的答案，而非一味地给自己找借口、推脱责任，你就会品尝到成果所带来的喜悦感。

很多人遇到困难不知道去努力解决，而只是想到找借口推卸责任，这样的人很难成为优秀的人。许多成功者，他们都有一个共同的特点——勤奋。在这个世界上，勤奋的人面对问题善于主动找方法。勤奋的人拒绝找借口说“办不到”，勤奋的人最易走向成功。

“办不到”是许多人最容易寻找的借口，它体现出了一个人所具有的自卑感和怯懦性，这种缺乏自信的人能否做出出色的事情呢？答案恐怕只有一个：“只要有借口存在，他永远不可能出色。”只有一个人拒绝说“办不到”，他才会显出与别人不同的工作精神和态度，从而成就出色的事业。

不要为自己找任何借口

再妙的借口对于事情本身也没有用处。许多人之所以屡遭失败，就是因为一直在寻找麻醉自己的借口。

没有任何借口，没有任何抱怨，职责就是他一切行动的准则。

不找任何借口看似冷漠、缺乏人情味儿，但它可以激发一个人最大的潜能。无论你是谁，在人生中，无须找任何借口，失败了也罢，做错了也罢，再妙的借口对于事情本身也没有用处。

不寻找借口，就是永不放弃；不寻找借口，就是锐意进取……要成功，就要保持一颗积极、绝不轻易放弃的心，尽量发掘出周围人或事物最好的一面，从中寻求正面的看法，让自己能有向前走的力量。即使最终失败了，也能汲取教训，把失败视为向目标前进的踏脚石，而不要让借口成为我们成功路上的绊脚石！所以，千万不要找借口！把寻找借口的时间和精力用到努力工作中，成功属于那些不寻找借口的人！

对于企业来说，这更应该是始终坚守的理念。企业需要没有借口的员工，而有些人把宝贵的时间和精力放在了如何寻找一个合适借口上，而忘记了自己的责任。这样的人，在企业里不会成为称职的员工，在社会上不是大家可信赖和尊重的人。这样的人，注定只能是一事无成的失败者。

当自己犯下错误，甚至自己毫无过错，而上司、同事、家人、朋友、客户却有抱怨的时候，不需要去争辩，应当用心去倾听，认真去反思为什么会出现这样或那样的情况，反求诸己，有则改之，无则加勉。

一旦养成了找借口的习惯，你的工作就会没有效率。抛弃找借口的习惯，你就不会为工作中出现的问题而沮丧，甚至你可以在工作中学会大量的解决问题的技巧，这样借口就会离你越来越远，而成功离你会越来越近。

借口，是拖延的温床。不找借口，就意味着拒绝拖延，今天的事今天做。

没有笨死的牛，只有愚死的汉

俗话说："山不转，路转；路不转，人转。"的确，天无绝人之路，遇到问题时，只要肯找方法，上天总会给有心人一个解决问题、取得成功的机会。

人们都渴望成功，那么，成功有没有秘诀？其实，成功的一个很重要的秘诀就是寻找解决问题的方法。俗话说："没有笨死的牛，只有愚死的汉。"任何成功者都不是天生的，只要你积极地开动脑筋，寻找方法，终会"守得云开见月明"。

世间没有死胡同，就看你如何寻找方法，寻找出路。且看下面故事中的林松是如何打破人们心中"愚"的瓶颈，从而成功找到出路的：

有一年，山丘市经济萧条，不少工厂和商店纷纷倒闭，商人们被迫贱价抛售自己堆积如山的存货，价钱低到1元钱可以买到10条毛巾。

那时，林松还是一家纺织厂的小技师。他马上用自己的积蓄收购低价货物，人们见到他这样做，都嘲笑他是个蠢材。

林松对别人的嘲笑一笑置之，依旧收购抛售的货物，并租了很大的货仓来贮存。

母亲劝他不要购入这些别人廉价抛售的东西，因为他们历年积蓄下来的钱数量有限，而且是准备给林松办婚事用的。如果此举血本无归，那么后果便不堪设想。

林松安慰她说："3个月以后，我们就可以靠这些廉价货物发大财了。"

林松的话似乎兑现不了。

过了10多天后，那些商人即使降价抛售也找不到买主了，他们便把所有存货用车运走烧掉。

他母亲看到别人已经在焚烧货物，不由得焦急万分，便抱怨起林松。对于母亲的抱怨，林松一言不发。

终于，政府采取了紧急行动，稳定了山丘市的物价，并且大力支持那里的经济复苏。

这时，山丘市因焚烧的货物过多，商品紧缺，物价一天天飞涨。林松马上把自己库存的大量货物抛售出去，一来赚了一大笔钱，二来使市场物价得以稳定，不致暴涨不断。

在他决定抛售货物时，他母亲又劝告他暂时不忙把货物出售，因为物价还在一天一天飞涨。

他平静地说："是抛售的时候了，再拖延一段时间，就会后悔莫及。"

果然，林松的存货刚刚售完，物价便跌了下来。

后来，林松用这笔赚来的钱开设了5家百货商店，商店的生意十分兴隆。

面对问题，成功者总是比别人多想一点。

老王是当地颇有名气的水果大王，尤其是他的高原苹果色泽红润，味道甜美，供不应求。有一年，一场突如其来的冰雹把将要采摘的苹果砸开了许多裂口，这无疑是一场毁灭性的灾难。然而面对这样的问题，老王没有坐以待毙，而是积极地寻找解决这一问题的方法。不久，他便打出了这样的一则广告，并将之贴满了大街小巷。

广告上这样写道："亲爱的顾客，你们注意到了吗？在我们的脸上有一道道伤疤，这是上天馈赠给我们高原苹果的吻痕——高原常有冰雹，只有高原苹果才有美丽的吻痕。味美香甜是我们独特的风味，那么请记住我们的正宗商标——伤疤！"

从苹果的角度出发，让苹果说话，这则妙不可言的广告再一次使老王的苹果供不应求。

世上无难事，只怕有心人。面对问题，如果你只是沮丧地待在屋子里，便会有被禁锢的感觉，自然找不到解决问题的正确方法。如果将你的心锁打开，开动脑筋，勇敢地走出自己固定思维模式的枷锁，你将收获很多。

只为成功找方法，不为问题找借口

制造托词来解释失败，这已是普遍性的问题。这种习惯与人类的历史一样古老，这是成功的致命伤！制造借口是人类本能的习惯，这种习惯是很难轻易打破的。柏拉图说过："征服自己是最大的胜利，被自己征服是最大的耻辱和邪恶。"

顾凯在担任云天缝纫机有限公司销售经理期间，曾面临一种极为尴尬的情况：该公司的财务发生了困难。这件事被负责推销的销售人员知道了，他们因此失去了工作的热忱，销售量开始下跌。到后来，情况更为严重，销售部门不得不召集全体销售员开一次大会。全国各地的销售员皆被召去参加这次会议，顾凯主持了这次会议。

首先，他请手下最佳的几位销售员站起来，要他们说明销售量为何会下跌。这些被叫到名字的销售员一一站起来以后，每个人都有一个冠冕堂皇的理由：商业不景气、资金短缺、物价上涨等。

当第5个销售员开始列举使他无法完成销售配额的种种困难时，顾凯突然跳到一张桌子上，高举双手，要求大家肃静。然后，他说道："停止！我命令大会暂停10分钟，让我把我的皮鞋擦亮。"

然后，他命令坐在附近的一名小工友把他的擦鞋工具箱拿来，并要求这名工友把他的皮鞋擦亮，而他就站在桌子上不动。

在场的销售员都惊呆了，都以为顾凯疯了，人们开始窃窃私语。这时，只见那位小工友先擦亮他的第一只鞋子，然后又擦另一只鞋子，他不慌不忙地擦着，表现出第一流的擦鞋技巧。

皮鞋擦亮之后，顾凯给了小工友1元钱，然后发表他的演说。

他说："我希望你们每个人，好好看看这个小工友。他的前任的年纪比他大得多，尽管公司每周补贴他前任200元的薪水，而且工厂里有数千名员工，但他前任仍然无法从这个公司赚取足以维持生活的费用。可是这位小工友不仅不需要公司补贴薪水，还可以赚到相当不错的收入。现在我问你们一个问题，那个前任拉不到更多的生意，是谁的错？是前任的错，还是顾客的？"

那些推销员不约而同地大声说："当然了，是那个前任的错。"

"正是如此，"顾凯回答说，"现在我要告诉你们，你们现在推销缝纫机和一年前的情况完全相同：同样的地区、同样的对象，以及同样的商业条件。但是，你们的销售成绩却比不上一年前。这是谁的错？是你们的错，还是顾客的错？"

同样又传来如雷般的回答："当然，是我们的错。"

"我很高兴，你们能坦率地承认自己的错误，"顾凯继续说，"只要你们回到自己的销售地区，并保证在以后30天内，每人卖出5台缝纫机，那么，本公司就不会再发生任何财务危机。你们愿意这样做吗？”

大家都说“愿意”，后来果然也办到了。

卓越的人必定是重视找方法的人。他们相信凡事必有方法去解决，而且能够解决得更完美。事实也一再证明，看似极其困难的事情，只要用心寻找方法，必定会成功。真正杰出的人只为成功找方法，不为问题找借口，因为他们懂得：寻找借口，只会使问题变得更棘手、更难以解决。

所谓没有办法就是**没有想出新方法**

是真的没办法吗？还是我们根本没有好好动脑筋想新方法？事实上，只要我们用一种大的视野、一种综观全局的胸怀来看待问题，用一种灵动多变的思考方式、一种随机应变的智慧去分析判断问题，就不会找不到解决问题的新方法。

“实在是没办法！”

“一点儿办法也没有！”

这样的话，你是否熟悉？你的身边是否经常有这样的声音？

当你向别人提出某种要求时，得到这样的回答，你是不是觉得很失望？

当你的上级给你下达某个任务，或者你的同事、顾客向你提出某个要求时，你是否也会这样回答？

当你这样回答时，你是否能够体会到别人对你的失望？一句“没办法”，我们似乎为自己找到了可以不做的理由。是真的没办法吗？只是暂时没有找到解决困难的办法，而没有解决不了的困难。一句“没办法”，浇灭了很多创造的火花，阻碍了我们前进的步伐！是真的没办法吗？还是我们根本没有好好动脑筋想办法？发动机只有发动起来才会产生动力，同样，想办法才会有办法！下面的故事就给我们以新的启迪：

一家位于北京市内商业闹市区、开业近2年的美容店，吸引了附近一大批稳定的客户。每天店内生意不断，美容师难得休息，加上店老板经营有方，每月收入颇丰，利润可观。但由于场所限制，始终无法扩大经营，该店老板很想增开一家分店，可此店开业不长，资金有限，还不够另开一间分店。

店老板苦思冥想，如何筹集到开分店的启动资金呢？他突然想到，平时不是有不少熟客都要求美容店打折优惠吗？自己都是很爽快地打了9折优惠。他灵机一动，推出10次卡和20次卡：一次性预收客户10次美容的钱，对客户给予8折优惠；一次性预收客户20次的钱，给予7折优惠。对于客户来讲，如果不购美容卡，一次美容要40元；如果购买10次卡（一次性支付320元，即10次×40元／次×0.8=320元），平均每次只要32元，10次美容可以省下80元；如果购买20次卡（一次性支付560元，即20次×40元／次×0.7=560元），平均每次美容只要28元，20次美容可以省下240元。

通过这种优惠让利活动，吸引了许多新老客户购买美容卡，结果大获成功。2个月内，该店共收到美容预付款达7万元，解决了开办分店的资金问题，同时也拥有了一批固定的客源。

就是用这种办法，店老板先后开办了5家美容分店。

有一位智者说，这个世界上有两种人：

一种人是看见了问题，然后界定和描述这个问题，并且抱怨这个问题，结果自己也成为这个问题的一部分。另一种人是观察问题，并立刻开始寻找解决问题的办法，结果在解决问题的过程中自己的能力得到了锻炼，品位得到了提升。

你愿意成为问题的一部分，还是成为解决问题的人？这个选择决定了你是一个推动公司发展的关键员工，还是一个拖公司后腿的问题员工。

在一次企业管理培训课上，一位老板陈先生和大家一起分享了他的创业经验。他深有感触地说："我很幸运，拥有一位善于找方法解决问题的员工。那次如果没有她，我的店很可能早就关门了。"

原来，陈老板开了一家蛋糕店。这个行业的竞争本来就十分激烈，加上陈老板当初在选择店址上有些小小的失误，开在了一个比较偏僻的胡同里。因此，自从蛋糕店开张后，生意一直不好，不到半年，就支撑不下去了。面对收支严重失衡的状况，陈老板无奈地想结束生意。这时，店里负责卖蛋糕的一个女员工给他提了一个建议。

原来，这个员工在卖蛋糕的时候曾经碰到过一个女客人想给男朋友买一个生日蛋糕。当这个员工问她想在蛋糕上写些什么字的时候，女客人嗫嚅了半天才不好意思地说："我想写上'亲爱的，我爱你'。"

员工一下子明白了女客人的心思，原来她想写一些很亲热的话，又不好意思让旁人知道。有这种想法的客人肯定不止一人。当时，各个蛋糕店的祝福词都是千篇一律的“生日快乐”“幸福平安”之类，为何不尝试用点特别的祝福语？

于是，这个员工送走女客人后，就向陈老板建议：“我们店里糕点师用来在蛋糕上写字的专用工具，可不可以多进一些呢？只要顾客来买蛋糕，就赠送一支，这样客人就可以自己在蛋糕上写一些祝福语，即使是隐私的话也不怕被人看到了。”

一开始，陈老板并没有将这个创意太当回事，只是抱着尝试的心理同意了，并做了一些简单的宣传。没想到，在接下来的一个星期中，顾客比平时增加了2倍，每个客人都是冲着那支可以在蛋糕上写字的笔来的。

陈老板说：“从那以后，我的生意简直可以用奇迹来形容。我本来都做好关门的心理准备了，没想到我的店员帮了我大忙。现在，她成了我的左膀右臂，好主意层出不穷，我都觉得我离不开她了。”

西方流传着一句十分有名的谚语，叫作“Use your head”——“请动动脑筋”。许多成功者一生都在遵循着这句话，解决了很多被认为根本解决不了的问题。在现代社会，每个人都在想尽一切办法来解决生活中的一切问题，而且，最终的强者也将是善于寻找新方法的那部分人。

对问题束手无策的6种人

面对困难，一个人解决问题的能力就会突显出来。他可能并不缺少工作的热情，也绝对敬业，但工作成效却不尽如人

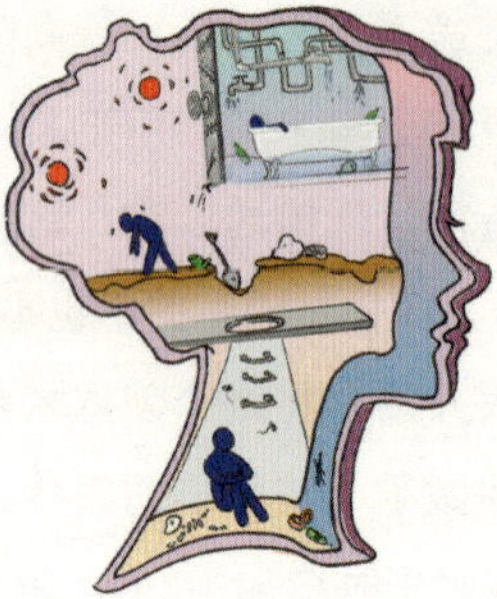

意，面对问题也往往束手无策。

在工作和生活中，有些人在面对问题时，不去积极地开动脑筋，主动寻求解决的方法，而是一味抱怨，或找出种种冠冕堂皇的理由来推脱，所以很难成就什么大事。在此，我们将这些人具体分为以下6类，以示警醒：

第一种人：爱找借口的人

生活中，不知有多少人抱怨自己缺乏机会，并努力为自己的失败寻找借口。为什么他们总是如此煞费苦心地找寻借口，却无法将工作做好呢？如果每个人都善于寻找借口，那么努力尝试用找借口的创造力来找出解决困难的办法，也许情形会大不相同。如果存心拖延、逃避，你自己就会找出成千上万个理由来辩解为什么不能够把事情完成。事实上，把事情“太困难、太无头绪、太麻烦、太花费时间”等种种理由合理化，确实要比相信“只要我们足够努力、勤奋，就能做成任何事”的信念要容易得多。但如果我们经常为自己找借口，就做不成任何事，这对我们以后的职业生涯也是极为不利的。

如果你发现，自己常常会为没做或没完成的某些事而制造借口，或想出成百上千个理由为事情未能按照计划实施而辩解，那么，你不妨还是多做自我批评，多多地自我反省吧！

第二种人：凡事拖延的人

拖延是解决问题的最大敌人，它不仅会影响工作的执行，更会带来个人精力的极大浪费。

拖延并不能使问题消失，也不能使解决问题变得容易起来；相反，只会使问题深化，给工作造成严重的危害。

社会学家库尔特·卢因曾经提出一个概念，叫作“力场分析法”。在这里面，他描述了两种力量：阻力和动力。他说，有些人一生都踩着刹车前进，比如被拖延、害怕和消极的想法捆住手脚；有的人则是一路踩着油门呼啸前进，比如始终保持积极、合理和自信的心态。这一分析同样适用于工作。如果你希望在职场中生存和发展，你得把脚从刹车踏板（拖延）上挪开。

第三种人：投机取巧的人

荣誉的必经之路是勤奋，投机取巧、试图绕过勤奋就获得荣誉的人，总是被荣誉拒之门外。

许多生活中的实例证明，不管面临什么样的问题，如果总想投机取巧，表面上看，也许会节省一些时间或精力，但最终往往会导致更大的浪费。而且，投机取巧会使我们的能力日渐消退。只有努力寻找方法，将工作做到完美，我们才会收获更多。

第四种人：浅尝辄止的人

在自然界，每一个物种都在发展和加强自己的新特征，以求适应环境，获得生存空间。生命的衍化如此，生活和事业的发展也是如此。社会对个人的知识和经验不断提出了更高的要求，泛泛地了解一些知识和经验，是远远不够的。企图掌握好几十种职业技能，还不如精通其中一两种。什么事情都知道些皮毛，还不如在某一方面懂得更多，理解得更透彻。

有一位发明家，他尝试着发明一种新型的榨汁机，但是经受多次挫折后，他丧失了耐心，在离成功只有一步之遥时，他放弃了努力。他将长时间积累的经验和资源都舍弃了，自然也就无法形成自己的核心能力。

许多“离成功只有一步之遥”的人，恰恰因为缺乏最后跨入成功门槛的勇气而功败垂成，这是他们为浅尝辄止所付出的沉重代价。

第五种人：消极怠慢的人

王峰毕业后在一家服装公司从事销售工作，虽然这与他当初的理想和目标相距甚远，但他没有消极悲观，而是满怀热情并全心全意地投入自己的工作中。他把热情与活力带到了公司，传递给了客户，使每一个和他接触的人都能感受到他的活力。正因如此，尽管他才工作了一年，就被破格提升为销售部主管。

同样很年轻的李远，也在短期内被提升为公司的管理人员。有人问到他成功的秘诀时，他答道："在试用期内，我希望能够有更多的时间学习一些业务上的东西，就留在办公室里，同时给老板提供一些帮助。长时间下来，我和老板配合得很好，他也渐渐习惯要我负责一些事……"

大多数人并不像王峰和李远，他们常常以一种怠惰而被动的态度来对待自己的工作，在遇到问题时也不急于寻求解决之道。其实他们不是没有自己的理想，但很容易一遇困难就要放弃，他们缺少一种精神支柱，缺少克服困难、解决问题的主动性。

一个人在工作时所表现出来的精神面貌，不仅会对工作效率和工作质量有影响，而且对他品格的形成也有很大影响。其实，我们在各行各业都有施展才华和升职的机会，关键要看你是不是以积极主动的态度来对待你的工作，以积极主动的态度来寻找解决问题的方法。

第六种人：畏惧问题的人

获得成功需要克服各种困难，解决各种问题。

难道不是吗？好比赤手空拳去建立自己的王国，你要招揽人才、建立军队、开辟领地、确立制度、发展经济、组织国民，每一项工作都存在着许多困难和问题，需要你去克服和解决。

不管你的王国属于哪种行业，情形都是一样。当然，王国的规模愈大，问题就愈多、愈复杂。

在关键的地方无法解决问题，便会招致失败。即使这个问题解决了，又会有新问题出现。总之，在你面前，经常潜伏着失败的阴影。

胆怯的人，一想到要面对重重困难，想到失败的可怕，便会停下脚步，不敢往前走。结果，未起步的，永远停在原地；已起步的，就半途而废。

第五篇

你可以平凡，但不能平庸

责任心是成功的关键

松下幸之助说过：“责任心是一个人成功的关键。对自己的行为负责，独自承担这些行为的哪怕是最严重的后果，正是这种素质构成了伟大人格的关键。”事实上，当一个人养成了尽职尽责的习惯之后，从事任何工作，他都会从中发现工作的乐趣。在这种责任心的驱使下，工作能力和工作效率会得到大幅度提高，当我们把这些运用到实践当中，我们就会发现，成功已掌握在自己的手中。

一位超市的值班经理在超市视察时，看到自己的一名员工对前来购物的顾客态度极其冷淡，偶尔还向顾客发脾气，令顾客极为不满，而他自己却毫不在意。

这位经理问清原因之后，对这位员工说："你的责任就是为顾客服务，令顾客满意，并让顾客下次还到我们超市购物，但是你的所作所为是在赶走我们的顾客。你这样做，不仅没有承担起自己的责任，还正在使企业的利益受到损害。你懈怠自己的责任，也就失去了企业对你的信任。一个不把自己当成企业一分子的人，就不能让企业把他当成自己人，你可以走了。"

这名员工由于对工作的不负责任，不但危害了企业的利益，还让自己失去了工作。可见，对工作负责就是对自己负责。

对那些刚刚进入职场的大学生来说，对工作负责不但能够使自己养成良好的职业习惯，还能为自己赢得很好的工作机会。但如果缺乏责任感，就只能面临被淘汰的危险。

晓青曾是一家软件公司的程序员，学计算机专业的晓青毕业后非常幸运地进入了这家比较大的软件公司工作。上班的第一个月，由于她刚毕业，在学校还有一些事情要处理，所以经常请假，加上她住的地方离公司比较远，经常不能按时上下班。好在她专业技术过硬，和同事一起解决了不少程序上的问题，很明显，公司也很看重她的工作能力。

学校的事情处理完了，晓青上班仍像第一个月那样，有工作就来，没有工作就走，迟到、早退，甚至还在上班时间拉同事去逛街。有一次，公司来了紧急任务，上司安排工作时怎么也找不着她。事后，同事悄悄地提醒她，而她却以一句"没有什么大不了的"，让同事无言以对。她认为自己工作能力够了就行，其他的不必放在心上。结果可想而知：在试用期结束后的考评中，晓青的业务考核通过了，但在公司管理规章和制度的考核上给卡住了，她只能接受被淘汰的命运。

“没有什么大不了的”，绝不是一位初涉职场的新人或是任何一位员工在有工作任务的时候可以说的话。上班时间逛街是绝对不可以的，即使已经在外面，接到工作任务也必须马上回公司。晓青的表现可以说是现在很多大学毕业生的通病，在学校养成的散漫、不守纪律、独来独往的习惯，使他们到团队以后，在心理上很难在短时间内改正，把公司的照顾当作福利，缺乏应有的责任感，就是能力再强，公司也只能忍痛割爱了，毕竟公司看重的是员工的团队意识。

对工作负责就是对自己负责。所以，任何一名员工都应尝试着对自己的工作负责，那时你就会发现，自己还有很多的潜能没有发挥出来，你要比自己往常出色很多倍，你会在平凡单调的工作中发现很多的乐趣。最重要的是你的自信心还会得到提升，因为你能做得更好。

当你尝试着对自己的工作负责的时候，你的生活会因此改变很多，你的工作也会因此而改变。其实，改变的不是生活和工作，而是一个人的工作态度。正是工作态度，把你和其他人区别开来。这样一种敬业、主动、负责的工作态度和精神让你的思想更开阔，工作起来更积极。尝试着对自己的工作负责，这是一种工作态度的改变，这种改变会让你重新发现生活的乐趣、工作的美妙。

绝对执行，不找任何借口

美国人常常讥笑那些随便找借口的人说：“狗吃了你的作业。”习惯找借口的人总会找出一些借口来安慰自己，总想让自己轻松一些、舒服一些。这样的人，不可能成为称职的员工。要知道，老板安排你这个职位，是为了解决问题，而不是听你关于困难的分析。不论是失败了，还是做错了，再好的借口对于事情本身也是没有丝毫用处的。

许多人可能都会有这样的经历，清晨闹钟将你从睡梦中惊醒，你虽然知道该起床了，可就是躺在温暖的被窝里面不想起来——结果上班迟到，你会对上司说你的闹钟坏了。又一次，你上班迟到，明明是你躺在被窝里面不起来，却说路上塞车……

糊弄工作的人是制造借口的专家，他们总能以种种借口来为自己开脱，只要能找借口，就毫不犹豫地去找。这种借口带来的唯一“好处”，就是让你不断地为自己去寻找借口，长此以往，你可能就会形成一种寻找借口的习惯，任由借口牵着你的鼻子走。这种习惯具有很大的破坏性，它使人丧失进取心，让自己松懈、退缩甚至放弃。在这种习惯的作用下，即使是自己做了不好的事，你也会认为是理所当然的。

一旦养成找借口的习惯，你的工作就会拖拖拉拉、没有效率，做起事来就往往不诚实。这样的人不可能是好员工，他们也不可能有完美的人生。

罗斯是公司里的一位老员工了，以前专门负责跑业务，深得上司的器重。只是有一次，他把公司的一笔业务“丢”了，造成了一定的损失。事后，他很合情合理地解释了失去这笔业务的原因：那是因为他的脚伤发作，比竞争对手迟到了半个钟头。以后，每当公司要他出去联系有点棘手的业务时，他总是以他的脚不行，不能胜任这项工作为借口而推诿。

罗斯的一只脚有点轻微的跛，那是一次出差途中出了车祸引起的，留下了一点后遗症，根本不影响他的形象，也不影响他的工作，如果不仔细看，是看不出来的。

第一次，上司比较理解他，原谅了他。罗斯很得意，他知道这是一宗比较难办的业务，他庆幸自己的明智，如果没办好，那多丢面子啊。

但如果有比较好揽的业务时，他又跑到上司面前，说脚不行，要求在业务方面有所照顾，比如就易避难、趋近避远，如此种种，他大部分的时间和精力都花在如何寻找更合理的借口身上，碰到难办的业务能推就推，好办的差事能争就争。时间一长，他的业务成绩直线下滑，没有完成任务他就怪他的脚不争气。总之，他现在已习惯因脚的问题在公司里可以迟到，可以早退，甚至工作餐时，他还可以喝酒，因为喝点酒可以让他的脚舒服些。

现在的老板，有谁愿意要这样一个时时刻刻找借口的员工呢？罗斯被炒也是情理之中的事。善于找借口的员工往往就像罗斯一样，因为糊弄自己的工作而“糊弄”了自己。

因此，要成功就不要找借口。不要害怕前进路上的种种困难，不要为自己的平庸寻找种种托词，也不要为自己的失败解释种种原因，抛开借口，勇往直前，你就能激发出巨大潜能，从而在前进的路上披荆斩棘，直抵成功。

放弃忠诚就等于放弃成功

在一项对世界著名企业家的调查中，当被问到“您认为员工最应具备的品质是什么”时，他们无一例外地选择了“忠诚”。

忠诚是一个人在职场中最好的品牌，同时也是最值得重视的职场美德。因为每个公司的发展和壮大都是靠员工的忠诚来维持的，如果所有的员工对公司都不忠诚，那这个公司的结局就是破产，那些不忠诚的员工自然也就会失业。

毫无疑问，大多数年轻人对自己的雇主都有一定程度的忠诚之心，至少对于他们现在所从事的工作是这样的，但这样的忠诚在很多时候都表现得微不足道。很多人，如果你说他对雇主的忠诚不足，他会这样辩解：“忠诚有什么用呢？我又能得到什么好处？”忠诚并不是增加回报的砝码，如果是这样，那就不是忠诚，而是交换。

一家公司的人力资源部经理说：“当我看到申请人员的简历上写着一连串的工作经历，而且是在短短的时间内，我的第一感觉就是他的工作换得太频繁了。频繁地换工作并不能代表一个人工作经验丰富，而是说明了一个人的适应性很差或者工作能力低。如果他能快速适应一份工作，就不会轻易离开，因为换一份工作的成本是很大的。”

没有哪个老板会用一个对自己公司不忠诚的人。“我们需要忠诚的员工”，这是老板们共同的心声，因为老板知道，员工的不忠诚会给公司带来什么。只要自下而上地做到了忠诚，就可以壮大一个公司；相反，就可能毁了一个公司。

在现今越来越激烈的竞争中，人才之间的较量，已经从单纯的能力较量延伸到了品德方面的较量。在所有的品德中，忠诚越来越得到各个公司的重视，从某种意义上说，忠诚更是一种能力，因为只有忠诚的人，才有资格成为优秀团队中的一员，才能更好地发挥自己的能力。

鲍勃是一家网络公司的技术总监。由于公司改变发展方向，他觉得这家公司不再适合自己，决定换一份工作。

以鲍勃的资历和实力，加上原公司在业界的影响力，找份工作并不是件困难的事情。有多家企业早就盯上他了，以前曾试图挖走鲍勃，都没成功。这一次，是鲍勃自己想离开，对这些公司来说，这真是一次绝佳的机会。

很多公司都开出了令人心动的条件，但是在优厚条件的背后总是隐藏着一些东西。鲍勃知道这是为什么，但是他不能因为优厚的条件就背弃自己一贯的原则，于是鲍勃拒绝了很多家公司对他的邀请。

最终，他决定到一家大型企业去应聘技术总监，这家企业在全美乃至世界上都有相当大的影响，很多业界人士都希望能到这家公司来工作。

对鲍勃进行面试的是该企业的人力资源部主管和负责技术方面工作的副总裁。对鲍勃的专业能力他们无可挑剔，但是他们提到了一个使鲍勃很失望的问题。

“我们很欢迎你到我们公司来工作，你的能力和资历都非常不错。我听说你以前所在的公司正在着手开发一个新的适用于大型企业的财务应用软件，据说你提了很多非常有价值的建议。我们公司也在策划这方面的工作，你能否透露一些你原来公司的情况？你知道这对我们很重要，而且这也是我们为什么看中你的一个原因。请原谅我说得这么直白。”副总裁说。

“你们问我的这个问题很令我失望，看来市场竞争的确需要一些非正当的手段。不过，我也要令你们失望了。对不起，我有义务忠诚于我的企业，任何时候我都必须这么做，即使我已经离开。与获得一份工作相比，忠诚对我而言更重要。”鲍勃说完就走了。

鲍勃的朋友都替他惋惜，因为能到这家企业工作是很多人的梦想。但鲍勃并没有因此而觉得可惜，他为自己所做的一切感到坦然。

没过几天，鲍勃收到了来自这家公司的一封信，信上写着：“你被录用了，不仅仅因为你的专业能力，还有你的忠诚。”

其实，这家公司在选择人才的时候，一直很看重一个人是否忠诚。他们相信，一个能对原来公司忠诚的人也可以对自己的公司忠诚。这次面试，很多人被淘汰了，就是因为他们为了获得这份工作而对原来的公司丧失了最起码的忠诚。这些人中，不乏优秀的专业人才。

由此可见，忠诚不仅不会让人失去机会，还会让人赢得机会。除此之外，忠诚的人还能赢得别人对他的尊重和敬佩。人们应该意识到，取得成功最重要的因素不是一个人的能力，而是他优秀的道德品质。所以，阿尔伯特·哈伯德说：“如果能捏得起来，一盎司忠诚相当于一磅智慧。”

精业才能立业

“无论从事什么职业，都应该精通它。”这句话应当成为一个高效能人士的座右铭。下决心掌握自己职业领域的所有问题，使自己变得比他人更精通。如果你是工作方面的行家里手，精通自己的全部业务，就能赢得良好的声誉，也就拥有了一种获得成功的秘密武器。

某人就个人努力与成功之间的关系请教一位伟人：“你是如何完成如此多的工作的？”

“我在一段时间内只会集中精力做一件事，但我会彻底做好它。”

如果你对自己的工作没有做好充分的准备，又怎能因自己的失败而责怪他人、责怪社会呢？现在，最需要做到的就是“精通”二字。大自然要经过千百年的进化，才能长出一朵艳丽的花朵和一颗饱满的果实，但是现在，很多年轻人随便读几本法律书，就想处理一桩桩棘手的案件，或者听了两三堂医学课，就急于做外科手术——要知道，那个手术关系着一条宝贵的生命啊！这种人注定会是失败者。

一位先哲说过：“如果有事情必须去做，便全身心去做吧！”另一位明哲则道：“不论你手边有何工作，都要尽心尽力地去做到尽善尽美！”做事情无法善始善终的人，其心灵上亦缺乏相同的特质。他不会培养自己的个性，意志无法坚定，无法达到自己追求的目标。一面贪图玩乐，一面又想修道，自以为可以左右逢源的人，不但享乐与修道两头落空，还会悔不当初。这种人最终会一无所成，是不会成为一名高效能人士的。

做事一丝不苟能够迅速培养严谨的品格，获得超凡的智能。它既能带领普通人往好的方向前进，更能鼓舞优秀的人追求更高的境界。因此，如果你想在自己所从事的行业中有所成就，就要下定决心成为行业的专家员工，对行业领域里的所有问题都要比别人更精通。

拒绝平庸，绝不安于现状

价值是一个变数。今天，你可能是一个价值很高的人，但如果你故步自封、满足现状，那么明天，你就会贬值，就会被一个又一个智者和勇者超越。今天，你可能做着看似卑微的工作，人们对你不屑一顾；而明天，你可能通过知识的不断丰富和能力的不断提高，以及修养的日益升华，让世人刮目相看。

李洋曾经在一家合资企业担任首席财务官。在成为首席财务官之前，他工作非常努力，并取得了出色的成绩。老板非常赏识他，第一年就把他提拔为财务部经理，第二年又提拔他为首席财务官。

当上首席财务官以后，拿着高薪，开着公司配备的专车，住着公司购买的豪宅，李洋的生活品质得到了很大的提升。然而，他的工作热情却一落千丈，他把更多的精力放在了享乐上面。

当朋友问他还有什么追求时，他说："我应该满足了，在这家公司里，我已经到达自己能够到达的顶点了。"李洋认为公司的CEO是董事长的侄子，自己做CEO是不可能的，能够做到首席财务官就到达顶点了。

他在首席财务官的位置上坐了差不多一年的时间，却没有干出值得一提的业绩。朋友善意地提醒他："应该上进一点了，没有业绩是危险的。"

没想到，李洋竟然说："我是公司的功臣，而且这家公司离不了我李洋，老板不会把我怎么样的！"他甚至在心里对自己说："高薪永远属于我，车子永远属于我，房子永远属于我，没有人可以夺去，因为没有人可以替代我。"

的确，公司很多工作都离不开李洋，然而，他的糟糕表现还是让老板动了换人的念头。终于，在一个清晨，李洋开着车，和往日一样来到公司，优越感十足地迈着步踱进办公室里，第一眼看到的却是一份辞退通知书。

他被辞退了，高薪没了，车子不得不还给公司。而且，他还从舒适的房子里搬了出来，不得不去租一间小得可怜、上厕所都不方便的小套间。

李洋以为自己不可替代，事实上，现在这个社会最不缺的就是人才。就在他被辞退的当天，公司就又招聘了一位首席财务官。"功臣"依然失业了。李洋不思进取而失去优越的"现状"，是不值得同情的。

这个故事告诉我们，安于现状的人最终会被淘汰。无论是什么职位，如果你安于现状、不思进取的话，都逃脱不了职位被人抢走或者“铁饭碗”“金饭碗”被打破的可能。

事实上，在很多企业里，“功臣”都因为安于现状而失败。这些“功臣”们在失败到来时，常常埋怨老板“不念旧情、忘记过去”，却没有想过，自己虽然昨天是“功臣”，可今天已经成了浪费企业资源的罪人了。

要避免类似于李洋那样的遭遇，有两点是必须记住的：

第一，努力奋斗，不断改变自己的“现状”。

第二，过去的成绩只能属于过去。不管你是如何功勋卓著，在你不能为企业创造新价值的时候，你就是一文不值的。老板不可能因为你昨天干得好，就把你一直养下去。

只有不断超越平庸，永远不安于现状，你才能在职场上永远处于不败之地。

不安于现状，是优秀经理人的基本素质，也是优秀员工的立身之本。任何企业所需要的，都是不断创新的人。那种必须推着才肯前进的人，肯定会被社会所淘汰。

相信自己，别人才能相信你

有一位顶尖的杂技高手，一次，他参加了一个极具挑战的演出，这次演出是在两座山之间的悬崖上架一条钢丝，他的表演节目是从钢丝的这边走到另一边。杂技高手走到悬在山上钢丝的一头，然后注视着前方的目标，并伸开双臂，慢慢地挪动着步子，终于顺利地走了过去。这时，响起了热烈的掌声和欢呼声。

“我要再表演一次，这次我要绑住我的双手走到另一边，你们相信我可以做到吗？”杂技高手对所有的人说。我们知道走钢丝靠的是双手的平衡，而他竟然要把双手绑上。但是，因为大家都想知道结果，所以都说：“我们相信你，你是最棒的！”杂技高手真的用绳子绑住了双手，然后用同样的方式一步、两步……终于又走了过去。“太棒了，太不可思议了！”所有的人都报以热烈的掌声。但没想到的是杂技高手又对所有的人说：“我再表演一次，这次我同样绑住双手然后把眼睛蒙上，你们相信我可以走过去吗？”所有的人都说：“我们相信你！你是最棒的！你一定可以做到！”

杂技高手从身上拿出一块黑布蒙住了眼睛，用脚慢慢地摸索到钢丝，然后一步一步地往前走，所有的人都屏住呼吸，为他捏一把汗。终于，他走过去了！表演好像还没有结束，只见杂技高手从人群中找到一个孩子，然后对所有的人说：“这是我的儿子，我要把他放到我的肩膀上，我同样还是绑住双手、蒙住眼睛走到钢丝的另一边，你们相信我吗？”所有的人都说：“我们相信你！你是最棒的！你一定可以走过去的！”

“真的相信我吗？”杂技高手问道。

“相信你！真的相信你！”所有人都这样说。

“我再问一次，你们真的相信我吗？”

“相信！绝对相信你！你是最棒的！”所有人都大声回答。

“那好，既然你们都相信我，那我把我的儿子放下来，换上你们的孩子，有愿意的吗？”杂技高手说。

这时，所有人鸦雀无声，再也没有人敢说相信了。

把每一个细节做到完美

古人云："不积跬步，无以至千里；不积小流，无以成江海。"说的就是想成大事必须从细节做起的道理。在工作中，关注细节，反映的是一种忠于职业、尽职尽责、一丝不苟、善始善终的职业道德和精神，其中也糅合了一种使命感和道德责任感。把每一件小事、每一个细节做到完美，这样，我们才有机会在工作中铸就自己的辉煌。

俗语说"一滴水可以折射整个太阳"，许多"大事"都是由微不足道的"小事"组成的。日常工作中同样如此，看似烦琐、不足挂齿的事情比比皆是。如果你对工作中的这些小事轻视怠慢、敷衍了事，到最后就会因"一着不慎"而输掉整盘棋。所以，每个员工在处理细节时，都应当引起重视。

工作中无细节，想把每一件事情都做到无懈可击，就必须从小事做起，付出你的热情和努力。士兵每天做的工作就是队列训练、战术操练、巡逻排查、擦拭枪械等小事；饭店服务员每天的工作就是对顾客微笑、回答顾客的提问、整理清扫房间、细心服务等小事；公司中你每天所做的事可能就是接听电话、整理文件、绘制图表之类的小事。但是，我们如果能很好地完成这些小事，没准儿将来你就可能是军队中的将领、饭店的总经理、公司的老总；反之，你如果对此感到乏味、厌倦不已，始终提不起精神，或者因此敷衍应付差事，勉强应对工作，将一切都推到"英雄无用武之地"的借口上，那么你现在的位置也会岌岌可危，在小事上都不能胜任，何谈在大事上

“大显身手”呢。没有做好“小事”的态度和能力，做“大事”只会成为“无本之木”“无源之水”，根本成不了气候。可以这样说，平时的每一件“小事”其实就是一个房子的地基，如果没有这些材料，想象中美丽的房子只会是“空中楼阁”，根本无法变为“实物”。在职场中，每一个细节的积累，就是今后事业稳步上升的基础。

有一位老教授说起过他的经历：“我在多年来的教学实践中，发觉有许多在校时资质平凡的学生，他们的成绩大多是中等或中等偏下，没有特殊的天分，有的只是安分守己的诚实性格。这些孩子走上社会参加工作，不爱出风头，默默地奉献。他们平凡无奇，毕业之后，老师、同学都不太记得他们的名字和长相。但毕业几年、十几年后，他们却带着成功的光环回来看老师，而那些原本看来有美好前程的孩子，却一事无

成。这是怎么回事？”

人们都想做大事，而不愿意或者不屑于做小事，想做大事的人太多，而愿意把小事做好的人太少。事实上，随着经济的发展，专业化程度越来越高，社会分工越来越细，真正所谓的大事实在太少。比如，一台拖拉机，有五六千个零部件，要几十个工厂进行生产协作；一辆福特牌小汽车，有上万个零件，需上百家企业生产协作；一架波音747飞机，有四百五十万个零部件，涉及的企业单位更多。

因此，多数人所做的工作还只是一些具体的事、琐碎的事、单调的事，它们也许过于平淡，也许鸡毛蒜皮，但这就是工作，是生活，是成就大事不可缺少的基础。所以，无论做人、做事，都要注重细节，从小事做起。一个不愿做小事的人，是不可能成功的。老子就一直告诫人们：“天下难事，必作于易；天下大事，必作于细。”想比别人更优秀，只有在每一件小事上下功夫。不会做小事的人，也做不出大事来。

把工作当成最大的乐趣

思科公司的总裁约翰·钱伯斯曾说过：“我们不能把工作看作是为了五斗米折腰的事情，我们必须从工作中获得更多的意义才行。”我们得从工作当中找到乐趣、尊严、成就感，以及和谐的人际关系，这是我们作为职场人士所必须承担的责任。

人生最大的价值，就是对工作有兴趣。爱迪生说：“在我的一生中，从未感觉到自己是在工作，一切都是对我的安慰……”然而，在职场中，对自己所从事的工作充满热情的人并不是太多，他们不是把工作当作乐趣，而是视工作为苦役。早上一醒来，头脑里想的第一件事就是：痛苦的一天又开始了……磨磨蹭蹭地到达公司以后，无精打采地开始一天的工作，好不容易熬到下班，立刻就高兴起来，和朋友花天酒地之时总不忘诉说自己的工作有多乏味、有多无聊。如此周而复始。

工作是一个人价值的体现，应该是一种幸福的事，我们有什么理由把它当作苦役呢？有些人抱怨工作本身太枯燥，然而，问题往往不是出在工作上，而是出在我们自己身上。如果你本身不能热情地对待自己的工作的话，那么即使让你做你喜欢的工作，一个月后你依然会觉得它乏味至极。

如果你始终以最佳的精神状态出现在办公室，工作有效率而且有成就，那么你周围的人一定会因此受到感染和鼓舞，工作的热情会像野火般蔓延开来。

有一个在麦当劳上班的人，他的工作是烤汉堡。他每天都很快乐地工作，尤其在烤汉堡的时候，他更是专心致志。许多顾客对他工作得如此开心感到不可思议，十分好奇，纷纷问他：“烤汉堡的工作环境不好，又是件单调乏味的事，为什么你可以如此愉快地工作并充满热情呢？”

这个烤汉堡的人说：“在我每次烤汉堡时，我便会想到，如果点这汉堡的人可以吃到一个精心制作的汉堡，他就会很高兴。所以我要好好地烤汉堡，使吃汉堡的人能感受到我带给他们的快乐。看到顾客吃了之后十分满足，神情愉快地离开时，我便感到十分高兴，仿佛又完成了一件重大的工作。因此，我把烤好汉堡当作我每天工作的一项使命，尽全力去做好它。”

顾客听了他的回答之后，对他能用这样的工作态度来烤汉堡，都感到非常钦佩。他们回去之后，就把这样的事情告诉周围的同事、朋友或亲人，一传十、十传百，于是很多人都喜欢来这家麦当劳店吃他烤的汉堡，同时看看“快乐烤汉堡的人”。

顾客纷纷把他们看到的这个人的认真、热情的表现，反映给公司。公司主管在收到许多顾客的反映后，也去了解情况。公司有感于他这种热情积极的工作态度，认为他值得奖励和栽培。没几年，他便升为分区经理了。

工作并不只是谋生的手段，当我们把它看作人生的一种快乐使命并投入自己的热情时，上班就不再是一件苦差事，工作就会变成一种乐趣，就会有许多人愿意聘请你来做你所喜欢的事。工作是为了自己更快乐！做快乐而又成功的工作，是一个多么合算的事啊！

树立**及时充电**的理念

杰菲逊说：“一个人拥有了别人不可替代的能力，就会使自己立于不败之地。”是的，一个能在短时间内主动学习更多的有关工作范围的知识，不单纯依赖公司培训，主动提高自身技能的人，就是公司不可替代的优秀员工。

当今社会是信息饱和与知识爆炸的时代，这使得我们除了不断学习以适应这种社会环境之外，别无选择。现代科学技术发展的速度越来越快，新的科技知识和信息迅猛增加。有一些人在本科毕业、硕士毕业、博士毕业以后就以为自己的知识储备已经完成，足够去应付新时代的风风雨雨，但是事实往往并非如此。在现实社会中，只有那些不断更新自己知识、不断改进自身知识结构的人，才能真正在市场上站住脚。

人与机器的区别就在于人有自我更新的能力。如果你不能睁大双眼，以积极的心态去关注、学习新的知识与技能，那么你很快就会发现，你的价值被打了8折、7折、6折、5折，甚至一文不值。这一切也许在你茫然不觉的时刻突然来临，因为不可能有一位会计会时刻为你做“折旧”财务报表提醒你，只有靠你自己主动给自己“做账”。

在当今时代，你如果每天不学习、不充电，那么很快就会被发展的社会所淘汰。因此，无论何时何地，每一个现代人都不要忘记给自己充电。只有那些随时充实自己、为自己奠定雄厚基础的人，才能在竞争激烈的环境中生存下去。

只有严格要求自己、不断进取的人，才有资格与人一比高下。一个颇有魄力的老总在公司的总结会上说了这样一段话：

“美国的大公司，在开办新的分公司或增设分厂时，20世纪50年代出生的人，往往就任主管职位。如果现在公司任命你担任技术部长、厂长或分公司经理的话，你们会怎样回答？你会以‘尽力回报公司对我的重用，作为一个厂长，我会生产优良产品，并好好训练员工’回答我，还是以‘我能胜任厂长的

职务，请安心地指派我吧’来马上回答呢？

“一直在公司工作，任职10年以上，有了10年以上工作经验的你们，平时不断地锻炼自己、不断地进修了吗？一旦被派往主管职位的时候，有跟外国任何公司一较高下、把工作做好的胆量吗？如果谁有把握，那么请举手。”

这位老总环顾了一下四周，发现没有人举手，他继续说：“各位可能是由于谦虚，所以没有举手。到目前，很多深受公司、同行和社会称赞的主管，都是因为在被委以重任时表现优异。正是由于他们的领导，公司才有现在的发展，他们都是从年轻的时候起，就在自己的工作岗位上不断进修，不断磨炼自己，认真学习工作要领的人。当他们被委以重任时，能够充分发挥自己的力量，带来良好的成果。”

从这个例子中也可以看出，只有时常激励自己，不断努力，保持不断进取的精神，才能够在工作中更上一层楼。不断进步，不断学习，这一点无论何时何地都不能改变。

第六章

生气不如争气，抱怨不如改变

抱怨生活之前，先认清你自己

我们会抱怨生活，因为它没有把我们的一切都安排得很好，没能让我们在不经过努力的情况下就获得自己想要的东西；我们抱怨工作，因为它总是不能给我们带来财富，尽管我们已经尽力了，可是薪水还是那么一点点；我们抱怨家长，因为他们没能给我们很好的生活环境，没能让我们像富家子弟那样生活；我们抱怨朋友，因为他们总是只想着自己，完全不顾及我们的感受；我们抱怨……这样一直抱怨下去，我们突然发现，身边的一切事情都让我们看不顺眼，一切都不能尽如我们的意愿。可是，怎么办呢？问题到底出在哪里？

一个女孩子对父亲抱怨她的生活，抱怨事事都那么艰难，她不知该如何应付生活，想自暴自弃。她已厌倦抗争和奋斗，好像一个问题刚解决，新的问题就又出现了。

女孩子的父亲是位厨师，他把她带进厨房。他先往三只锅里倒入一些水，然后把它们放在旺火上烧。不久，锅里的水烧开了。他往一只锅里放些胡萝卜，第二只锅里放入鸡蛋，最后一只锅里放入磨碎的咖啡豆。他将它们浸入开水中煮，一句话也没说。

女孩子咂咂嘴，不耐烦地等待着，纳闷儿父亲在做什么。大约20分钟后，他把火关了，把胡萝卜捞出来放入一个碗内，把鸡蛋捞出来放入另一个碗内，然后又把咖啡舀到一个杯子里。做完这些后，他才转过身问女儿："亲爱的，你看见什么了？"

“胡萝卜、鸡蛋、咖啡。”她回答。

他让她靠近些，并让她用手摸摸胡萝卜。她摸了摸，注意到它们变软了。

父亲又让女儿拿一个鸡蛋并将它打破。将壳剥掉后，她看到了是个煮熟的鸡蛋。

最后，父亲让她啜饮咖啡。品尝到香浓的咖啡，女儿笑了。她问道：“父亲，这意味着什么？”

父亲解释说，这三样东西面临同样的逆境——煮沸的开水，但其反应各不相同。

胡萝卜在入锅之前是强壮的、结实的，但进入开水一煮后，它变软了、变弱了。鸡蛋原来是易碎的，它薄薄的外壳保护着它呈液体的内脏，但是经开水一煮，它的内脏变硬了。而咖啡豆则很独特，进入沸水后，它们改变了水。

父亲的教导方法是高明的。他把生活比作了一杯水，而拿

不同的物体比喻成我们。如果我们如胡萝卜一般，只能任由环境的改变，那么我们就是被动的；而当我们是咖啡豆的时候，尽管在杯子里已经找不到我们的影子，却能因为我们的变化而改变人生的大环境。

所以说，当你开始抱怨生活的时候，先要认清自己，看你是容易被生活改变，还是你可以去改变生活。如果你被生活改变了，那么就不要责怪生活，而要怪你自己的不坚定，容易随波逐流。而当你确定你能够改变生活的时候，就应该放下抱怨，拿出勇气，因为生活的味道完全是你可以设计和改变的。

问题的98%是自己造成的

人类有着一个共同的特点，就是总将问题归结到别人的身上，认为别人是问题的制造者，而自己只是一个无辜的受害者。殊不知，问题的98%都是自己造成的，如果自己身上没有问题或在自己的环节将问题彻底解决，便不会出现一发不可收拾的局面了。

一本杂志曾刊登过这样一个故事：

当巴西海顺远洋运输公司派出的救援船到达出事地点时，“环大西洋”号海轮已经消失了，21名船员不见了，海面上只有一个救生电台有节奏地发着求救的信号。救援人员看着平静的大海发呆，谁也想不明白在这个海况极好的地方到底发生了什么，从而导致这条最先进的船沉没。这时有人发现电台下面绑着一个密封的瓶子，打开瓶子，里面有一张字条，字条上有21种笔迹，上面这样写着：

一水汤姆：“3月21日，我在奥克兰港私自买了一个台灯，想给妻子写信时照明用。”

二副瑟曼：“我看见汤姆拿着台灯回船，说了句‘这小台灯底座轻，船晃时别让它倒下来’，但没有干涉。”

三副帕蒂：“3月21日下午船离港，我发现救生筏施放器有问题，就将救生筏绑在架子上。”

二水戴维斯：“离岗检查时，发现水手区的闭门器损坏，用铁丝将门绑牢。”

二管轮安特尔：“我检查消防设施时，发现水手区的消火栓锈蚀，心想还有几天就到码头了，到时候再换。”

船长麦特：“起航时，工作繁忙，没有看甲板部和轮机部的安全检查报告。”

机匠丹尼尔：“3月23日上午，理查德和苏勒的房间消防探头连续报警。我和瓦尔特进去以后，未发现火苗，判定探头误报警，拆掉交给惠特曼，要求换新的。”

机匠瓦尔特：“我就是瓦尔特。”

大管轮惠特曼：“我说正忙着，等一会儿拿给你们。”

服务生斯科尼：“3月23日13点，到理查德房间找他，他不在，坐了一会儿，随手开了他的台灯。”

大副克姆普：“3月23日13点半，带苏勒和罗伯特进行安全巡视，没有进理查德和苏勒的房间，说了句‘你们的房间自己进去看看’。”

一水苏勒：“我笑了笑，也没有进房间，跟在克姆普后面。”

一水罗伯特：“我也没有进房间，跟在苏勒后面。”

机电长科恩：“3月23日14点，我发现跳闸了，因为这是以前也出现过的现象，没多想，就将闸合上，没有查明原因。”

三管轮马辛：“感到空气不好，先打电话到厨房，证明没有问题后，又让机舱打开通风阀。”

大厨史若：“我接马辛电话时，开玩笑说，我们在这里有什么问题？你还不来帮我们做饭？然后问乌苏拉：‘我们这里都安全吗？’”

二厨乌苏拉：“我也感觉空气不好，但觉得我们这里很安全，就继续做饭。”

机匠努波：“我接到马辛电话后，打开通风阀。”

管事戴思蒙：“14点半，我召集所有不在岗位的人到厨房帮忙做饭，晚上会餐。”

医生英里斯：“我没有巡诊。”

电工荷尔因：“晚上我值班时跑进了餐厅。”

最后是船长麦特写的话：“19点半，发现火灾时，汤姆和苏勒房间已经烧穿，一切糟糕透了，我们没有办法控制火情，而且火越烧越大，直到整条船上都是火。我们每个人都犯了一点错误，最终酿成了船毁人亡的大错。”

看完这张绝笔字条，救援人员谁也没说话，海面上死一样地寂静，大家仿佛清晰地看到了整个事故的过程。

船长麦特的最后一句话是最值得我们深思的：“我们每个人都犯了一点错误，最终酿成了船毁人亡的大错。”问题出现时，不要再找借口了，因为你自己才是问题的真正根源，问题的98%都是自己造成的，“环大西洋”号的覆灭不正说明了这一点吗？

问题面前最需要改变的是**自己**

英国伦敦泰晤士河南岸有座威斯敏斯特大教堂，安葬于此的一位英国主教的墓志铭十分特别。墓碑上写着这样一段话：“我年少时，意气风发，当时梦想要改变世界。但当我年事渐长，发觉自己根本无力改变世界，于是决定改变自己的国家。但这个目标我还是无法实现。步入中年之后，我试着改变自己身边最亲密的人，但是他们根本不接受改变！当我垂垂老矣，终于顿悟了一件事：我应该改变自己，以身作则影响家人。若我能为家人做榜样，也许下一步能改善我的国家，再接下来，谁又知道呢，也许我连整个世界都可以改变！”

我们也许都曾有过类似的困惑，费尽一切力气要改变别人，甚至要改变世界，让世界来顺应自己的喜好，然而，这是不现实且是最徒劳的。

我们常常意识不到自身的问题，总想着“换个环境吧，换个环境就会好了”，可是，这并不是问题的关键。

一只乌鸦打算飞往南方，途中遇到一只鸽子，一起停在树上休息。鸽子问乌鸦：“你这么辛苦，要飞到哪里去？为什么要离开呢？”乌鸦愤愤不平地说：“其实，我也不想离开，可是那里的人都不喜欢我的叫声。所以，我想飞到别的地方去。”鸽子好心地说：“别白费力气了。如果你不改变自己的声音，飞到哪儿都不会受欢迎的。”

环境的变化虽然对一个人的命运有一定的影响，但是，任何一个环境都有可供发展的机遇，紧紧抓住这些机遇，好好利用这些机遇，不断随环境的变化调整自己的观念，就有可能在社会竞争的舞台上开辟出一片新天地，站稳脚跟，这就需要我们自己作出妥协，进行改变。有时，你会发现，你发生了变化，一切都变得美好起来。

推销员戴尔做了一年半的业务，看到许多比他后进公司的人都晋升了职位，而且薪水也比他高许多，他百思不得其解。想想自己来了这么长时间了，客户也没少联系，可就是没有大的订单让他在业务上有所起色。

有一天，戴尔像往常一样下班就打开电视若无其事地看起来，突然有一个名为“如何使生命增值”的专家访谈引起了他的关注。

心理学专家回答记者说：“我们无法控制生命的长度，但我们完全可以把握生命的深度！其实每个人都拥有超出自己想象十倍以上的力量。要使生命增值，唯一的方法就是在职业领域中努力地追求卓越！”

戴尔听完这段话后，决定从此刻作出改变。他立即关掉电视，拿出纸和笔，严格地制订了半年内的工作计划，并落实到每一天的工作中……

两个月后，戴尔的业绩明显大增；9个月后，他已为公司赚取了2500万美元的利润；年底他自然当上了公司的销售总监。

如今戴尔已拥有了自己的公司。他每次培训员工时，都不忘说：“我相信你们会一天比一天更优秀，只要你决心作出改变！”于是员工信心倍增，公司的利润也飞速增长。

“我们这一代最伟大的发现是，人类可以由改变自己而改变命运。”戴尔用自己的行动印证了这句话，那就是：

有些时候，面对一些棘手的问题，应该迫切改变的或许不是环境，而是我们自己。换句话说：有些时候，我们不是找不到方法去解决问题，而是在问题面前，我们没有真正地做出努力。在完善自己的同时，我们也就找到了解决问题的方法。

问题面前最需要改变的是我们自己，面对环境的发展变化，我们要及时改变自己的观点和思路，及时改变自己的生存方式，只有这样，才有可能最终走向成功。

合作才能生存

一位生前经常行善的基督徒见到了上帝，他问上帝天堂和地狱有何区别。于是上帝就让天使带他到天堂和地狱去参观。

到了天堂，在他们面前出现一张很大的餐桌，桌上摆满了丰盛的佳肴。围着桌子吃饭的人都拿着一把十几尺长的勺子。

不过令人不解的是，这些可爱的人们都在相互喂对面的人吃饭。可以看得出，每个人都吃得很愉快。天堂就是这个样子呀！他心中非常失望。

接着，天使又带他来到地狱参观。出现在他面前的是同样的一桌佳肴，他心中纳闷：天堂怎么和地狱一样呀？天使看出了他的疑惑，就对他说："不用急，你再继续看下去。"

过了一会儿，用餐的时间到了，只见一群骨瘦如柴的人来到桌前入座，每个人手上也都拿着一把十几尺长的勺子。可是由于勺子实在是太长了，每个人都无法把勺子内的饭送到自己口中，这些人都饿得大喊大叫。

天堂是由自己搭建的

杰克拥有一座美丽的莲花池。那其实是他在乡下住宅附近的一片天然洼地，他坚称他在乡间的宅邸为他的农场，水从远处山丘上的蓄水池中流入这片洼地，其间还要通过一个可调节水流大小的阀门开关。一切是那么的和谐美满，到了夏天，澄澈的水面上就会铺满怒放的莲花，鸟儿们在池中自由嬉戏，从早到晚都能听到它们的奏鸣，蜜蜂则在花园中的野花上忙碌不辍。极目远眺，池塘的后面是一片更加美丽的丛林，野生的浆果、灌木、蕨类植物争相盛开，热闹极了。

杰克是一个平凡的人，但他拥有着一颗博爱的心。在他的领土上，你看不到“私人所有，不得擅入”或“擅入必究”的字样，取而代之的是原野尽头那让人备感亲切的标语：“这里的莲花欢迎你。”他得到了所有人的由衷爱戴，原因很简单，他真诚地爱着所有人，并愿意与他们分享他的一切。

在这里人们常能碰到正在玩耍的天真孩子和风尘仆仆、步履蹒跚的游人，不止一次看到游人离去时脸上那与来时全然不同的神情，仿佛卸下了身上的重负，直到现在人们的耳边似乎还能听到他们离去时的低声呢喃和祝福。有些人甚至把这里称为世外桃源。闲暇时，作为主人的杰克也会在此静坐享受夜晚的寂静。当外人离去后，他趁着皎洁的月光在园中往来踱步或坐在老式的木质长椅上伴着芬芳的野花香喝点什么。他是一个具有一切美好品质的人。用他自己的话说，这里是他一生中最伟大、最成功之处，经常带给他莫名的感动。

毗邻的一切生物仿佛也能感受到这里散发出的亲善、友好、宁谧、欢欣的气氛。牛羊们会漫步到树林边古老的石栏下，张望着里面美好的景致，我想它们真的是在跟我们一起共享这份温馨。动物们面带微笑昭示着它们的心满意足和欢欣愉悦，或许这就是他的心中所求吧。因为每当此时，他也会露出会心的微笑，表示他能理解它们。

水源原本就丰沛，水池的进水阀又总是开到最大，这让水流蜿蜒而下，不仅在栏边驻足的牛羊能饮到甘甜的山泉，邻家的田园亦可受惠。

不久前杰克因事不得不离开大约一年的光景，这段时间里他把房子租给了另外一个男人，新租客是位非常“实际”的

人，他决不做任何无法给他带来直接利益的事。连接莲花池与蓄水池之间的阀门被关闭了，土地再也得不到泉水的滋润和灌溉；杰克立起的“这里的莲花欢迎你”的标语也被移走；池边再也见不到嬉戏的顽童和欣慰的游人。总之，这里发生了翻天覆地的变化，再不复往昔林木欣欣向荣、泉水涓涓而流的样子。池里的花朵因失去了赖以生存的水源而日渐凋零，只有伏在池底烂泥上枯萎的花茎还在向人们诉说着往日的热闹。原本在清澈的池水中悠然而动的鱼早已化为枯骨，走近池边便能闻到它们发出的腥臭。岸边没有了绽放的鲜花，鸟儿不再停留于此，蜜蜂们已移居他处，园中亦不见蜿蜒的流水，栏外成群的牛羊再也饮不到甘甜的清泉。

如我们所见，今天的莲花池与杰克悉心照料的莲花池有天壤之别。而细究之下，造成这一切差别的原因却十分微不足道，仅仅是因为后者关闭了引水的阀门，阻止了来自山腰的水流。这个貌似简单的举动，掐断了一切生物的生命之源。它不仅毁掉了生机盎然的莲花池，还间接破坏了周遭的环境，剥夺了周遭邻居们与动物们的幸福。

看了上面的故事，你是否对生命的真谛有了新的感悟？在这个莲花池的故事中，杰克那种博爱的胸怀就是宇宙间最真、最美的东西。

其实，故事里的莲花池跟你我的生命是无法相提并论的，因为它的生命完全掌握在他人之手，只有依赖别人替它打开阀门才能生存下去。相对于莲花池的无助，我们的生命则强势许多，至少我们可以自由决定从外界汲取的能量及信息，能够掌握人生的只有我们自己的思想。

心里不是堆“垃圾”的地方

现实生活中，有些人好像从来就没有过顺心的事或顺利的时候，任何时候你与他在一起，都会听到他不停地抱怨。他们把每一件不顺心的小事都堆积在心里、挂在嘴上，搞得自己的心态和情绪都很糟。在这样一种状态下，自己很烦躁，别人也很厌烦。

“万事如意”不过是人们对生活的良好祝愿，真正现实的生活中，人们所面对的总是一些不尽完美的事情。我们虽不可能保证事事顺遂，但应该做到坦然面对，该放则放，不要把一些“垃圾”堆积在心里，把乌云挂在脸上，把牢骚挂在嘴上，否则你就会变成不受欢迎的人。

英特尔的一个分公司要进行人事调动，主管杰克对年轻的约翰说：“你把手头的工作安排一下，到销售部去报到，我觉得那里更适合你，你有什么意见吗？”约翰嘴巴动了动，心想：“我有意见有什么用？你是主管，还不是你说了算？”不过他并没有将这样的话说出来，而是默默地离开了。

当时销售部的工作也不太好做，约翰背地里想：“这一次

把我调到最糟的销售部，一定是杰克在搞鬼，见我这边工作出色嫉妒我，怕我抢他的位置。哼，我们以后走着瞧！”到了销售部后，约翰整天板着脸，对所有新同事都是爱理不理，工作也不热心。慢慢地，同事们逐渐疏远他了。

有一次，一个重要的客户打电话来，让他转告杰克，让杰克第二天到客户那里参加一个洽谈会，因为关系到一大笔业务，所以要求杰克第二天必须按时赶到。约翰听后，认为这是一个绝好的报复机遇，于是装作不知道这件事，也没告诉杰克。

第二天，杰克将约翰叫到自己的办公室，非常严肃地告诉他：“约翰，客户那么重要的事情你为什么不告诉我？如果不是客户今天早晨又打电话催我，我们几乎失去了一笔上千万的生意。我本来以为你平时工作表现好，只是为人欠历练，所以把你调到销售部，考查磨炼你一下，看你是否能在以后担当重任。可你却对此心生怨恨，还故意报复，我们整个部门的前途差点就毁在你的手上。对于你的这种表现，我非常失望。我不得不告诉你，你被解雇了。”

约翰因为没有和自己的主管及时沟通，将自己对主管的怨恨情绪积攒在心里，终于做出了不理智的举动，结果使自己的前途尽毁。整天抱怨的人总是受累于情绪，似乎烦恼、压抑、失落甚至痛苦总是接二连三地袭来，于是频频抱怨生活对自己不公平，因而一直生活在抱怨的世界中。

心里不是堆积“垃圾”的地方，必须及时清空自己的坏情绪。情绪的控制完全在于自己，只有完全把握自己的情绪，积极主动，才能使得自己的情绪不会被别人所左右。很多乐观的人都善于控制自己的情绪，让自己活在快乐之中。人生在世，总会遇到很多悲伤与痛苦，如果不能掌控自己的情绪，就会成为情绪的奴隶。斯摩尔曾经说过：“做情绪的主人，驾驭和把握自己的方向。”

要学会清扫自己的心灵

印度一位公主的波斯猫走丢了，于是国王下令：谁要是能把猫找到，重重有赏。并叫宫廷画师画了数千幅猫像，张贴在全国各地。

送猫者络绎不绝，但都不是公主丢失的。

公主于是就想：可能是捡到猫的人嫌钱少，那可是一只纯正的波斯猫。公主把这一想法告诉国王，国王马上把奖金提高到50块金币。

一个流浪儿在宫廷花园外面的墙角捡到了那只猫。流浪儿看到了告示，第二天早上就抱着猫去领50块金币。

当他经过一家货铺时，看到墙上贴的告示已变成100块金币。

流浪儿又回到他的破茅屋，把猫重新藏好，他又跑去看告示时，赏金已涨到150块金币。接下来的几天里，流浪儿没有离开过贴告示的墙壁。

当赏金涨到使全国人民都感到惊讶时，流浪儿返回他的破茅屋，准备带上猫去领奖，可是猫已经死了。因为这只猫在公

主身边吃的都是鲜鱼和鲜肉，对流浪儿从垃圾桶里捡来的东西根本消化不了。

贪心使人永远没有满足之时。因此，不能将贪心作为人生的包袱，压得太重反而是什么也得不到，只有卸掉包袱才能轻装上阵。

西方有句谚语，二鸟在林不如一鸟在手。我们为什么不好好地珍惜已在手中的那只鸟，偏偏整日去贪图那两只遥不可及的家伙？好高骛远，正是现代人想出来的烦恼。自己的汽车还好好的，一见邻居买了一辆新车，就想尽办法也要换辆新的；自家的房子够大也够住，但别人有了新屋，于是一定要与人家比，左思右想要买栋更漂亮的房子！人比人，气死人，这样比来比去，你永远不会满足。问题就出在“过分”二字，过分即做事不理性，心理失去平衡，因此会增添许多不必要的压力。

人生又何尝不是如此！在人生路上，每个人都在不断地累积东西，这些东西包括你的名誉、地位、财富、亲情、人际、健康、知识等，当然也包括烦恼、忧闷、挫折、沮丧、压力。这些东西，有的早该丢弃而未丢弃，有的则是早该储存而未储存。因此，对那些会拖累你的东西，必须立刻放弃，卸掉包袱，进行心灵扫除。

心灵扫除的意义，就好像是生意人的“盘点库存”。你总要了解仓库里还有什么，某些货物如果不能限期销售出去，最后很可能会因积压过多拖垮你的生意。

不过，有时候某些因素也阻碍我们放手进行扫除，譬如太忙、太累，或者担心扫完之后，必须面对一个未知的开始，而你又不确定哪些是你想要的。

的确，心灵清扫原本就是一种挣扎与奋斗的过程。不过，你可以告诉自己：每一次的清扫，并不表示这就是最后一次。而且，没有人规定你必须一次全部扫干净。你可以每次扫一点，但你至少必须立刻丢弃那些会拖累你的东西。

生命的过程就如同参加一次旅行。你可以列出清单，决定背包里该装些什么才能让你到达目的地。但是需要记住一点，在每一次停泊时都要学会清理自己的背包：什么该丢，什么该留。只有卸掉一些不必要的东西，才能轻装上阵，活得更轻松、更自在。

修正自己才能提高能力

上帝问人，世界上什么事最难。人说挣钱最难，上帝摇头。人说哥德巴赫猜想，上帝又摇头。人说我放弃，你告诉我吧。上帝神秘地说是认识自己并且修正自己的弱点。的确，那些富于思想的哲学家也都这么说。

发现自己的弱点并克服它确实很难。理由繁多，因人而异，但是所有理由都源于两点：害怕发现弱点，害怕修正自己。

就像一个不规则的木桶一样，任何一个区域都有“最短的木板”，它有可能是某个人，或是某个行业，或是某件事情。聪明的人应该把它迅速找出来，并抓紧做长补齐，否则它带给你的损失可能是毁灭性的。很多时候，往往就是因为一个环节出了问题而毁了所有的努力。

对于个人来说，下面的弱点是人们最有可能出现的短板。

1. 恶习

毫无疑问，不良的习惯可以说是每个人最大的缺陷之一，因为习惯会通过一再重复，由细线变成粗线，再变成绳索，再经过强化重复的动作，绳索又变成链子，最后，定型成了不可迁移的不良个性。

人们在分分秒秒中无意识地培养习惯，这是人的天性。因此，让我们仔细回顾一下，我们平时都培养了什么习惯，因为有可能这些习惯使我们臣服，拖我们的后腿。

诸如懒散、沉迷连续剧、嗜酒如命，以及其他各式各样的习惯，有时要浪费我们大量的时间，而这些无聊的习惯占用的时间越多，留给我们自己可利用的时间就越少。这时的不良习惯就像寄生在我们身上的病毒，慢慢地吞噬着我们的精力与生命，这样的习惯就成了一个人最大的缺陷，成了阻碍个人成功的主要因素。

所以，习惯有时是很可怕的，习惯对人类的影响远远超过大多数人的理解，人类的行为95%是通过习惯做出的。事实上，成功者与失败者之间唯一的差别在于他们拥有不一样的习惯。一个人的坏习惯越多，离成功就越远。

2. 犯错

通常人们都不把犯错误看成是一种缺陷，甚至把“失败是成功之母”当成自己的至理名言。

如果一个人在同一个问题上接连不断地犯错误，比如健忘，这是任何一个成功人士都不能容忍的。一个不会在失败中吸取教训的人是不配把“失败是成功之母”挂在嘴边的。不管是否具备吸取教训的意识还是能力，它都是一个人获取成功道路上的致命缺陷。

还有一些人不管是在学习还是在工作中，犯错误的频率总是比一般人高。他们做事情总是马虎大意、毛毛躁躁。对他们而言，把一件事做错比把一件事做对容易得多，而且每当出现错误时，他们通常的反应都只是：“真是的，又错了，真是倒霉啊！”

把犯错归结为坏运气是他们一向的态度，或许他们没有责任心，做事不够仔细认真，或许他们没有找到做事的正确方式，但无论出于哪一点，如果他们没有改正错误，这都将给他们的成功带来巨大的障碍。

3. 马虎

一位伟人曾经说过："轻率和疏忽所造成的祸患将超乎人们的想象。"许多人之所以失败，往往是因为他们马虎大意、鲁莽轻率。

在宾夕法尼亚州的一个小镇上，曾经因为筑堤工程质量要求不严格，石基建设和设计不符，结果导致许多居民死于非命——堤岸溃决，全镇都被淹没。建筑时小小的误差，可以使整幢建筑物倒塌；不经意抛在地上的烟蒂，可以使整幢房屋甚至整个村庄化为灰烬。

鉴于这些可知的和不可知的缺点，我们一定要学会修正自己，这本身就是一种能力。

4. 不谨言慎行

自己的言行对做事成功是必要的，虽然人们不用匕首，但人们的语言有时比匕首还厉害。有一则法国谚语说，语言的伤害比刺刀的伤害更可怕。那些溜到嘴边的刺人的反驳，如果说出来，可能会使对方伤心痛肺。

孔子认为："君子欲讷于言而敏于行。"即君子做人，总是语言要谨慎，行动要敏捷。克制自己、懂言会行是做事最基本的功夫。

而在这个世界上，那些谦虚豁达、能够克制自己的人总能赢得更多的知己，那些妄自尊大、小看别人、高看自己的人总是令别人反感，最终在交往中使自己到处碰壁。

所以无论在什么情况下我们都要学会克制自己、修正自己。只有这样，我们才能够提高自己的能力，才能修复我们生活中的一切“短板”，才会受到别人的欢迎，才能做好我们要做的事。

反击别人不如充实自己

有时候，白眼、冷遇、嘲讽会让弱者低头走开，但对强者而言，这也是另一种幸运和动力。所以美国人常开玩笑说，正是因为刺激，才“造就”了杜鲁门总统。

故事是这样的：在读高中毕业班时，查理·罗斯是最受老师宠爱的学生。他的英文老师布朗小姐，年轻漂亮，富有吸引力，是校园里最受学生欢迎的老师。同学们都知道查理深得布朗小姐的青睐，他们在背后笑他说，查理将来若不成为一个人物，布朗小姐是不会原谅他的。

在毕业典礼上，当查理走上台去领取毕业证书时，受人爱戴的布朗小姐站起身来，当众吻了一下查理，向他来了个出人意料的祝贺。当时，人们本以为会发生哄笑、骚动，结果却是一片静默和沮丧。

许多毕业生，尤其是男孩子们，对布朗小姐这样不怕难为情地公开表示自己的偏爱感到愤恨。不错，查理作为学生代表在毕业典礼上致告别辞，也曾担任过学生年刊的主编，还曾是“老师的宝贝”，但这就足以使他获得如此之高的荣耀吗？典礼过后，有几个男生包围了布朗小姐，为首的一个质问她为什么如此明显地冷落别的学生。

“查理是靠自己的努力赢得了我特别的赏识，如果你们有出色的表现，我也会吻你们的。”布朗小姐微笑着说。男孩子们得到了些安慰，查理却感到了更大的压力。他已经引起了别人的嫉妒，并成为少数学生攻击的对象。他决心毕业后一定要用自己的行动证明自己值得布朗小姐报之一吻。毕业之后的几年内，他异常勤奋，先进入了报界，后来终于大有作为，被杜鲁门总统亲自任命为白宫负责出版事务的首席秘书。

当然，查理被挑选担任这一职务也并非偶然。原来，在毕业典礼后带领男生包围布朗小姐，并告诉她自己感到受冷落的那个男孩子，正是杜鲁门本人。

查理就职后的第一件事，就是接通布朗小姐的电话，向她转述美国总统的问话："您还记得我未曾获得的那个吻吗？我现在所做的能够得到您的奖赏吗？"

生活中，当我们遭到冷遇时，不必沮丧、不必愤恨，唯有尽全力赢得成功，才是最好的答复与反击。当有人刺激了我们的自尊心，伤害到我们的心灵时，强烈批驳别人不如思考自己什么地方还需要完善。

有个喜欢与人争辩的学者，在研究过辩论术，听过无数次的辩论，并关注它们的影响之后，得出了一个结论：世上只有一个方法能从争辩中得到最大的利益——那就是停止争辩。你最好避免争辩，就像避开战争或毒蛇那样。

这个结论告诉我们：反击别人不如自我休战。争辩中的赢不是真赢，它带来的只是暂时的胜利和口头的快感，它会导致他人的不满，影响你与他人之间的关系。更重要的是，在争辩中失利的人不会发自内心地承认自己的失败，所以你的说服和辩论统统徒劳无功，无助于事情的解决。

有一种人，反应快，口才好，心思灵敏，在生活或工作中和别人有利益或意见的冲突时，往往能充分发挥辩才，把对方辩得哑口无言。可是，我们为什么一定要与对方辩论到底，以证明是他错了？这么做除了能得到一时的快意之外还有什么呢？这样能使他喜欢我们或是能让我们签订合同吗？事实并非如此。想拥有良好的人际关系，想使自己在事业上游刃有余、在朋友中广受欢迎、在家庭中和睦相处，我们最好永远不要试图通过争辩去赢得口头上的胜利。

反击别人，除了互相伤害以外，我们都不会得到任何好处。这是因为，就算我们将对方驳得体无完肤、一无是处，那又怎样？我们只是使他觉得自惭形秽，我们伤了他的自尊，他不会心悦诚服地承认我们的胜利。即使表面上不得不承认我们胜了，但心里会从此埋下怨恨的种子，所以还不如用那些时间来做有意义的事情。

第七篇

大度集群朋，广施得众助

朋友，幸福人生的拐杖

清代文学家曹雪芹在《红楼梦》中曾说：“万两黄金容易得，知心一个也难求。”所以有人就有这样的感叹：人生得一知己足矣！伟大的物理学家爱因斯坦也说：“世间最美好的东西，莫过于有几个有头脑和心地都很正直的、严正的朋友。”

朋友能够推动你事业的发展，帮助你实现自己的愿望，给你提供一个能够展示自我才华的机会和舞台；在你遭遇困境的时候，他还会帮你解困，充当“恩人”的角色。信赖和依靠你的朋友，你会早日走向成功的彼岸。

歌德与席勒是德国文学史上的两颗巨星，又是一对良师益友。虽然歌德和席勒的年龄差十几岁，两个人的身世和境遇也截然不同，但共同的志向却让两人的友谊万古长青。他们相识后，共同出版过讽刺诗集《克赛尼恩》。席勒不断鼓舞歌德的写作热情，歌德深情地对他说："你使我作为诗人而复活了。"在席勒的鼓舞下，歌德一气呵成写出了叙事长诗《赫尔曼和窦绿苔》，完成了名著《浮士德》第一部。这时，席勒也完成了他最后一部名著《威廉·退尔》。席勒死后，歌德说："如今我失去了朋友，所以我的存在也丧失了一半。"27年后，歌德与世长辞，他的遗体和席勒葬在一起。

人们为了纪念歌德和席勒以及追念他俩之间的友谊，竖立了一座两位伟人并肩而立的铜像。这座铜像见证着他们的友谊，也告诉我们：人与人相互依靠、相互扶助时，所拥有的力量是成倍增长的。

友谊是慷慨和荣誉的最贤惠的母亲，是感激和仁慈的姐妹，是憎恨和贪婪的死敌，它时刻都准备舍己为人。

幸福概率取决于拥有好朋友的数量

在爱情的国度里，人们梦想中的幸福是一对一的完美，而在真正的生活中，爱情之花虽美，但它只是偌大庄园中的一处风景，迷恋着它，却仍然需要阳光、雨露的呵护，友情便是一味不可缺少的元素。英国诺丁汉大学心理学博士理查德·滕尼的研究结果表明："人的幸福概率取决于拥有好朋友的数量。

拥有少于5位好友的人仅有40%的幸福概率，拥有5～10位好友的人有50%的幸福概率，而拥有超过10位好友的人幸福概率可达55%。”

为什么会如此呢？实际上，幸福就是一种持续的状态，转瞬即逝的快乐称不上幸福的一角。爱情再伟大，也不可能登峰造极、无所不能；友情再微小，也会有众人拾柴火焰高的壮观。彼此默契地交流一下眼神，就了然于心；成功的时候，有人帮你举酒庆功，有人提醒你不要得意忘形，有人鼓励你再创辉煌，这些人都是你的朋友；失败的时候，有人默默地陪你拭泪，有人用严厉的语调提醒你的过失，有人拍着你的肩膀告诉你失败并不可怕，成功就在前方，这些人都是你的朋友；无所作为时，有人不断地在你耳边重复着“你能行”，有人揪着你的衬衣领子告诉你“要振作”，有人扼腕叹息着你未曾重用的时光，害它们匆匆流走，这些人都是你的朋友……谁都不知道人的一生要经历多少坎坷，可是，每个人都要记住老人们常常念叨的那句话“多个朋友，多条路”。当然，朋友自然不能完全以数字的多少来定夺，“拥有超过10位好友”也并不代表他必然幸福。有人存在，就有情存在，无论你现在是富贵的还是潦倒的，都不要忘记你的朋友，这就好比种花一样，即使埋下了最好的种子，如果不经常呵护、用心维系的话，又怎么会有权利去妄想种子能够开出娇艳美丽的花呢？

在抱怨朋友的消息越来越少的时候，不妨反思一下，想想自己又何时给朋友消息了呢？也许现在，你忙着恋爱、考试、工作、结婚……都请忙里偷个闲，拿起电话，问问你的朋友在做什么、近况如何，即使友谊之花已经开始枯萎，也很有可能会迎来它的第二个春天。

友情，如水亦如酒

有人说，友情如酒，经历的岁月愈久便愈香；有人说，友情似水，味虽淡，却沁人心脾，令人久久难忘。

的确，友情对一个人的成长是非常重要的。小的时候，有情同手足的伙伴，长大了有“心有灵犀一点通”的至交。正是这些知心朋友，在自己成长的路上给自己以莫大的鼓舞和奋发向上的力量，使自己不畏艰辛，跋山涉水，最终达到

预定的目标。

还记得吗？当我们点燃生日蜡烛的时候，远方的朋友寄来了饱含深情的贺卡。还记得吗？在寒风凛冽、雪花飘飞的冬日里，仍在紧张忙碌的朋友也没忘记送来散发着温暖的问候。每当此时此刻，我们又怎么能感受不到那如水晶般纯洁，比桃花潭水还深千尺的友情呢？

人生难得一知己，千古知音难觅，所以我们要好好珍惜这难得的缘分，珍惜这来之不易的相聚、相识和相知。

音乐大师舒伯特年轻时十分穷困，但贫穷并没有使他对音乐的热忱减少一丝一毫。为了去听贝多芬的交响乐，他竟然不惜卖掉自己仅有的大衣和上衣，这份狂热令所有的朋友为之动容。

一天，油画家莫里茨·冯·施温德去看他，见他正为买不起作曲的乐谱而忧心忡忡，便不声不响地坐下，从包里拿出刚买的画纸，为他画了一天的乐谱线。

当施温德成为著名画家之后，弟子问他："您一生中对自己的哪幅画最满意？"施温德不假思索地答道："为舒伯特画的乐谱线。"其实，生活中最感人、最幸福的往往就是那一点儿热忱和情谊。

古人说得好："君子之交淡如水。"这一个"淡"字，摒弃了虚伪，演绎了理智，淡化了沉湎，将友情的尺度把握得恰到好处。

有时候，友情浓如酒、浓于血，透露出真挚和深厚；有时，它又淡如水、淡如烟，散发出微微却恒久的芬芳。

真正的朋友之间不需要太多的客套，更容不得半点儿虚假。俗话说：“千里送鹅毛，礼轻情意重。”真正的友情，更重视的是朋友之间内在情谊的深厚真挚，而不在乎其外在形式是否华美艳丽。

也许，你与好友不一定能够长久地共处一地，但你们彼此之间的深厚情谊却永远不会因双方之间的距离而有所改变。正所谓：海内存知己，天涯若比邻。

退一步的友情，海阔天空

哲人说，没有宽容就没有友谊，没有善待就没有朋友。宽容和理解是一种力量，是朋友之间的桥梁和阳光。体谅、包容、退让，是维系友谊长青的纽带；理解和宽容，使得友谊纯净无比。

1863年1月，恩格斯怀着十分悲痛的心情，把妻子病逝的消息写信告诉了马克思。过了两天，他收到了马克思的回信。信中的开头写道：“关于玛丽的噩耗使我感到意外，也极为震惊。”但接着笔锋一转，就说自己陷于怎样的困境，往后也没有什么安慰的话。

“太不像话了！这么冷冰冰的态度，哪像20年的老朋友！”恩格斯看完信，越想越生气。过了几天，他给马克思去了一封信，发了一通火，最后干脆写上：“那就请便吧！”20年的友谊发生裂痕！看了恩格斯的信，马克思的心里像压了一块大石头那样沉重。他感到自己写那封信是个大错，而现在又不是马上能解释得清楚的时候。过了10天，他想老朋友冷静一些了，就写信认了错，解释了情况，表白了自己的心情。

退让、坦率和真诚，使友谊的裂痕弥合了，疙瘩解开了。

恩格斯在接到马克思的来信后，以欢快的心情立即回了信，并附上汇款。他在信中说："你最近的这封信已经把前一封信所留下的印象清除了，而且我感到高兴的是，我没有在失去玛丽的同时再失去自己最老的和最好的朋友。"

清代林则徐有句名言："海纳百川，有容乃大。"与朋友相处，有一分退让，就受一分益；吃一分亏，就积一分福。相反，存一分骄，就多一分侮辱；占一分便宜，就招一次灾祸。

不要追究朋友的缺陷，不要泄露朋友的秘密，不要记着朋友过去的错误。只有懂得这些的人，才能交到真正的朋友。

一个人拥有宽容，生命就会多一分空间，多一分爱心。朋友难免有缺陷和过错，理解、宽容是解除痛苦和矛盾的最佳良药，能升华友谊，使之更高洁、更纯净。

宽容是对别人的谅解，对自己的考验。为人宽容，我们就能解人之难、补人之过、扬人之长，从而在永久的友谊中感受幸福。

择善友而依

有人说，友谊是人生不可或缺的心灵绿地。

在我们生命的田野上，爱情是花，亲情是树，友情则是花前树下、遍布田野的绿茵。从儿时的伙伴，到小学、中学乃至大学时代的同学、校友，我们结交又次第更换着身边的朋友。“结识新朋友，不忘老朋友”，我们始终享受着友情的温馨。

友谊是一种十分和谐、融洽的感情。《礼记》曰：“独学而无友，则孤陋而寡闻。”没有朋友的生活是枯燥单调的，人生不能无友。人的一生存在着很多变数，途中难免会出现困难、挫折和烦恼，而现代社会关系的复杂与这种非常态的人生旅途，决定了一个人不可能单独、健康、愉快地生活，谁都需要朋友。唯有朋友相伴的人，才能在漫长曲折的人生道路上走得更顺畅、更精彩。

但任何事物都兼有两面性，友谊也不会例外，交友不慎也会带来意想不到的负面影响和后果。古人云：“与善人居，如入芝兰之室，久而不闻其香，即与之化矣；与不善人居，如入鲍鱼之肆，久而不闻其臭，亦与之化矣！”

广交益友。益友是人生的良师，当你的生活陷入困境时，益友可以给你必要的指导和帮助让你渡过难关；当你的工作碰到难题时，益友可以给予启发唤醒的灵感。这样的朋友可以让你的人生更加智慧，生活更加殷实，应该好好珍惜。

不拒诤友。诤友是人生的一面明镜，能对你的过错直言不讳，能及时指出你在工作、生活中存在的不足。简言之，诤友可以改善你的人生路基，让你少走弯路，这样的朋友很难得。

莫交损友。损友是带着功利色彩，利用你达到自己的目的，袒护你的过错，怂恿你去放纵自我的朋友。这样的朋友在人生路上是不长久的，是相互利用的短暂结合，应该擦亮自己的眼睛。

多交雅友。常言道："君子之交淡如水，小人之交甘若醴。"所谓雅友，是能坐在一起，清茶一杯，促膝长谈，甚至互相争论，谈理想、人生、爱好、事业、工作，交流体会，互相鼓励，爱好高雅的君子之交。

善友是一部书，闲时翻阅，怡正情怀；善友是一杯清茶，细品慢咽，沁人心脾。一个人在一生中若能交得几个善友，那也是难得的幸福和乐趣。

生命因友谊而幸福

生活中，真正的朋友不会把友谊挂在嘴上，他们很少为了友谊而相互要求点儿什么，而是彼此为对方做一切办得到的事。

有一位少年曾遭受过朋友的欺骗和伤害，他开始怀疑世间友情的存在。一天，母亲给他讲了一个故事：一位年轻的父亲和好朋友都是建筑工人，他们正在尚未竣工的大楼外面的护栏上干活，护栏离地面有几十米高。突然，他们站立的木板断裂了，刹那间，两个人同时从几十米的高空落下。他们都认为自己完了。

万幸的是，一个防护杆拯救了他们。但两个人实在太重了，脆弱的防护杆只能承受一个人的重量，他们中间必须有一个人放开手。然而，求生的本能让他们都紧紧地抓住了防护杆。时间一点点过去，防护杆吱吱地作响，眼看马上就要断了。

这时，年轻的父亲含着眼泪对好朋友说："我还有孩子！"

未婚的好朋友只是静静地说了一句："那好吧！"然后就

松开了手，像一片树叶一样落向了水泥地面。

“妈妈，我希望有这样的事情，但它只是个故事。”少年不以为然地说。

“孩子，那个得救的人就是你的爸爸，而他所说的孩子就是你。”母亲眼里含着眼泪。空气顿时凝固了，少年望着母亲，颤抖地说：“叔叔一定是空中飘着的最美丽的树叶，是吗，妈妈？”

“是的，那片美丽的树叶现在一定飞上了天堂。”母亲默默地闭上了眼睛，一滴泪水悄然滑落脸庞。

这就是超越生命的友谊，它足以润泽我们的心田，照彻我们的灵魂。既不请求别人也不答应别人去做卑鄙的事情，一心

想着为对方尽一点儿绵薄之力，让别人能从自己的放弃中寻找到人生的希望，这就是友谊。友谊是生命的旋律，是无比美丽的青春赞歌。

真正的友谊使生命坚强，让生命长青。因为朋友，生命才会显示出它的全部价值。

原谅朋友的过错

人往往容易原谅自己的敌人，而难包容自己的朋友。这就说明友情已经注入了情感的因子，朋友已经在你的内心占据了十分重要的位置。但是，也正因为如此，重新获得与就此失去往往在一瞬间便有所决定。不要狠心地因为一个错误而将朋友所有的好一票否决，经历过风浪的航海家才会更加出色，经受过考验的友情才会更加持久坚固。

一个人难免要犯错误，谁都不可能拥有一辈子的完美，圣人尚且不能，我们更没有那种能力。人与人相处也必然会产生摩擦，公平而论，与我们相处甚密的朋友，反而要比陌生人犯错的机会要多得多。

有两个朋友在沙漠中旅行，在旅途中他们吵架了，其中一人给了另外一个一记耳光。被打的觉得受辱，一言不发，在沙子上写下："今天我的好朋友打了我一巴掌。"他们继续往前走。又到了沼泽地，挨巴掌的那位差点儿淹死，幸好被朋友救起来了。被救起后，他在石头上刻了："今天我的好朋友救了我一命。"朋友好奇地问道："为什么我打了你以后，你要写在沙子上，而现在要刻在石头上呢？”他笑了笑，回答说：“当被一个朋友伤害时，要写在易忘的地方，风会抹去它；而如果被帮助了，我要把它刻在心灵深处，那里任何风雨都不能抹去它。”

故事虽短，却让我们清楚地明白面对朋友的过错时，我们应该持有什么样的胸怀。予人玫瑰，手中存香。面对素不相识之人，以诚相待都会让自己有所获得，更何况是自己的朋友。

朋友对你的伤害常常是有口无心的，而对你的帮助却是真心的。幸福快乐的生活就是要忽略那些可以去原谅的错误，珍惜现在所拥有的友情，将心比心地为朋友着想，你就会发现，原来这个世界也会对你微笑，原来你也会有如此多的朋友真心以待。

宽容是交友的法宝，不要因为一点点的错误就失去理智地伤害那得来不易的友情，也别再因为一点点摩擦就在朋友彼此之间立起了一堵难以沟通的高墙。想想那些属于你们的琐碎的回忆，你的心灵就不会再寂寞，因为无论在哪里都有你——我的朋友！

朋友间不要怕吃亏

朋友对我们每个人都起着非常重要的作用。在我们高兴时，朋友能和我们分享快乐；在我们忧愁时，朋友能帮我们分忧艰难；当我们有困难时，朋友可以伸出援助之手来帮助我们……

朋友在我们的生活中起着如此重要的作用，那我们如何才能交上一些真正的“铁哥们儿”呢？

在与朋友交往的过程中，情愿自己吃点儿亏是一个很好的交际方法。

清朝有个著名的商人胡雪岩，他是大清朝有名的“红顶商人”。他的发迹史实际上就是一个善于做人、善于吃亏的经历。胡雪岩本是杭州的一个小商人，他不但善于经营，也会做人，常给周围的人一些小恩惠。但小打小闹不能使他满意，他一直想成就自己的大事业。他想，在中国，一贯重农

抑商，单靠纯粹经商是不太可能出人头地的。大商人吕不韦另辟蹊径，从商改为从政，名利双收，所以胡雪岩也想走这条路子。

王有龄是杭州一介小官，想往上爬，又苦于没有钱作敲门砖。胡雪岩与他也稍有往来。随着交往加深，两人发现他们有共同的理想，只是殊途同归。王有龄对胡雪岩说："雪岩兄，我并非无门路，只是手头无钱，十谒朱门九不开。"胡雪岩说："我愿倾家荡产，助你一臂之力。"王有龄说："我富贵了，绝不会忘记胡兄。"胡雪岩变卖了家产，筹措了银子送给王有龄。王有龄去京师求官后，胡雪岩仍操其旧业，对别人的讥笑并不放在心上。

几年后，王有龄身着巡抚的官服登门拜访胡雪岩，问胡雪岩有何要求，胡雪岩说："祝贺你福星高照，我并无困难。"王有龄是个讲交情的人，他利用职务之便，令军需官到胡雪岩的店中购物，胡雪岩的生意越来越好、越做越大。他与王有龄的关系也更加密切。正是凭着这种交情，胡雪岩使自己吉星高照，后来被左宗棠举荐为二品官，成为大清朝有名的"红顶商人"。

以吃亏来交友，以吃亏来得利，是一种比较高明和有远见的办事技巧。

在朋友之间，只要你懂得吃亏是福、懂得吃亏的技巧，你将会是一个幸福的人。

友谊要经得起磨难

春秋时鲍叔牙和管仲是好朋友，二人相知很深。

他们俩曾经合伙做生意，一样地出资出力，分利的时候，管仲总要多拿一些。别人都为鲍叔牙鸣不平，鲍叔牙却说，管仲不是贪财，只是他家里穷呀。

管仲几次帮鲍叔牙办事都没办好，三次做官都被撤职，别人都说管仲没有才干，鲍叔牙又出来替管仲说话："这绝不是管仲没有才干，只是他没有碰上施展才能的机会而已。"

更有甚者，管仲曾三次被拉去当兵参加战争而三次逃跑，人们讥笑他贪生怕死。鲍叔牙再次直言："管仲不是贪生怕死之辈，他家里有老母亲需要奉养啊！"

后来，鲍叔牙当了齐国公子小白的谋士，管仲却为齐国另一个公子纠效力。在两位公子回国继承王位的争夺战中，管仲曾驱车拦截小白，引弓射箭，正中小白的腰带，小白弯腰装死，骗过管仲，日夜驱车抢先赶回国内，继承了王位，就是齐桓公。公子纠失败被杀，管仲也成了阶下囚。

齐桓公登位后，要拜鲍叔牙为相，并欲杀管仲报一箭之仇。鲍叔牙坚辞相位，并指出管仲之才远胜于己，力劝齐桓公不计前嫌，用管仲为相。齐桓公于是重用管仲，果然如鲍叔牙所言，管仲的才华逐渐施展出来，终使齐桓公成为春秋五霸之一。

海内存知己，天涯若比邻

人的一生注定不能独活，除却家人的呵护、爱人的细语，我们还需要朋友的支撑。

拥有几个真正的朋友是一笔巨大的人生财富。风雨人生路上，朋友可以为你遮挡风寒，为你分担忧愁，为你解除痛苦和困难。朋友是你攀登时的一把扶梯，是你痛苦时的一剂良药，是你饥渴时的一碗清水，是你渡河时的一叶扁舟。友谊是金钱买不来、权势命令不来的，是只有真心才能够换来的最可贵、最真挚的东西。

生活中并不是所有的人都能成为朋友，就算是朋友，也有点头之交和两肋插刀之分。每个人都有自己的人生态度、处世方式、兴趣爱好和性格特点，选择朋友也有各自的标准和条件。其实，交朋友的原则是追求心灵的沟通，若能在茫茫人海中，找到像钟子期和俞伯牙这种“高山流水”的友情，或者管仲和鲍叔牙般“患难与共”的友谊，可谓是人生之幸事。

人生活在这个世界上，离不开友情，离不开互助，离不开关心，离不开支持。在朋友遇到困难、受到挫折时，如果伸出援助之手，帮助对方渡过难关、战胜困难，要比赠送名贵礼品有用得多，也牢靠得多。既为朋友，就意味着相互承担着排忧解难、欢乐与共的义务。唯此，友谊才能长存。

有了友情，就少了许多烦忧，阴郁的叶子便不会落在土里，而会浮在水面上，向远方漂流。友情是溪流，是一种清新的空气，在身前背后。

朋友是可以一起打着伞在雨中漫步，是可以一起骑着车在路上飞驰；朋友是有悲伤一起哭，有欢乐一起笑，有好书一起读，有好歌一起听。朋友是常常想起，是把关怀放在心里，把关注盛在眼底；朋友是相伴走过一段又一段的人生，携手共度一个又一个黄昏；朋友是想起时平添喜悦，忆及时更多温柔。朋友如醇酒，味浓而易醉；朋友如花香，芬芳而淡雅；朋友是秋天的雨，细腻又满怀诗意；朋友是腊月的梅，纯洁又傲然挺立。朋友不是画，它比画更绚丽；朋友不是歌，它比歌更动听；朋友的美不在来日方长，朋友最真是倾盖如故、瞬间永恒；朋友的可贵在于曾一同走过的岁月，拥有共同的回忆；朋友间最难得的是分别以后依然会时时想起，依然能记得：你，是我的朋友。

我们可以失去很多，但不能失去的是朋友。也许有的朋友不能伴你一生，只是陪你走过一段路程，但就是因为缘起缘灭，我们的生命才变得奇妙起来。至少，我们还记得朋友以及与朋友一起走过的岁月。

友情的价值远大于金钱

友情是什么？

友情是互帮互助，却从来不是一场交易。富贵时同享受，贫穷时同忍受，耐得住风浪的折磨，经得起时间的考验，没有什么华丽的辞藻，因为友情从来都是那么自然和简单。

“万两黄金容易得，知心一个也难求。”金钱在你时运不济、倒霉透顶的时候会逃跑，而真正的朋友却不会。仅此一点，金钱就早已被友情踩在了脚下，变得一文不值了。

在真正的友情面前，金钱是无关紧要的，无论你是富豪还是贫民，友情都不会有所改变，不带有功利性，不求回报。如果硬要让友情图点儿什么，它所求的就是感情地久天长。然而，真正的友情是不可能独立存在的，它的体现完全取决于“心”。当你觉得友情的价值远大于金钱的时候，它就会一直陪伴在你的身边，哪怕是没有分毫的报酬；当你觉得友情在与金钱的碰撞中处于下风而视钱如命时，那么友情也会像一位陌生人一样与你擦肩而过。如果你选择后者，那么当你重重地摔在地上无人扶你一把时，当你四处碰壁孤立无援时，请别再抱怨。这是金钱和欲望为你设下的陷阱，既然是场阴谋，你自然要独自吃下你舍弃友情所种下的苦果。当然，友情也并不是注定就是一个穷光蛋；相反，在很多时候，它往往会为你获得双赢。朋友之间的互相帮助总会让原本很困难的事情瞬间迎刃而解，当你处在人生的重要转折点的时候，朋友的态度不会是冷眼旁观，有能力的会为你推波助澜，无能力的也会全心全意支持你。在你摔倒后，默默地为你拍拍身上的灰尘，给予你精神上无限的鼓励。关键时刻，友情是不会就此消失的，它会令你胜利就胜利得精彩，失败也失败得温暖。

俗话说："人生得一知己足矣。""千金易得，朋友难求。"友情，是快乐生活的组成部分，让生活充满爱和喜悦；友情，更是那杯平淡无奇的清水，看似普通，却滋养了生命、富泽了人生。

人生的财富是无穷无尽的，无论是金钱还是权势，都不及情来得有血有肉。缺乏朋友的人，即使他住豪宅、开名车、穿名牌，也只会感到无限的空虚。朋友是永久的财富，只要带上"情谊"的感情色彩，它就永远不会贬值，安全地存在于你内心的保险箱中。

以诚待人，也许一个微笑、一句温暖的问候就是一段友情的开始。认真地去爱这个世界，这个世界就会给你带来无限幸福。

第八篇

你不理财，财不理你

人喜欢与喜欢自己的人在一起，钱也一样

法国著名的思想家罗曼·罗兰曾说：“人不能光靠感情生活，人还靠钱生活。”金钱使人成为人，没有钱，你将会失去做人的基本自由。

美国著名作家泰勒·希克斯在其所著的《职业外创收术》中指出，金钱可以使我们在12个方面生活得更美好：物质财富、娱乐、教育、旅游、医疗、退休后经济保障、朋友、更强的信心、更充分地享受生活、更自由地表达自我、激发你取得更大成就、提供从事公益事业的机会。

事实上，人类社会发展的历史也已经说明：金钱对任何社会、任何人都是重要的。随着现代社会的不断发展，人对物质享受的要求不断提高，在现实生活中，我们每个人都得承认，金钱不是万能的，但没有钱却又是万万不能的。

再没有比腰包鼓鼓更能使人放心的了。或者银行里有存款，或者保险柜里存放着热门股票，无论那些对富人持批评态度的人怎样辩解，金钱的确能增强凭正当手段来赚钱的人的自信心。成功学大师拿破仑·希尔曾说：“口袋里有钱，银行里有存款，会使你更轻松自在，你不必为别人怎么看你而过多忧虑。如果有人不喜欢你，没关系，你可以找到新的朋友。你不必为几百块钱的开销而操心，你可以潇洒地逛商品市场，自由地出入大酒店。”

通常在年轻人的聚会上，一旦有人说爱钱，其他人会鄙视

其为俗人，甚至还不忘记加上一句：“钱这东西生不带来，死不带去，你要那么多钱干吗？真俗！”可是，几年过去了，这些所谓的“雅人”们依然和父母住在一起，为每个月的生活费发愁，为孩子上学的学费发愁；而那些“俗人”们却已经开上了自己的车，住上了自己买的房。看到这些，那些自诩为“雅人”的人还会说人家俗吗？

金钱是我们生存的保障，同时也代表着我们的自信和尊严，那么我们可以大胆地撕下一切伪装，毫不掩饰自己对它的渴望。及早认识到这一点，可以最大限度地调动一个人的聪明才智。“贫穷最高尚”这种思想观念，只是在特殊条件下，人无法走向富足的一种安慰剂，随着时代的发展已失去了它存在的价值。

美国钢铁大王卡内基曾经说过：“贫穷是无能的表现。”此话也许显得有些绝对，但现实生活就是随着年龄的增长，结婚置业、赡养父母和抚养后代的责任会随之而来，钱在生活中越来越不可或缺。对于二十几岁的年轻人来说，想赚大钱，第一步就是先改变思想，尤其是思想中对金钱的负面联想必须先消除，要建立对金钱的正面联想，这是每一个有钱人都做得到的事。像有钱人一样思考，才会有和他们一样的结果。

人喜欢与喜欢自己的人在一起，钱也是一样。你不断地想它不好、排斥它，它就不会来找你；而如果你热爱钱，也非常珍惜钱，就能保留自己已获取的财富，通过正确的理财方式，自然会成功地致富。

“月光族”看似潇洒，其实并不光彩

随着生活水平的改善，琳琅满目的商品和光怪陆离的各种消费场所诱惑着都市中一颗颗年轻的心，从而催生了很多都市“月光族”。什么是月光族呢？月光族是指将每月赚的钱都用光、花光的人，所谓“洗光吃光，身体健康”。同时，它也用来形容赚钱不多，每月收入仅可以维持每月基本开销的一类人。“月光族”是相对于努力攒点钱的“储蓄族”而言的。月光族的口号是挣多少花多少。

“月光族”一般都是二十几岁以后的年轻人，他们与父辈勤俭节约的消费观念不同，喜欢追逐新潮，追求名牌服饰，只要吃得开心、穿得漂亮，想买就买，根本不在乎钱财。

小赵大学毕业两年，月收入4000元，吃饭、谈恋爱、租房子七七八八算下来，月月存款为零。经济学专业毕业的小赵空有一肚子理论，但无奈“巧妇难为无米之炊”，没财可理！两年下来，虽然日日朝九晚五、辛苦打拼，但小赵仍然是个身无分文的月光族。

小赵的同学小王工作第一年，月收入3000元，每月按时在银行存上500元，一年下来，小王存款6000元。“6000元有什么用？”小赵很不以为然。然而到了第二年，当小赵还在抱怨身无分文时，小王的存款已经过万。由于手中握着上万元资金，小王感到“钱生钱”有了可能，于是开始留意着怎样让自己的资产增值。

像小赵这样的年轻人随意花钱的做法，看似“潇洒”，实则既不利于个人事业的发展，也不利于今后家庭生活的美满。因此，养成良好的花钱习惯是十分必要的。在这里提几点建议，以供参考：

1. 计划经济

对每月的薪水应该好好计划，哪些地方需要支出，哪些地方需要节省，每月做到把工资的1/3或1/4固定纳入个人储蓄计划，最好办理零存整取。储额虽占工资的小部分，但从长远来计算，一年下来就有不小的一笔资金。储金不但可以用来添置一些大件物品如电脑等，也可作为个人“充电”学习及旅游等支出。另外，每月可给自己做一份“个人财务明细表”，对于大额支出、超支的部分看看是否合理，如不合理，在下月的支出中可作调整。

2. 自我克制

年轻人大都喜欢逛街购物，往往一逛街便很难控制住自己的消费欲望。因此，在逛街前要先想好这次主要购买什么和大概的花费，做到心中有数，不要盲目购物，买些不实用或暂时用不上的东西，造成闲置。

3. 投资基金

“月光族”们现在还年轻，可是终究要面临养老的问题，所以应该未雨绸缪，为养老做准备。将每月的结余用来投资基金是最好的选择。一方面，基金滚雪球式的复利增长能给其带来丰厚的回报，让其摆脱“负利率”时代通货膨胀对资金的蚕食；另一方面，投资基金比做股票等风险投资要稳妥，因为基

金采取的投资组合方式可以规避股票市场的风险，使其养老金不会因为股价的大幅下跌而打水漂。此外，基金由专家操作，投资者可以不用花费太多的精力。

4. 强制储蓄

根据惯例，“月光族”每月至少应该将收入的1/3用来储蓄。虽然储蓄的收益低，但必须有一笔机动款项来应付个人的日常开支。这笔钱可以分成两份：一部分存成半年期定期储蓄；一部分存成活期储蓄。这样，既不影响日常开销，又会最大限度地增加利息收益。假定某人年收入为9万元，如果从中拿出1/3储蓄，一年就能储蓄3万元，加上利息收入，可以再多一点，如果连续坚持5年，就可以攒足15万元以上的资金。

5. 坚持记账

很多人认为“钱是挣出来的，不是攒出来的”，这似乎是很有道理的话，但只说对了一半。“不积小流，无以成江海”，广开财源自然是好事，但节流可以更主动地把握住今天有限的资源。而要控制住自己的消费，达到节流的目的，记账是最基本、最有效的方法。通过记账的方法，你就能知道自己每个月的钱到底都用到什么地方去了，什么是应该花的，什么是可花可不花的，而不用像以前那样每个月钱花光了也不知道是怎么花了。此外，采用记账的方法可以时刻提醒你已经花了多少了，至少不会入不敷出。也许刚开始你也不会有多少节余，但只要能够坚持，你会发现钱慢慢地花得少了，节余也自然而然地多了起来。

理财趁年轻，早理财早受益

年轻人一般工作时间不久，刚开始踏上工作岗位，大多数人的收入都比较低。由于青年人活泼好动，难免经常和同学、友人聚会玩乐，或者开始恋爱，因此，花销较大就不可避免了。

也就是说，一个人从踏上工作岗位起，就应当学会理财了。正如理财专家所提示的，年轻人理财一开始并非以投资获利为重点，而要以积累资金及经验为主导。

其实，理财的过程，也就是我们每个人把那些金融工具以及相关技术串联起来，参与、实践和完成财富积累的过程。

在年轻人当中，不乏这样的一群人，他们学历高，专业热门，毕业后找到了好工作，每个月工资至少万儿八千。所以他们觉得没必要理财，节流不如开源。

其实，这种随性对待自己钱财的态度看似自在潇洒，实际上还是因为没有遇到不可预期的风险。一旦遇到了问题，他们就会发现，目前的这种理财观念是行不通的，它会让你在缺乏有效防御的前提下，将自己暴露在风险之中，遭受挫折或损失。

学会理财，总有一天你会收到意外之喜，或者庆幸自己当初的明智之举。刚刚有收入的年轻人，一定要培养自己的理财意识，收入高的多做一些安全的投资；收入不理想的，可以少做一点儿，但不能不做。

人生中，永远存在着各种风险。而长期理财的好处，就是未雨绸缪，积极地防御，就是制订合理健康的财务规划，把风险控制在可以接受的范围内。

即使在目前，你的工资已经远远高出同龄人，暂时不必担心生计问题，但是要知道，随着时间的推移，你可能会面临买房、结婚的事情甚至以后养育子女的问题。面对这一大笔即将到来的支出，如果不及早作打算，到用钱时怎么办？其实，所有这一切不可预期的意外，只要你在平时有足够的风险意识，未雨绸缪，遇到问题时可能就会是另一种结果。

邢欣刚毕业就进入一家大型广告公司，拿的薪水和福利待遇是让同龄人都羡慕不已的。邢欣花钱大手大脚，从来没有理财的概念，所有存下来的钱一概扔在工资卡里就不闻不问了。

邢欣眼看着工资卡上的钱越来越多，就觉得这样处理钱就已经很安全了。至于那些股票、基金之类的东西，在邢欣看来都是不实用的，说不定还会有什么风险把原有的积蓄给搭进去，哪有老老实实放在银行里安全。

时间很快就过去了，几年后，许多投资理财的同事们在新一轮的牛市中，理财收益都在10%以上，加上他们原有的存款，可以让他们轻轻松松地交付房子的首付款。所以很多人都纷纷开始计划着购房置业，而邢欣的存款却只能保证他在几年之内衣食无忧而已。直到这时邢欣才发现，自己和其他人相比，已然输在了起点上。

理财的最佳方式并不只是追求高超的金融投资技巧，更重要的是要掌握正确的理财观念，尽早开始，

并且持之以恒。

我们一直在强调一个观点，那就是理财一定要尽早开始。许多年轻人有可能会觉得现在由于刚刚步入社会，用钱的地方很多，存钱理财有难度，还不如等将来工作比较稳定的时候再开始。这种想法是不正确的。

小王和小李两个人都是每月存1500元，只是小王比小李早存了一年。那么在20年后，如果以5%的投资回报计算，小王可以拿到大概616550元；而小李因为晚做了一年，只可以拿到569020元。他们回报的差额是多少呢？47530元。这已经远远高于两个人相差一年的投资额18000元。这就是复利的魔力，每次投资的收益都可以作为下次投资的本金，年限越长，收益率越高，复利的效果就越明显，两者的差异就会更大。

早些行动是最佳之计，再说年轻时的储蓄能力其实并不会低于年长时，毕竟没有太多的负担，主要是看自己如何规划了。要知道，拖延时间就是拖延累积财富。

别拿钱不够花当不理财的理由

许多年轻人在谈到理财的问题时，经常会说：“我没财可理。”尤其是刚毕业参加工作不久的年轻人更是如此。他们经常会说：“等我有了钱以后再去考虑投资的事吧，我现在可没有那么多闲钱。”“等我有了10万元再去投资也不迟，现在多多赚钱才是最重要的。”

对于这样的见解，理财专家们相当不以为然。他们的理由是虽然青年人投资理财的资金不足，但是却有充裕的时间和学习的能力。股市有一句话叫“以时间换空间”，越早进入投资领域，个人资产增值的空间也就越大，所以千万别拿钱不够花当不理财的理由。

目前收入还不算太丰厚的年轻白领，偏偏又是有最多物质需求的一群。买房子、买汽车、买时装，以及每年的出外旅游度假对他们都有极大的吸引力。这样算下来，原本还不算少的收入就显得太不够用了。就像我们常说的那样，他们“挣得多，花得更多”。

这些年轻人对自己的经济状况总是怀着这样的错误认识，“等我升职做了××，我就会有钱了”“等我月收入到了××元，我就有钱了”。但是，实际情况却是，随着工资的增加，他们的消费水准也在不断地攀升，储蓄没增加多少，各种负担却增加了。

22岁的小王本科毕业，工作刚满半年，月收入是3500元；25岁的小刘专科毕业，工作三年，月收入3000元。按常理小王每月收入比小刘多，他应该比小刘“更具备理财的条件”。事实真是这样的吗？他们两个人均是每月月初单位开支，结果半年后，小刘存下了3300元，小王只存下了不到600元。

小王在衣食住行上的开销都要高出小刘，除去这些基本消费，在旅行、健身、购置自己喜爱的电子产品方面还有一大笔支出，粗略算下来，基本消费加上娱乐消费，小王的3500元月收入所剩无几。而小刘虽月收入不高，但一切从简，基本消费只有1500元，又没有抽烟、喝酒等其他嗜好，喜欢看书，每月花100元左右买书。这样算下来，小刘每月的开销大概在1600元，半年能节余8400元，除去一些别的开销，小刘半年下来存了8000元，之后他又把这8000元转成了一年期定期存款。

其实比小王收入低得多的大有人在，一样能理财。千万不要告诉自己“我没财可理”，要告诉自己“我要从现在开始理财”。只要有收入就应尝试理财，这样才能给自己的财富大厦添砖加瓦。

李涵大学毕业一年多了，在一家汽车零部件公司上班，月薪4500元，不算多也不算少。自从他工作后，虽然没有再向家里要过钱，但是也从没给家里寄过钱。银行卡里常常是一分不剩，典型的月光族。一年下来，他连买个新手机的钱也拿不出来。后来，他去工厂时了解到，厂里不少工人每个月2000多元的工资，每年都能存下几千块钱，多的还有上万元的。

李涵自叹工资不高：“就这么点钱，又不是有钱人，需要理什么财啊。每个月到月底都用光了，哪里有钱再去投资什么呢。”那么，是不是没钱就不要理财了呢？错！有钱人要理财，没钱的人更要理财。

刚毕业的年轻人，大多数人的工资的确都不算太高，能够不依靠父母、自食其力就已经相当不错了，要是再从本来就捉襟见肘的那点可怜的工资中拿出一部分来用作理财的话，听上去确实有些勉为其难。

但是，理财在很大程度上和整理房间有异曲同工之处。一间大屋子，自然需要收拾整理；而如果屋子的空间狭小，则更需要收拾整齐了，才能有足够的空间容纳物件。我们的人均空间越是少，房间就越需要整理和安排，否则会凌乱不堪。同样，我们也可以把这个观念运用到个人理财的层面，当我们可支配的钱财越少时，就越需要我们把有限的钱财运用好。

不要说，理财是有钱人的事；也不要说，理财是高学历者、商人的事；更不要说，理财是中老年人的事。其实，理财面前，人人平等。

年轻人由于经济和阅历等方面的原因，大可不必像中年人那样，一定要靠理财达到一个很高的财务预期。但是，作为年青一代，最起码的理财意识是一定要有的。尤其是刚步入社会的时候，培养正确而有效的理财意识会让自己终身受益。

创业资金

世界上许多富翁都是从“小商小贩”做起的。只有扎扎实实地从小事情做起，这样从事的事业才会有坚实的基础。如果凭投机而暴富，那么来得快，去得也快。钱赚得容易，失去得也容易。

事实上，很多成大事、赚大钱者并不是一走上社会就取得如此业绩，很多大企业家就是从伙计当起，很多政治家是从小职员当起，很多将军是从小兵当起，人们很少见到一走上社会就真正“做大事，赚大钱”的。所以，当你的条件普通，又没有良好的家庭背景时，那么“先做小事，先赚小钱”绝对没错!

美国佛罗里达州的一名13岁学生萨和特，他曾经替人照看婴儿以赚取零用钱，留意到家务繁重的婴儿母亲经常要紧急上街购买纸尿片，于是他灵机一动，决定创办打电话送尿片公司，只收取15%的服务费，便会送上纸尿片、婴儿药物或小件的玩具等东西。他最初给附近的家庭服务，很快便受到左邻右舍的欢迎，于是印了一些卡片四处分送。结果业务迅速发展，生意奇佳，而他又只能在课余用单车送货，于是他用每小时6美元的薪金雇用了一些大学生帮助他。现在他已拥有多家规模庞大的公司。

1996年被美国《财富》杂志评定为美国第二大富豪的巴菲特，被公认为股票投资之神。他也是以“小钱”起家的典型。巴菲特在11岁就开始投资第一只股票，把他自己和姐姐的一点小钱都投入股市。刚开始一直赔钱，他的姐姐一直骂他，而他坚持认为持有三四年才会赚钱。结果，姐姐把股票卖掉，而他则继续持有，最后事实证明了他的想法是正确的。

巴菲特20岁时，在哥伦比亚大学就读。在那段日子里，跟他年纪相仿的年轻人都只会游玩，或是阅读一些休闲的书籍，但他却大啃金融学的书籍，并跑去翻阅各种保险业的统计资料。当时他的本钱不够，又不喜欢借钱，但是他的钱还是越赚越多。

1954年他如愿以偿到格雷厄姆教授的顾问公司任职，两年后他向亲戚朋友集资10万美元，成立了自己的顾问公司。该公司的资产增值30倍以后，1969年他解散公司，退还合伙人的钱，把精力集中在自己的投资上。

巴菲特从11岁就开始投资股市，历经几十年坚持不懈。因此，他认为，他之所以能靠投资理财创造出巨大财富，完全是靠几十年的岁月，慢慢地创造出来的。巴菲特的经历告诉我们，财富的扩张需要一个不断积累的过程。创业时不一定非得等到资金全部到位才去动手，这不但会错失良机，也会使创业的计划搁浅。有时，只要善于把握机会，再小的钱也会起到很大的作用。

古时候，有一个小商人，聪明睿智，具有天生的经营本领。

有一天，他在大街上捡到一只老鼠，便决定以它为资本做点买卖。他把老鼠送给一家药铺，得到一个铜币。他用这枚小钱买了一点糖浆，又用一只水罐盛满一罐水。他看见一群制作花环的花匠从树林里采花回来，便用勺子盛水给花匠们喝，每勺里搁一点糖浆。花匠们喝后，每人送给他一束鲜花。他卖掉这些鲜花，第二天又带着糖浆和水罐到花圃去。这天，花匠临走时，又送给他一些鲜花。他用这样的方法，不久便积聚了8个铜币。

有一天，风雨交加，御花园里满地都是狂风吹落的枯枝败叶，园丁不知道怎么清除它们。小商人走到那里，对园丁说：“如果这些断枝落叶全归我，我可以把它打扫干净。”园丁同意道：“先生，你都拿去吧。”

这青年走到一群玩耍的儿童中间，分给他们糖果，顷刻之间，他们帮他把所有的断枝败叶捡拾一空，堆在御花园门口。这时，皇家陶工为了烧制皇家餐具，正在寻找柴火，看到御花园门口这堆柴火，就从青年手里买下运走。这天，青年通过卖柴得到16个铜币和水罐等5样餐具。

他现在已经有24个铜币了，很快他心中又想出一个主意。他在离城不远的地方设置了一个水缸，供应500个割草工饮水。这些割草工说道：“朋友，你待我们太好了，我们能为你做点什么呢？”“等我需要的时候，再请你们帮忙吧！”他四处游荡，结识了一个陆路商人和一个水路商人。

陆路商人告诉他：“明天有个马贩子带500匹马进城来。”听了陆路商人的话，他对割草工们说：“今天请你们每人给我一捆草，而且，在我的草没有卖掉之前，你们不要卖自己的草，行吗？”他们同意道：“行！”随即拿出500捆草，送到他家里。马贩子来后，走遍全城，也找不到饲料，只得出1000铜币买下这个青年的500捆草。

几天后，水路商人告诉他：“有条大船进港了。”他又想出了一个主意。他花了几个铜币，临时雇了一辆配有侍从的车子，衣冠楚楚地来到港口，以他的指环印作抵押，订下全船货物，然后在附近搭了个帐篷，坐在里边，吩咐侍从道：“当商人们前来求见时，你们要通报3次。”

大约有100个波罗奈商人听说商船抵达，前来购货，但得到的回答是："没你们的份了，全船货物都包给一个大商人了。"听了这话，商人们就到他那里去了。侍从按照事先的吩咐，通报3次，才让商人们进入帐篷。100个商人每人给他1000个铜币，获得船上货物的分享权，然后又每人给他1000个铜币，获得全部货物的所有权。

由于小商主巧作经营，在很短的时间内，以一只老鼠为本，获得了二十万铜币，成了远近闻名的富商。

这个小故事对于那些想创业的人来说会有所启发。刚创业的人由于资金少，一开始就想赚大钱是不现实的。理性的做法应是从"小钱"开始，利用金钱"滚动"的特点进行资金的积累，等待时机成熟之后，再壮大自己的事业。要知道，像松下电器那样的企业，最初也是靠做电器插座起家的。

不要花明天的钱做今天的事

年轻人的消费观念越来越超前，胆子也越来越大。据一项对都市青年的调查显示，有57%的人表示"敢花明天的钱"。这些乐于负债消费的"负翁"们都有着共同的特点：年轻、学历高、收入稳定，并且对未来有着较高的预期。

步入"负翁"一族的年轻人，尽管提前享受到了拥有丰富物质的幸福生活，但同时贷款压身的巨大压力也接踵而至。一些人甚至表示，为了不出现债务危机，他们所有的精力都必须放在赚钱上，个人的自由、劳动、时间都受到了束缚，成为负债消费的奴隶。

每个月领薪水的日子是上班族们最期盼的日子了。这些年轻的白领们盼星星盼月亮，终于盼到了有钱用，自然是非常高兴。

但他们经常是发完工资没几天就又盼着发下个月的工资了，因为薪水发了没几天就用光了，严重的可能还入不敷出，有的甚至还要大借外债。今天的钱不知道怎么就花没了，居然要花明天的钱来填补这个巨大的无底洞。

月初领薪水时，钱就像过节似的大肆挥霍，月末时再苦唧唧地一边节衣缩食，一边盼望下个月的领薪日快点到，这是许多上班族的写照。

面对这个消费型的社会，想拒绝外物的诱惑当然不是那么容易的，但年轻人一定要对自己辛苦赚来的每一分钱负责。要具有完全的掌控权，要先从改变不良的理财习惯下手。以下是几点建议：

1. 制定出适合自己的预算

首先，把你这一年里固定的开销列出来——房租、饮食预算、利息、水电费、保险金，然后计划你其他的必要开销——衣服、医药费、教育费、交通费、交际费，等等。拟订计划是一项需要决心、家庭合作的工作，有时还需要严谨的自制力。我们必须决定什么东西对我们最重要，而牺牲掉最不重要的东西。为了拥有一个舒适的家，你可能得放弃买昂贵的衣服，但为了一套你必须拥有的衣服，你可能就得牺牲你的空调了。每个人的情况都不相同，所以这必须由你和你的家人来作决定。

2. 学会积累

工资一发下来，首先不要想怎样花掉它，而要想办法储蓄。每个人都知道，小钱可以攒成大钱，但要实行就有困难了，这需要持久的毅力和不变的决心。如果你把每年收入的10%储蓄起来，虽然物价高昂，或在经济不景气的年头，不到几年你也可以获得经济上的舒适。请注意，即使当你非常需要钱用的时候，也尽量不要动用储蓄的钱，这对于你长期维持储蓄的计划十分重要。

3. 留一笔紧急备用的资金

每个人、每个家庭都会遇到紧急的事件，这些事件又往往需要一大笔钱。大部分的预算专家都会劝告每一个家庭，至少要存下1～3个月的收入，用于紧急事件。不要试着存太多的钱，不然你将难以保持，结果是根本就存不了钱。不如固定地存上一点儿，效果会更好。

如果你从没有做过预算，就应该马上开始学习如何处理家庭财务的预算问题。金钱并非万能，这句话可真不错，但是如果知道如何聪明地处理你的金钱，就可以给你的事业和家庭带来更多的心境上的安宁、幸福与利益。

年轻人经常是固定的收入不多，但花起钱来每个人都有“大腕”气势：身穿名牌服饰，钱包里现金不能少，信用卡也有厚厚一沓，随便一张都可以刷，获得虚荣心的满足胜于消费时的快乐。

要改变“今天花明天的钱”的不良习惯，首先要有理财的意识。要了解理财，明白理财的重要性，要认识到自己之所以寅吃卯粮，是因为没有树立起理财的观念，没有适时消费、为以后的生活做准备的意识，一切都是走到哪儿看到哪儿，有一天的钱花一天的钱，甚至是今天花明天的钱，这种混乱的生活方式和态度决定了你的财务状况一团糟。

理财最打动年轻人的地方，是它可以让人合理、长远地规划自己的人生，将财富与理想结合起来，让自己的人生更加稳定和健康。树立理财意识，财神就降临在日常生活中，因为理财是规划你的财务甚至你整个生活的一种观念、一种技巧、一门学问，甚至还是一门艺术。有了理财的观念，养成理财的好习惯，就不用在钱的问题上焦头烂额，甚至可以试试当债主的感觉，当然这是后话。

别让自己掉进信用卡透支的陷阱里

作为追求享受的年青一代，在消费中难免有捉襟见肘的时候，支取以前的定期存款会造成利息损失，开口向朋友借又不好意思，这个时候如果有一张可以透支的信用卡，便可以解燃眉之急。

但是不是信用卡透支额越高越好呢？答案是否定的，高透支额不利于风险控制。信用卡透支的额度越高，持卡人面临的风险往往就越大，所以在申请透支额度时，应根据自己的情况申请，够用即可，切莫盲目求多。

大一的时候，王琳拥有了自己的第一张信用卡。那是一张可以透支200块钱的信用卡，因为透支额度不大，所以她从没用过这张卡透支。到大二的时候，王琳在学校里看到了另一家银行设立的办卡点，正在以免费赠送礼物的形式推销信用卡。看到礼物很精美，王琳又办了一张卡。因为这张卡能透支1000元，喜欢逛街的王琳就开始刷卡购买一些小东西。那时候她还没有后来那么“大手大脚”，只是购买些化妆品、服装。最困难的时候，也就是每月还银行100多块钱。真正成为“卡奴”是在大三下学期。

那一年，王琳打算买台电脑，正好看到一家银行的宣传资料，称办卡可以分期付款购买电脑，她就又办了一张。“当时我觉得一个月还的钱不多，就办了一张卡，接着就去买了一台电脑。”王琳说。这台电脑让她每个月背上228块钱的“卡债”，分24个月还清。除了分期购买电脑，刷顺了手的王琳已经习惯了透支购买其他用品。现在，王琳平均每月要还将近400块钱的债，成了众多“卡奴”中的一员。

时下，各家银行均在大力推广信用卡业务，并且竞相推出各种优惠举措。很多年轻的上班族认为信用卡和无息贷款一样，于是争相办理，甚至还以多开收入证明的方式来增加自己的信用透支额度，认为透支额度越高，使用越方便，越能显示其身份。其实，这些观点都是很危险的，信用卡的透支额度并非越高越好。有专家指出，使用信用卡应注意以下几个问题：

1. 不要通过信用卡透支进行风险投资

很多年轻的持卡族，用信用卡透支或通过消费方式套取现金，然后进行炒股、买股票基金等风险性投资。这些投资往往风险较大，投资界有句老话叫“不要借钱炒股”，因为用自己的钱炒股，最多是把本钱输掉，而透支“借来”的钱不但可能赚不到钱，还有可能背上一身债务，风险实在太大了。

2. 信用卡不是借贷专用工具

信用卡只是作为一种临时消费的借贷资金，为持卡人提供透支功能，以解决持卡人的燃眉之急，并非鼓励持卡人把信用卡当成贷款。持卡人如果需要信贷资金，可以直接向银行申请信用贷款或抵押贷款，这样可以享受国家的标准利率。

3. 不要用信用卡存钱

有些年轻人觉得每月还款麻烦，或怕到期忘记，索性提前打入一笔大款项，让银行慢慢扣款。这是一个认识上的误区。除非即将发生的消费大于透支限额，否则最好不要在信用卡里存放资金。按照银行的规定，信用卡账户内的存款是没有任何利息的。信用卡提取存款时需要支付提现手续费，境内提现手续费为取现金额的1%～3%不等，最低2元，最高50元。因此，持信用卡取款时，应坚持“用多少取多少”的原则，如果持卡人透支取现，不仅要支付提现手续费，还需要每天支付透支利息。

4. 不要办理多张信用卡

很多年轻人办一大堆信用卡，享受提前消费的快感，却不知道“一人多卡”可能带来的风险。首先，银行对透支的利息定得很高，并且是按日计算，用卡人一旦透支过多，无力偿还，就将面临“利滚利”的窘境。其次，信用记录是带“污点”的。每张信用卡的还款期不同，如何牢记信用卡还款日及时还款，成为许多持卡人头疼的一件事。拖欠信用卡透支款会给自己留下不良的信用记录，给今后的生活带来不利影响。最后，每张信用卡必须使用到一定次数才可免交年费，持卡人手中的卡越多，就越难管理，其中一些卡可能从来都用不着，成为“睡眠卡”。

坚决不做“啃老族”

“啃老族”已经不是一个新鲜名词了，博得了整个社会的关注，也已经引起过很多网友的讨论和探索。“啃老族”也叫“吃老族”或“傍老族”，他们并非找不到工作，而是主动放弃了就业的机会，赋闲在家，不仅衣食住行全靠父母，而且花销往往不菲。“啃老族”年龄一般都在23～30岁，自身具有谋生能力，却仍未“断奶”，得靠父母供养。社会学家称之为“新失业群体”。

曾有一谜语形象生动地刻画出这帮“啃老族”的生活状态，说的是“一直无业，二老啃光，三餐饱食，四肢无力，五官端正，六亲不认，七分任性，八方逍遥，九（久）坐不动，十分无用”，而谜底就是“啃老族”。

据有关专家统计，在城市里，有不少年轻人靠啃老过活，更多的家庭存在啃老问题。“啃老族”很可能成为影响未来家庭生活的“第一杀手”。

小周是2005年毕业的，他毕业的时候，当过一段时间“啃老族”。他不是找不到工作，而是不愿意工作，嫌工作压力大，就辞职了，在家里当起了“啃老族”，啃他老爸和老妈的那点工资。其实，小周的家境并不好，但是小周觉得自己还没长大，不愿意一毕业就离开那个给他无私支援的家。

虽然小周的爸爸妈妈认为，这是“周瑜打黄盖，一个愿打一个愿挨”，但是刚开始闲着在家那段时间，小周的心理压力很大。因为外人看来，毕业了有工作不做，还去啃老爸老妈的那点工资，实在是不像话。小周也试图出去找工作，但他要求月薪必须在4000元以上，低于这个工资他都不愿意干。但是他找了一段时间后，却发现用人单位开出的工资都没有他期望的高，于是他干脆放弃了找工作，心安理得地当起了“啃老族”。

当了4年的“啃老族”，小周的爸爸妈妈也觉得经济压力太大，就劝小周去找工作。小周却已经习惯了啃老的日子，常常以受金融危机影响，工作不好找为借口，继续心安理得地依靠父母生活。

养儿防老，是我国的传统家庭价值观。从某种程度上来说，父母对孩子的养育是一种投资，到达一定阶段后就可以收到回报。但随着就业压力的增大，以及独生子女逐渐成年，“啃老族”的队伍在不断扩大。“啃老族”们是否意识到，给父母造成了极大经济压力的同时，长期的失业，将离社会就业群体越来越远。只怕等到父母有心无力，“啃老族”不得不面对现实之时，悔之已晚。

刘洋大学毕业后，接连找了几份工作，都是没有干多长时间就辞职不干了。他不是嫌工作太累，就是嫌上班的地方离家太远，并且因为他脾气比较暴躁，在单位里人际关系也不好。后来，他索性再也不找工作了，整天除了待在家里上网、睡觉，就是与朋友一起抽烟、喝酒、泡吧，每月开销2000多元，还嫌不够花。家里人劝他出去找工作，可他有自己的理由：“那些工作要么是体力活，要么就经常加班，很累，而且工资又不高，有什么好干的。”

刘洋的爸爸也拿他没办法，催得急了，刘洋还振振有词：“这样的情况又不止我一个。工作我迟早会找的，你们又不是没钱，干吗老催着我去工作啊？”总之，他对爸爸妈妈劝他找工作相当反感。

“啃老族”的前景是不容乐观的。且不说家庭条件不好的，即使所啃的父母条件很好，工资很高，短时期内不在乎多养他们几年，但是父母养育他们，他们是应该回报父母的，而不应该每日无所事事地坐吃山空。而且有的人开始是一个人啃老，后来恋爱结婚了，变成了两个人啃老，等有了孩子就一家三口啃老。这样一来老人怎么能受得了呢？

所以，作为“啃老族”的年轻人，应该认清自己的状态，多为父母着想，为自己未来的生活好好打算一下，务实地找到自己的位置，真正实现自身的价值，逐步脱离“啃老族”，开始崭新的生活。

第九篇

情绪不失控，人生就不失控

认识情绪的巨大作用

生活中我们要与各种各样的人打交道，也要用不同的情绪来“对付”不同的人。与其说经常和我们打交道的是人，不如说是我们自己的情绪。

现实生活中，总有一些人明明知道自己犯了错误却不愿承认。这时，你如果情绪失控，对对方进行强烈的要求和不留情面的指责，只会令对方的态度更为强硬。相反，如果你能控制好情绪，在时机成熟的条件下，有意为对方找个借口，使其按要求行事，就不至于太尴尬。

所以，我们有必要对情绪的作用有更进一步的了解，认识情绪的作用，对我们的整个人生都有很大的影响。

很多人都知道情绪，但是对情绪的变化原因却不甚了解。情绪变化指的是辨别自己和他人各种情绪，并有意表达这些情绪的能力。通过表达你所有的情绪变化，你能够获得有关自己和他人有价值的信息。

同情和移情要求你认同他人的情绪。如果你对某些特定的情绪感到不适，就往往会在内心回避或否认它们。如此一来，你就无法获得导致这些情绪产生的特定事件、情形或人的重要信息。此外，你就会不认同或刻意回避那些会引起你内心不适的他人的情绪。

如果你无法“看到”某些情绪，你就很难做到富有同情心，或者会缺少移情能力。

情绪也是有强度的。情绪调节能力指的是“调高”或“调低”某种情绪的能力，以及你在特定场合的情绪匹配程度。想想在播放某首歌曲时调节音量的重要性吧。正如伟大的作曲家使用声音强度来传达不同的音乐意义一样，你的情绪强度有助于他人了解你的内心世界。

也许你曾经与这样的人共过事，就是他突然“打开”或“关闭”情绪，或在没有任何征兆的情况下就从轻度恼怒转变成极度愤怒，如此快速的情绪转变令周围的人感到十分不安。缺乏情绪强度调节能力的领导者可能令人难以预测，因此也难以获得他人的信任。

如果你的声音总是很低，但某个人调节情绪强度的能力很强，你可能会将对方的适度情绪表达误解为极端的表达。这就会造成信息传递失准。你在准确理解他人的情绪表达方面的敏感度，以及你在某种场合的情绪强度匹配度，表明了你的情绪的稳定度，并使你在别人面前获得了自信。

你之所以会受到情绪强度的限制，可能是因为你没有在特定的场合“登记”你的内心情绪状态，或羞于表达自己的情绪。我们有时候恰当地表达了自己的情绪，而在其他场合却不适当地限制或延迟了自己的情绪表达。记录你在特定场合所具有的情绪反应，注意自己何时阻止情绪表达和在没有任何征兆时就爆发出某种情绪。

当你认识到他人或自己的某种情绪状态时，有意识地选择自己的行动反应。通过实践来培养监测自己的情绪状态，并在各种场合表达匹配情绪的能力，从值得信赖的人那里获得他们对你的情绪强度的反馈。

除了了解情绪强度之外，我们还需要认识情绪的流动性。

情绪流动力指的是在特定场合下不受阻碍地、以适当的速度切换情绪状态的能力。以钢琴演奏为例，流畅的演奏者能够自如地根据乐谱，以较快或悠闲的速度演奏，这类演奏者不会受困于特定的音符或段落。

在某种情绪场合，具有情绪流动性的人能够超越特定时刻的情绪。相反，缺乏情绪流动性的人往往会受困于某种情绪，或者无法快速地对特定的场合做出适当的情绪反应。这种情形更容易出现在负面或未确定的情绪状态。特定的情绪状态可能令人亲近，且感到舒心。

培养情绪流动性具有多种含义。如果你拓展了自己的决策空间，就能游刃有余地处理特定的形势，甚至改变形势的发展。缺乏流动性容易削弱体验周围环境中其他事物的能力。例如，如果领导者受到某个失败项目的困扰，就有可能无法产生激励下属寻找新机会所需要的激情。如果领导者受困于某种情绪，即使这种情绪是正面的，比如希望或乐观主义，其他人也有可能感到沮丧。如果某种场合需要领导者做出抑郁的情绪反应，过于正面的情绪反应反而会显得极不协调。

情绪融合力指的是理解情绪与思想、身体状态以及创造性表达之间的关系的能力。演奏一段乐曲需要将所涉及的乐器加以结合，如果缺少一段弦乐或铜管乐，听众就无法完全理解该乐曲的艺术价值。同样，领导者如果没有抓住机会看清自己的情绪如何影响到自己的思想、触感和创造力，则无法充分发挥自己的才能。

实际上，当脑外伤伤害到一个人的情绪中心时，他甚至连做出最简单的决策的能力都没有。

同样，你对特定情形的思考会影响到你的情绪状态，你能够根据思想来制造情绪。只要想想你一天中经历的情绪变化，就能够发现你关注的情绪有可能出现。

你的语言也反映了“情绪与身体和身体触觉密切联系”这一观点，如“我内心相当紧张”“她让人头疼”“我感到压力越来越重”“我觉得非常轻松”。这些常见的表达将焦虑、挫折、恐惧、无忧无虑与身体触觉联系起来。许多人在通过身体触觉体验到情绪之后，才能在智力层面意识到这些情绪。同样，你的情绪状态影响到你的身体状态，也影响到你遭遇身体外伤和疾病时的康复能力。

当然，如果我们深入地去观察自己包括他人的情绪时，我们就会发现，情绪的作用远远还不止这些。情绪是很微妙的情感体现，而它所发挥的作用也是可大可小、无法计算的，如何将这些有利作用最大化地为自己所用，也是我们需要学习的人生课题。

情绪是一种力量

情绪是十分强大的力量，它能够激励你实现自己的理想、克服最严重的创伤，也会让你因为小挫败而一蹶不振。

生活中，我们常常会发脾气，可回想起来，又有多少真正值得生气的事？也许时间可以让你的怒气平息，但因你的坏情绪而造成的伤害却成为难以愈合的伤口。因坏情绪而累积的憾事，又有谁能够数得清呢？

人的一生都会有被枷锁困住的时候，而且这些束缚你手脚的枷锁通常又不易被察觉，于是人就深陷其中而难以自拔，言行举止完全被牵绊住了。这一股拉扯的力量，总是让人有心无力，人生的航程也因此而严重受阻。更为可怕的是，这些心灵的桎梏往往隐藏着一种极大的杀伤力，并且会逐渐腐蚀人的心灵，磨损人的志气，直到生活变得一团糟了，我们还找不到原因在哪里。

我们要明白，在生活中难免会遭遇各种各样的事情，自然我们的情绪就会随之起伏。但如果我们任由自己陷在消极的情绪中，那么这些不良的情绪就会变成阻碍我们人生航程的桎梏。

举例来说，如果你身陷在激烈争吵中而不是正在悠闲地品一杯茶，难道你的行为不会有所不同吗？如果你买的彩票中奖了，而且数目不小，你会有怎样的反应呢？假设你遇到一个陌生人，毫无理由地向你大吼，前提是你并没有做出任何不妥的事情，你会作何反应？或者你和你的爱人争吵了一个晚上，第二天去公司上班，你的心情又是如何？答案可以有很多种可能，抱怨或是惬意，惊喜或是愤怒，这都因人而异、因事而异，因为每个人有每个人独特的行事风格，因为情绪就是我们行动的基础。当强烈的情绪占据你身心的时候，你是不可能完全控制自己的情绪的，了解这一点很重要。我们都有不顺心的时候，每个人都会经历创伤或者失败，这是人生必须要面对的。人有生离死别，生活有酸甜苦辣，有高兴的事情存在，自

然也会有沮丧的事情发生。

通常情况下，我们倾向于将各种层次和不同程度的感受分成两大类别，而这两大类别往往是以对立的形式出现的，如黑与白、好与坏、善与恶、是与非，否则我们会觉得它们模棱两可，难以确定。分完类别之后，接下来我们的情绪会依据我们对周遭世界的诠释来指导行为。然而这些情绪的出现并不是有意识的，它们的反应是受过去经验所塑造的模式的影响所给出的一种潜意识行为。

我们经常说人的情绪多变，是因为我们往往不是自己情绪的主人。情绪的发展和变化是我们因人因时因地因事而产生的。不同的情绪有不同的作用，它所具有的力量也会有所不同。有的给人带来鼓励，有的给人带来力量，有的给人带来认识，有的给人带来进步；有的助人成才，有的助人成功，有的助人成长，有的助人成熟；有的使人懂得珍惜，有的使人懂得爱护，有的使人懂得勤奋，有的使人懂得拼搏；有的让人勇敢，有的让人激情，有的让人理智。总之，我们的感受和需要是在多方面、多角度、多条件中转换选择的，有很多事是在影响感染中发生的，我们的情绪也随之出现。要知道，什么样的人和事联系起来，就会有什么样的情况和结果。

要知道情绪的力量可以制约人，也可以成就人，更可以伤害人。因此，把握情绪有利的一面，获取最大化的情绪力量，对我们尤为重要。

认识情绪的正负极

马可·奥勒留认为：“如果神灵对于我，对于必须发生于我的事情，都已经作出了决定，那么他们的决定便是恰当的。”他劝自己要接受所有对他发生的事情，这在很多人看来可能是顺从命运的消极主义看法。但是，在很多时候，很多东西并不是我们可以预测的，未来也不是凭我们的意志就可以改变的。世界上没有绝对的事情，任何事情都有两面性，塞翁失马，焉知非福？任何事情都是变化无常的，有时候好的事情会变坏，有的时候坏事情也会出现好的转机。要学会从乐观的角度来看待和接受所发生的事情。

从前，有一个国家，它的宰相总是觉得“一切都是最好的安排”，这让国王觉得又可笑又有些讨厌。有一天，国王准备外出，突然下起了大雨，这让国王非常扫兴。但是宰相说：“这是一件好事情，大雨过后的街道一定会被冲刷得很干净，国王您就可以享受清新的空气了。”

国王没说什么。

又一次，国王准备外出巡视时却遇到了酷热的天气，十分郁闷。这时宰相又对国王说：“这是一件好事情，在这么炎热的天气下出巡才能了解百姓的疾苦。”

国王忍着一股无名火没有发作。

后来，国王在检查猎具时，不小心被猎具斩断了一截手指。宰相居然也认为这是上天最好的安排，是一件好事情。

国王听后终于忍无可忍，立即把他打入大牢，并以一种幸灾乐祸的嘲讽口吻问宰相：“你认为这是一件好事情吗？你认为这也是最好的安排吗？”

没想到宰相居然说是，国王更加生气地告诉他：“好，既然你认为好，那你就继续在这里待着吧！”

过了两天，国王去打猎，不小心误入森林深处，被食人族捉住了。当晚，食人族准备了柴火，支起了大锅，准备烹饪国王。但是，当食人族清洗国王身体的时候却发现国王少了一根手指头，这在族内是大忌，因为他们认为不完整的动物是不祥之物。于是他们用特有的仪式把国王送出森林。

劫后余生的国王回国后做的第一件事情就是去牢里拜见宰相，他激动地说：“断了指头果真是一件好事情。”

过了一会儿他突然想起了什么，他问宰相：“难道我把你关在牢里这么多天也是好事情吗？”

宰相说：“当然是好事情了。陛下您想，如果我不在牢里，而是像以往那样陪同您去打猎，我们都会被食人族捉住。您会因为那个断指而保全性命，但我必死无疑，因为我很完整！”

国王终于开悟：任何事情都有两面性，你所接受的都是最好的安排。就像老子所说，“祸兮福之所倚，福兮祸之所伏”，坏事可以引出好的结果，好事也可以引出坏的结果。当你的事业遇到瓶颈的时候千万不要灰心丧气，要接受现实并想办法进行突破，因为这刚好就是你百尺竿头更进一步的大好机会；当你在工作中遭遇重大失败的时候千万不要情绪低迷，这是一个好事情，因为经验教训是一笔宝贵的财富，你会避免今后再犯此类的错误；当你与同事关系不好的时候，这也不是什么坏事情，因为这说明你该反省自己了，人只有不断反省才能不断成长进步。

总之，接受所有发生的事情吧，多点乐观精神，多把事情往好处想，不要让失意的事情来影响你的情绪，这样你会更加容易快乐，更加容易跨越所有阻碍与困难。

人生不可避免地要经历很多不如意的事情，很多事情也并不是我们自己可以自由选择的。在职场中生存，除了坚强、勇敢，还需要乐观，以使我们在面对任何事情的时候都能够百折不挠。

你的情绪从哪里来

每个人都知道情绪这个词，但是如果要具体解释这个词的意思，不是每个人都能解释清楚的。毛泽东曾说：“世上决没有无缘无故的爱，也没有无缘无故的恨。”情绪的变化往往是因为受到环境的变化而变化。

简单地说，所谓情绪是指个体受到某种刺激后所产生的一种身心激动状态。从心理学上说，情绪是身体对行为成功的可能性乃至必然性，在生理反应上的评价和体验。行为在身体动作上表现得越强，就说明其情绪越强，如喜就会手舞足蹈、怒就会咬牙切齿、忧就会茶饭不思、悲就会痛心疾首等，这些都是情绪在身体动作上的反应。

情绪状态的发生每个人都能够体验到，但是对其所引起的生理变化与行为却较难加以控制。人们处于某种情绪状态时，个人是可以感觉得到的，而且这种情绪状态是主观的。因为喜、怒、哀、乐等不同的情绪体验，只有当事人才能真正地感受到，别人固然可以通过察言观色去揣摩当事人的情绪，但并不能直接地了解和感受。

情绪经验的产生，虽然与个人的认知有关，但是在情绪状态下所伴随的生理变化与行为反应却是当事人无法控制的。情绪每个人都会有，心理学上把情绪分为四大类——喜、怒、哀、惧，再把它们细分为很多种，基本包括我们身上所发生的所有。

普通心理学认为：“情绪是指伴随着认知和意识过程产生的对外界事物的态度，是对客观事物和主体需求之间关系的反应，是以个体的愿望和需要为中介的一种心理活动。情绪包含情绪体验、情绪行为、情绪唤醒和对刺激物的认知等复杂成分。”

生理反应是情绪存在的必要条件，为了证明这一点，心理学家给那些不会产生恐惧和回避行为的心理病态者注射了肾上腺素，结果这些心理病态者和正常人一样产生了恐惧，学会了回避任务。

情绪与我们每个人的生活息息相关，情绪可以简单分为好的情绪和坏的情绪。好的情绪会为我们提供一种向上的力量，对我们的人生发挥促进作用；而坏的情绪则相反。当然，我们都想发挥好情绪的积极作用，避免坏情绪的负面作用。那么，情绪究竟是从哪里来的呢？关于这个问题的答案，总的来说有以下几种：

1. 生活方面的变动

生活方面的变动是情绪的主要来源之一。比如年底的时候，公司发给你一笔数目可观的奖金，你的第一反应必然是开心，内心充满喜悦；又或者在一次重要的会议上，你的笔记本电脑忽然没电了，你精心准备的PPT也无法展示，这时你的情绪一定是懊恼的；再比如期待中的假期即将到来、受伤、失业等，都是可以造成情绪变动的事件，这些事件令我们必须面对新的生活需求以及新的环境要求，从而导致情绪产生波动。

2. 自然事件

虽然我们普通人不会像林妹妹那样见落花流泪，

但是不可否认的是，自然条件的变化会给我们带来情绪上的改变。比如一连阴沉了几天的天气放晴了，我们的心情就会焕然一新；而自然灾害的发生对于受害者来说，必然是一件重大的情绪事件。而且，对于现场目击者、前往救援的人、救治医院的工作人员、受害者的亲友，以及从各种媒体听闻这件事的人来说，其情绪都会或大或小受到影响。

3. 长期的社会性情绪来源

当今社会的确存在比较多的情绪现象，比如生活空间过度拥挤、食品安全受到威胁、经济衰退、环境污染等。不过，要解决这些社会事件所造成的情绪问题，单靠个人的微薄之力是不够的，还需要借助整个社会的共同努力。

致力于研究身心成长的作家张德芬说过，天下能引发自己产生情绪的只有三件事：自己的事，别人的事，老天的事。关于这三件事，她有如下解释：

自己的事：诸如上不上班，吃什么东西，开不开心，结不结婚，要不要帮助别人……自己能安排的皆属之。

别人的事：诸如小张好吃懒做，小陈婚姻不幸福，老陈对我不满意，我帮助别人却不被感激……别人在主导的事情皆属之。

老天的事：诸如会不会下雨、地震、旱灾……人能力范围之外的事情，都属于老天爷的管辖范围。

人的情绪、烦恼就来自于：忘了自己的事，爱管别人的事，担心老天的事……所以要轻松自在很简单：打理好“自己的事”，不去管“别人的事”，不操心“老天的事”。如果真能做到如此，人还会有什么烦恼的情绪吗？

情绪的产生是由于个体受到某种刺激以后产生的身心激动状态。这种刺激可能来自生活中遇到的各种人或事，如故友重逢，仇人相见；嘈杂闹市，鲜花广场；考试试卷，缴费账单等。外界的任何事件都能引发我们喜怒哀乐各种情绪反应。情绪的产生还和我们的某些心理活动，如回忆、想象、联想，或者一些生理性刺激有关。所以，情绪是个体的深刻体验，我们能感受到它，却常常不能自如地控制它。

刺激是情绪产生的客观原因，需要能否获得满足决定情绪的性质和内容，主观认知是影响情绪的内在原因，了解了自己的情绪如何产生就能帮助我们进一步认识自己的情绪。

当我们完全理解和看透了自己的不良情绪时，如果能够再提出一些问题，不断地进行递进式提问，审视自己的内心，那么许多影响我们情绪的原因便会浮现出来。找到问题的症结之后，下一步的行动就会轻松很多。当然，对提出的问题通常有两项要求：深度和广度。这样，你才会更加真切和有力地看清自己情绪的核心。

无论是好是坏，情绪都有传染性

假如有一天，寝室里某一个成员情绪很好，或者情绪很坏，其他成员就会受到感染，产生相应的情绪反应，于是就形成了愉快、轻松或者沉闷、压抑的寝室氛围。

情绪的好与坏对一个人的影响是很大的。因为每一种情绪都犹如强大的病毒一样，很容易影响自己，继而传染他人。笑脸对人，回收的是笑脸；恶语对人，回收的是恶语；认真地对待生活，生活也会给你以真诚的回报。

有一只流浪狗，无意间闯进一间四壁都镶着玻璃镜的屋子。突然看到很多的狗同时出现，它大吃一惊，便龇牙咧嘴，发出阵阵低沉的吼声。而镜子里所有的狗看起来也十分生气，每只狗的脸上也出现怒吼的面孔。这只狗一看，简直吓坏了，不知所措，开始绕着屋子跑起来，一直跑到体力透支，倒地死亡。

其实，真正危害到这只狗的是自己的情绪，要是这只狗肯对镜子摇几下尾巴，情形就会完全改观，镜子里的狗必然会回报它以同样友善的举动。我们对待生活也是一样，镜子就如同他人一样，我们呈现出怎样的情绪，就会被怎样的情绪回馈。如果我们是喜悦的，我们传染他人的也同样是喜悦，大家一起心情舒畅；如果我们是悲伤的，我们传染给他人的也同样是悲伤，当悲伤聚集到一起的时候，我们的内心会因为承受不住巨大的压抑而濒临崩溃。

试着对你所处的恶劣环境，积极主动地表达心中的善意，情形必然会有所改善。在与陌生人交往中，我们常常会将一些不良情绪带给对方，使对方不是时不时地抱怨就是坐立不安。这时候我们与陌生人的交往就变得十分困难。

许多人都知道一些交际的心理知识和一些交际技巧，每当他们自信地和人打交道时，结果却因为自己不能保持良好的情绪而使人际交往的效果大打折扣。原因很简单，他们注意到了很多技巧性的东西，却忽略了自己的情绪，这些或紧张或烦躁或失落的情绪直接反映到一些细节上，例如双眼暗淡无神、不时地看手表、表情僵硬等，这些小细节都会给对方无聊、紧张、冷漠的心理暗示，在这种暗示的影响下，他们原本的情绪就会不自觉地被牵引，变得十分糟糕，进而对交往产生障碍。

当然，事物都有两面性，糟糕的情绪表现会破坏你和陌生人的交往，乐观积极的情绪又会感染对方。正确利用情绪效应，让它为你所用，就能帮你给别人留下很好的印象。

掌握自我情绪，对你的社交会有很大帮助。现代心理学研究发现，人的情绪有两个关键时刻，一是早起时，一是晚上就寝前。如果能把握好这两个情绪的关键时刻，在这两个时刻保持良好的心情，稳定自身情绪，就很容易获得一整天的好心情。

克服焦虑

石油公司的一些运货员偷偷地扣下了给客户的油而卖给了他人，而老板却毫不知情。有一天，来自政府的一个稽查员来找老板，说他掌握了老板的员工贩卖不法石油的证据，要检举他们。但是，如果他们贿赂他，给他一点钱，他就会放他们一马。老板非常不喜欢他的行为及态度。一方面老板觉得这是那些盗卖石油的员工的问题，与自己无关；但另一方面，法律又有规定“公司应该为员工行为负责”。另外，万一案子上了法庭，就会有媒体来炒作，名声传出去会毁了公司的生意。老板焦虑极了，开始生病，三天三夜无法入睡，一直在想：我到底应该怎么做才好呢？给那个人钱呢，还是不理他，随便他怎么做？

老板决定不了，每天担心，于是他问自己：如果不付钱的话，最坏的后果是什么呢？答案是：他的公司会垮，事业会被毁，但是他不会被关起来。然后呢？他也许要找个工作，其实也不坏。有些公司可能乐意雇用他，因为他很懂石油。至此，很有意思的是，他的焦虑开始减轻，然后他可以开始思考了，他也开始想解决的办法：除了上告或给他金钱之外，有没有其他的路？找律师呀，他可能有更好的点子。

第二天，老板就去见了律师。当天晚上他睡了个好觉。隔了几天，律师叫他去见地方检察官，并将整个情况告诉他。意外发生了，当老板讲完后，那个检察官说，我知道这件事，那个自称政府稽查员的人是一个通缉犯。老板心中的大石落了下来，这次经历使他永难忘怀。此后，每当他开始焦虑担心的时候，他就用此经验来帮助自己跳出焦虑。

情绪影响了你的行为

情绪是动机的前提，如果没有情绪就不可能产生动机。试想一下，如果你对某件事情根本没有注意，没有喜欢、讨厌、高兴、失望等情绪的产生，你就不会产生动机，更不会产生带有动机的行为了。

“有的时候，我很清楚自己所做的事只能让我变得更加痛苦。比如我会被窗外的某些噪声分散心神，但不知为何，那反而给了我更多时间去体会那一刻的恶劣心情，我很惊讶自己居然会变成这样。

“有一天，我躺在床上心情恶劣地翻动身体，晃动的一刹那让我想起了几分钟之前在被窝里的感觉——那种舒适和温暖，可以裹着温馨的被子和枕着柔软的枕头安睡的感觉。我意识到在那一刻，这个世界是美好的，但是这种感觉怎么会消失了呢？于是，我反复地对自己说，想这些事情完全没有用处。但是我立刻又对自己说，那么，为什么我总是想着这些事呢？然后我又开始了新一轮的思考，自己究竟出了什么问题。”

这是安琪在描述自己抑郁情绪时说的话。她明白自己对于悲伤事件的反应正是令她更痛苦的原因，她努力地想要改善状况——拼命地思索自己的思想出了什么问题——这样只会加剧她的悲伤情绪。

悲伤是人类自然的心理状态，是人与生俱来的一部分。我们既不用回避，也没有必要去摆脱它。问题的根源在于悲伤出现之后所发生的事。问题不在于悲伤本身，而在于之后我们对它的反应。

情绪是行动的信号，当情绪对我们说，某件事情不太对劲的时候，我们心里肯定会感到很不舒服。情绪的作用本来就应当如此。它是让我们采取行动的信号，督促我们做些什么来纠正情境的偏差。

如果这种信号没有让你感到不舒服，不能促使你采取行动的话，你还会在一辆快速驶来的卡车前面跳开吗？你还会看到有孩子被欺负时出手相助吗？你还会在看到厌恶的事物时掉头走开吗？只有当大脑的记录表明危机已经解除的时候，这种信号才会消退。

当情绪的信号表明问题就“在那里”——可能是一头怒气冲冲的斗牛或者大举压境的龙卷风——我们会立刻采取行动避免或者逃离这个场景。

大脑会调动一套自动化反应的程序来帮助我们处理危机，摆脱或者避免危险的侵袭。我们把这种最初的反应模式——也就是内心感到不安，想要逃避或者消除某样事物的反应——叫作厌恶。厌恶会迫使我们采取一些适当的措施来处理危机情境，进而把警报信号关掉。从这个层面上来说，它可以为我们所用，有时甚至可以救我们的性命。

但是，当情绪性反应指向“自我”——包括我们的想法、情绪以及自我意识的层面时，同样的反应就可能会造成完全相反的结果，甚至危及到我们的生命。没有人能够摆脱自身经验的追赶，也没有人能够通过威胁恐吓的方式把那些烦恼、郁闷和威胁性的想法和感受赶跑。

当我们对消极的想法和情绪采取厌恶的反应机制时，负责生理躲避、屈从或者防御性攻击的大脑环路（大脑的“逃避”系统）便被激活了。而这个环路一旦开启，身体就会像准备逃跑或者战斗时那样紧张起来。当我们的全副精力都用于如何摆脱悲伤或者厌恶情绪时，我们的所有反应都是退缩的。头脑被迫关注着这类摆脱情绪的无效工作，将自己彻底封闭了起来。于是，我们的生活经验也变得越来越窄，不知怎么的，就像被挤进了一个小盒子，我们的选择面也会变得越来越窄。你会渐渐感到和外界接触的可能性正在不断地被削减掉。

消极情绪是可怕的，它就像眼罩一样，蒙蔽了我们的双眼，让我们看不到正确的方向，从而走上错误的道路。

人人都有情绪周期

有时候，我们常常对突如其来的情绪感到莫名其妙：不知道自己为什么有时候会毫无来由地心情低落，做任何事情都没有兴致。其实，这都是我们的情绪在作怪，就像一年有春夏秋冬四季的变化一样，我们的情绪也有周期性变化。

情绪周期是指一个人的情绪高潮和低潮的交替过程所经历的时间。它反映出人体内部的周期性张弛规律，也称“情绪生物节律”。一个人如果处于情绪周期的高潮期，就表现出强烈的生命活力，对人和蔼可亲，感情丰富，做事认真，容易接受别人的规劝，具有心旷神怡之感；若处于情绪周期的低潮期，则容易急躁和发脾气，易产生反抗情绪，喜怒无常，常感到孤独与寂寞。

情绪周期就像是人生情感的天气预报一样，我们可以依据预报的提示安排好自己人生的节律。比如，情绪高涨的时候安排一些难度大、复杂而又棘手的任务，因为人在良好的情绪状态下迎接挑战可以淡化退缩情绪；而在情绪低落时就不要勉强自己，我们可以先做些简单的工作，也可以放下手头的事，出去走走，多参加一些娱乐活动，让身心得到及时的放松。如果有了烦恼的事情，要学着多向信任的亲人和朋友倾诉，我们要积极化解不良情绪，寻求心理上的支持，安全地度过情绪危险期。如果情绪低迷时还坚持做复杂而艰难的工作，不仅效率不高，还会增加失败意识，并严重打击自信。

了解情绪周期，适时调节自我情绪。

1. 情绪周期的一般规律

人的情绪周期一般为五周，也有的人较短或较长。科学研究表明，人的情绪周期是与生俱来的。从出生的第一天开始，一般28天为一个周期，周而复始。每个周期的前一半时间称为“高潮期”，后一半时间称为“低潮期”，而由高潮向低潮或由低潮向高潮过渡的时间称为“临界期”，一般是2～3天。

人的情绪总是从兴奋到抑制，从抑制再到兴奋，往复循环。一个人的情绪不可能一直处于低潮，也不可能一直高涨。以情绪为例，在高潮期内，人的精力充沛、心情愉快，一切活动都被愉悦的心境所笼罩；在临界期内，情绪很不稳定，机体各方面的协调性能较平时差，自我感觉特别不好，健康水平下降，心情烦躁，容易莫名其妙地发火，在活动中容易发生事

故；而在低潮期内，情绪低落，反应迟钝，一切活动都被一种抑郁的心境所笼罩。

2. 女人情绪周期的表现

女人行经前的一个星期左右及行经期间，身体通常会感到不舒适，或出现种种毛病，例如腹胀、便秘、肌肉关节痛、食欲增加、容易疲倦、长粉刺暗疮、胸部胀痛、头痛、体重增加等；有些女性还会显得沮丧、神经质及容易发脾气等。

以上种种与经期有关的症状，医学上称之为“经前症候群”。形成的原因有很多，主要是跟体内的荷尔蒙变化有关。一旦体内的激乳素、雌激素、肾上腺素等荷尔蒙出现了变化，会立刻影响到心理情绪及生理上的改变。建议你在日历上记下你的情绪周期，一旦出现忧郁、焦躁不安、想发脾气的时候，立即看看是否情绪周期出现了。

3. 男人情绪周期的表现

说到女人的情绪周期，可能所有人都会很认同，可是男人也有情绪周期吗？答案是肯定的。男人周期性的情绪低潮其实是一种正常的现象，是一种生物节律变化，也是男性机体激素水平变化的结果，是有规律可循的。专家解释说，人的生长、发育、体力、智能、心跳、呼吸、消化、泌尿、睡眠乃至人的情绪无一不受体内生物节律的控制。只不过有的人节律明显，有的人不明显。

据国外一些研究显示，男人的情绪节律周期影响着男人的创造力和对事物的敏感性、理解力，以及情感、精神、心理方面的一些机能。在“情绪高潮”期，他往往表现得精神焕发、谈笑风生；在“情绪低潮”期，他又变得情绪低落、心情烦闷、脾气暴躁。有趣的是，目前流传一种说法：男人“例假”也会受自己爱人例假周期的影响。还有一种说法称，男人“例假”还受月亮潮汐现象、天气变化的影响。

另外，工作和生活环境也是影响男人情绪周期的重要因素，长时间的紧张工作和不规律的生活也会带来情绪上的压抑，要是不能及时宣泄出来，到达一定程度时会不自觉地转化为急躁、烦闷。对于感情来说，情绪周期在男人身上的表现可以总结为一个过程：亲密——疏远——亲密。对于理解男人感情的“情绪周期”，有个生动的比喻：男人就像“橡皮筋”，将橡皮筋拉长，只要没超过弹性限度，一松手，立刻就会反弹回来。典型而常见的情形是：起初他对你爱意绵绵，你对他信任有加；忽然间，男人显得烦躁不安，六神无主，他开始疏远你，他不愿与你聊天，甚至不理不睬；一段时间以后，他才恢复常态，再次对你亲热起来。此时，橡皮筋自动反弹回来了。之所以逃避，是男人潜意识里要满足“独处”和“反省”的需要。一段时间的逃避之后，男人就又会强烈地渴望爱，留恋亲密的感觉。

掌握了自己的情绪周期，就应该将其应用于我们的日常生活之中。遇上低潮和临界期，我们要提高警惕，运用意志加强自我控制。也可以把自己的情绪周期告诉自己最亲密的人，让他能提醒我们，帮助我们克服不良情绪。

对自己的情绪负责

如果有人问你，你能对自己的情绪负责吗，你可能会说："情绪怎么能随便控制呢？"有高兴事就乐，有伤心事就悲，这是人之常情。

凯斯特是一名普通的汽车修理工，生活虽然勉强过得去，但离自己的理想还差得很远，他希望能够换一份待遇更好的工作。有一次，他听说底特律一家汽车维修公司在招工，便决定去试试。他星期日下午到达底特律，面试的时间是在星期一。吃过晚饭，他独自坐在旅馆的房间中，想了很多，把自己经历过的事情都在脑海中回忆了一遍。突然间，他感到一种莫名的烦恼：自己并不是一个智商低下的人，为什么至今依然一无所成、毫无出息呢？

他取出纸和笔，写下了4位自己认识多年、薪水比自己高、工作比自己好的朋友的名字。其中两位曾是他的邻居，已经搬到高级住宅区去了；另外两位是他以前的老板。他扪心自问：与这4个人相比，除了工作以外，自己还有什么地方不如他们呢？是聪明才智吗？凭良心说，他们实在不比自己高明多少。

经过很长时间的反思，他终于悟出了问题的症结——自己性格情绪的缺陷。在这一方面，他不得不承认自己比他们差了一大截。

虽然已是深夜3点钟了，但他却出奇地清醒。他觉得自己第一次看清了自己，发现过去很多时候自己都不能控制自己的情绪，如爱冲动、自卑、不能平等地与人交往，等等。

整个晚上，他都坐在那儿自我检讨。他发现自从懂事以来，自己就是一个极不自信、妄自菲薄、不思进取、得过且过的人，他总是认为自己无法成功，也从不认为能够改变自己的性格缺陷。

于是，他痛下决心：自此而后，决不再有不如别人的想法，决不再自贬身价，一定要完善自己的情绪和性格，弥补自己在这方面的不足。

第二天早晨，他满怀自信地前去面试，顺利地被录用了。在他看来，之所以能得到那份工作，与前一晚的感悟以及重新树立起的这份自信不无关系。

在底特律工作了两年后，凯斯特逐渐建立起了好名声，人人都认为他是一个乐观、机智、主动、热情的人。在后来的经济不景气中，每个人的情绪都受到了考验，很多人都倒在了情绪面前。而此时，凯斯特却成了同行业中少数有生意可做的人之一。公司进行重组时，分给了凯斯特可观的股份，并且给他加了薪水。

成功不仅来自于才能，也来自于情绪的完善。如果没有情绪的完善，才能的发挥将大打折扣。这个世界上，成功的“天才”太少，而被宠爱坏了的“天才”却太多。很多有才能的人往往对自己的才能过于自负，而忽略了对情商的培养。他们不善于与人沟通，在面对困难与打击时，不能有效控制自己的情绪，不时抱怨自己“怀才不遇”，结果落得个一事无成。

美国心理学家南迪·内森指出：一般人的一生平均有3/10的时间处于情绪不佳的状态，每个人都不可避免地要与消极情绪作持久的斗争。

弱者听任情绪控制行为，强者则控制情绪。关上通往恐惧和担忧之门，你就有机会打开希望和信心之门。不要让心中藏有任何消极的记忆，也不要把时间浪费在无法改变的事情上。

你必须给自己定一个目标：“今天，甚至现在，我一定要控制自己的情绪。”你不妨从下面这些做起：

1. 多看美好的一面

调节情绪与控制相机镜头是一样的。假如你把镜头对准垃圾，就会留下垃圾的画面；假如你把镜头对准鲜花，就会留下美丽花朵的画面。情绪也是如此，总是看积极的方面，就会产生乐观的情绪；如果总是看消极的方面，就会产生悲观的情绪。

2. 适当的情绪宣泄

找知心朋友释放一下自己的委屈、忧愁、牢骚和怨恨等不快。有时候，情绪一旦宣泄出来，就烟消云散了，而压抑反而会使不良情绪越积越多。

3. 不要苛求

现代人对自己的要求越来越高，对环境的要求也越来越高，这就导致对自己不满，对环境也不满。我们要理性地看待自己，适当地原谅自己。

4. 转换思维的角度

所有的绊脚石都是垫脚石，就看你怎么对待它。创痛能教导我们某些事情，使我们学到安逸状态下学不到的东西。创痛能帮我们克服困难，发现自身的力量。强者善于运用失败与挫折，使其转化为成功的动力。

人之所以会产生不良情绪，很多时候是因为我们把问题极度扩大化了。其实，这个世界只有两种问题：一种是能解决的问题；另一种就是无法解决的问题。所以，你应该立刻以最实际的办法，着手解决你能解决的问题；至于那些你无法解决的问题，立刻忘掉它吧。

比如，当你错失了一次本该抓住的晋升机会，一开始你会暴跳如雷，进而你又悲观失落，甚至觉得自己的一生都没指望了。但实际上，你根本不需要如此。你失去的仅仅是一次小小的晋升机会而已，你要知道，当造物主为你关上一扇门时，又悄悄为你打开了另一扇窗。不要放大消极情绪，不要听任情绪的发展，你应该做的，只是把这次晋升忘掉，开动你的创新思维，去争取更广阔的发展空间。

观察自己的情绪

善于观察自己的情绪，并能对自己的情绪有相当的了解，是我们快乐生活的保证。如果我们对自己的情绪总是感到猝不及防，我们的生活也必会遭到不良情绪的破坏，进而弄得一团糟。

芬妮是一个脾气暴躁、情绪容易激动的女孩儿，经常因为小事和别人吵架，她的人际关系因此愈来愈紧张，最后，男友也难以忍受她的坏脾气，和她分手了。直到有一天，她觉得自己已经处于崩溃的边缘，她打电话向她的一个朋友詹森求救。詹森向她保证："芬妮，我知道现在对你来说是有点糟，可是只要经过适当的指引，一切都会好转。听我说，你现在要做的第一件事就是让自己安静下来，好好地享受一下宁静的生活。"

听了詹森的话，芬妮开始试着放弃先前忙碌的生活，好好地放松自己，给自己放了一个长假。当她的情绪稳定了一段时间之后，詹森又给了她新的建议："在你发脾气之前，先想一想，究竟是哪一点触动了你，让你有那么大的情绪。你可以选择两种方式进行思考：一种是让每件事情都在脑海里剧烈地翻搅；另一种则是顺其自然，让思想自己去决定。"

詹森说着，从抽屉里拿出两个透明的刻度瓶，然后分别装了一半刻度的清水，随后又拿出了两个塑料袋。芬妮打开来一看，发现分别是白色和蓝色的玻璃球。詹森说："当你生气的时候，就把一颗蓝色的玻璃球放到左边的刻度瓶里；当你克制

住自己的时候，就把一颗白色的玻璃球放到右边的刻度瓶里。你要记住，关键是你要学会控制自己的情绪，如果你不试着控制自己的情绪，你会继续把你的生活搞得一团糟。”

此后的一段时间内，芬妮一直照着詹森的建议去做。后来，在詹森的一次造访中，两个人把两个瓶中的玻璃球都捞了出来。他们同时发现，那个放蓝色玻璃球的水变成了蓝色。

原来，这些蓝色玻璃球是詹森把水性蓝色涂料染到白色玻璃球上做成的，这些玻璃球放到水中后，蓝色染料溶解到水中，水就变成了蓝色。詹森借机对芬妮说：“你看，原来的清水投入‘坏脾气’后，也被污染了。你的言语举止是会感染别人的，就像这玻璃球一样。所以，当你心情不好的时候，一定要控制自己。否则，坏脾气一旦投射到别人身上，就会对别人造成伤害，再也不能恢复到以前。”

芬妮后来发现，当她按照詹森的建议去做时，她再也不会有头脑烦乱的时候了，事情也很容易就理出头绪。在此之前，她的心里早已容不下任何新的想法和三思而后行的念头，已经形成了一种忧虑的习性，这些让她恐惧慌乱而情绪化。

当詹森再次造访的时候，两个人又惊喜地发现，那个放白色玻璃球的刻度瓶竟然溢出水来了，看来芬妮对自己的克制成效不小。慢慢地，芬妮已学会把自己当成一个思想的旁观者，来看清自己的意念，一旦有了不好的想法就很快发现，想法失控的时候就及时制止。这样持续了一年，她逐渐能够信任自己并且静观其变，生活也步入正轨，并得到了一位优秀男士的爱，美好在她的生活中渐渐展现。

在生活中，我们有时也会像芬妮一样，被自己的坏情绪所左右，这是一件很危险的事情。生活中总会有不如意的事，当你要发脾气的时候，应该做的第一件事就是尽量让自己安静和放松下来，想一想目前出现了什么情况，而不是顺其自然地让脾气发作，被情绪牵着走。

主观体验是和相应的表情模式联系在一起的，如愉快的体验必然伴随喜形于色或手舞足蹈。生理唤醒则指情绪产生时的生理反应，它是一种生理的激活水平。不同情绪的生理反应模式是不一样的。比如愉快时心跳节律正常；恐惧时心跳加速、血压升高、呼吸频率增加，甚至出现停顿。因此，我们要学会观察自己的情绪，在坏情绪还没有爆发之前，将它化解掉，这对我们的生活会有很大的改善。

情绪平衡时，你才是充满能量的人

情绪是一种能力。在生活中，我们拥有很多能力，在很多事情上，我们都有自信、勇气、冲动，或者是冷静、轻松、悠闲，或者是坚定、决心，也或者是创造力、幽默感，更或者是敢冒险、灵活、随机应变……所有这些能力，细想一下，我们就会发现这些都来自一份感觉，一份内心里的感觉。而这份感觉就是情绪，情绪可以支配我们的自身资源，发挥这些资源的最大潜能。

我们每时每刻都在感受着情绪。比如，观看一场扣人心弦的体育比赛会使人产生兴奋和紧张，失去亲人会带来痛苦和悲伤，完成一项任务或工作后会感到喜悦和轻松，受到挫折时会悲观和沮丧，遭遇危险时会出现恐惧感，面对敌人的挑衅时会产生压抑不住的愤怒，在工作不称心时会产生不满，在美好的期望未变成现实时会出现失落感，而在面临紧迫的任务时会感到焦虑。这些感受上的各种变化就是我们通常所说的情绪。

当一个人受到批评时，可能会出现悲伤、沮丧、不满等情绪；当一个人获得成功时，一般会产生兴奋、欢快、喜悦、满足等情绪。我们已经知道了情绪是很复杂的，人类有数百种情绪，其间又有无数的混合变化与细微差别，情绪之复杂远非语言能及。

情绪首先表现为肯定和否定的对立性质，也就是情绪具有两极性，如满意和不满意、愉快和悲伤、爱和憎，等等。而每种相反的情绪中间，存在着许多程度上的差别，表现为情绪的多样化形式。处于两极的对立情绪，可以在同一事件中同时或相继出现。例如，儿子在战争中牺牲了，父母既体验着英雄为国捐躯的荣誉感，又深切感受着失去亲人的悲伤。

情绪的能量也分正负极：一种是积极的，一种是消极的。积极、愉快的情绪使人充满信心，努力工作；消极的情绪则会降低人的行动能力，如悲伤、郁闷等。消极情绪不仅影响自己的表情和理智，也会影响他人对你的看法。

然而，对于不同的人，同一种情绪可能同时具有积极和消极的作用。例如，恐惧会引起紧张，抑制人的行动，减弱人的神志，但也可能调动他的精力，向危险挑战。

每一种情绪都有其对立面，比如：

1. 激动和平静

激动的情绪表现强烈、短暂，然而可能是爆发式的，如激愤、狂喜、绝望。人在多数情景下处在安静的情绪状态，在这种状态下，人能从事持续的智力活动。

2. 紧张和轻松

紧张决定于环境情景的影响，如客观情况赋予人的需要的急迫性、重要性等，也决定于人的心理状态，如活动的准备状态、注意力的集中、脑力活动的紧张性等。一般来说，紧张与活动的积极状态相联系，它引起人的应激活动。但过度的紧张也可能引起抑制，引起行动的瓦解和精神的疲惫。

情绪是很不稳定的，经常呈现出从弱到强，或由强到弱的变化，如从微弱的不安到强烈的激动，从快乐到狂喜，从微愠到暴怒，从担心到恐惧，等等。情绪的强度越大，整个自我被情绪卷入的趋向越大。不同的情绪表现形式，能够成为度量情绪的尺度，如情绪的强度、情绪的紧张度、情绪的激动程度、情绪的快感程度、情绪的复杂程度等。

情绪的稳固程度和变化情况，就是情绪的稳固性。情绪的稳固性与情绪的深度也是密切联系着的。深厚的情绪是稳固持久的；浅薄的情绪即使很强烈，也总是短暂的、变化无常的。

情绪不稳固首先表现在心境的变化无常上。情绪不稳固的人，情绪变化非常快，一种情绪很容易被另一种情绪所取代，人们经常用“喜怒无常”“爱闹情绪”等来形容；其次还表现在情绪强度的迅速减弱上，这类人开始时往往情绪高涨，但很快就冷淡下来，人们经常用“转瞬即逝”“三分钟热度”来形容他们。

情绪的稳固性是性格成熟的标志之一，稳固的情绪是获取良好人际关系的重要条件，也是取得工作成绩和人生成功的重要条件。

情绪对人的生活能发生作用，这就是情绪的效能。情绪效能高的人，能够把任何情绪都化为动力，愉快、乐观的情绪可以促使人们积极工作，即使是悲伤的情绪也能促使他“化悲痛为力量”。情绪效能低的人，有时虽然也有很强烈的情绪体验，但仅仅停留在体验上，不能付诸行动。

愉快、乐观等积极性情绪使人陶醉于这种氛围中，从而延迟、停止、放弃行动；悲伤、抑郁的情绪则使其不能自拔，也使其延迟、停止、放弃行动。

人的情绪与智力有密切关系，没有智力的人很难说情绪是什么样的。所以，情绪也是智力活动的结果，人们很难找到没有智力的人的情绪。

情绪占据了人类精神世界的核心地位。在任何时候，人们都不会忽视情绪的力量。著名的“泰坦尼克”号沉没的时候，年老的船长平静地留在轮船上，安心地面对死亡，他的行为感染了许多人，致使这些人在大灾难和即将来临的死亡面前表现得异常镇静，这充分显示了情绪在人类生活中的重要性。

了解了情绪的正负能量所带来的巨大作用，我们就应该意识到情绪对我们人生的影响。平衡自我情绪，不要被情绪冲昏头脑，才是我们获取情绪能量的法宝。

第十篇

成功时看得起别人，失败时看得起自己

放低心态才能走稳脚下路

生活中总是存在这样那样的规则，不会因为我们没有察觉就消失，更不会因为我们的无知就轻而易举地放过我们。因此我们要步步留神，一旦你一不小心碰触了这些隐蔽的雷区，等待你的也许就是毁灭性的打击。

孙兴是一个名牌大学毕业生，他到一家大公司去应聘，被录用了。而后，他主动找到公司人事主管，说自己不怕苦累，只是希望能到挣钱多的岗位上工作。原因是他是农村来的大学生，几年大学下来，花光了家里的所有积蓄不算，还欠了不少外债。人事主管很同情他，把他分配到了营销部当推销员。因为这家公司生产的健身器材很畅销，推销员都是按销售业绩计算收入，因此尽管孙兴是个新手，但他吃苦耐劳、聪颖好学，一年下来，得到的薪金比其他部门的员工多出好几倍。由此，他也就下定决心在营销部干下去。

时间长了，他渐渐发现了营销部里一些工作上的疏漏，管理也不规范。因此，他除了不断加强与客户的联系外，还把心思用到了营销部的管理上，经常向经理提出一些意见，希望凭借自己的才能得到上司的赏识。对此，经理总是回答说："你提出的意见很好，可我现在实在太忙了，抽不开身，改进工作等以后再慢慢来吧。"经过几次和经理谈话，孙兴发现一个秘密，那就是营销部墙上的组织结构图表中有副经理一职，可他到营销部已近半年，却从未见过副经理，难怪部里有些工作无人管理呢。

随后，孙兴通过打听了解到，营销部副经理的薪金高过推销员好几倍。于是，他萌发了担任营销部副经理一职的想法。想了就干，“初生牛犊不怕虎”，有抱负又何惧众所周知？于是在一次营销部全体员工会议上，他坦陈了自己的想法，经理当众表扬并肯定了他。可没想到，自那次会议后，孙兴的处境却越来越被动了。他初来乍到，并不知道那个副经理之职已有许多人在暗中等待和争夺，迟迟没有定下来的原因就在于此。而孙兴的到来，开始并未引起人们的关注，因他只是个“小雏”，羽翼未丰，不足刮目。但时间一长，他频频问鼎此事，又加之他有学历，人们便感到他的威胁了。这次他又公然要争这个职位，无疑是捅了马蜂窝，大家越看他越觉得可恶。一时间，控告他的材料堆满了经理的办公桌，如“孙兴不讲内部规定踩了我客户的点”“他泄露了我们的价格底线”“他抢了我正在谈判中的生意”……这些控告中的任何一项都是一个推销员所承受不了的。于是，为了安定部里的情绪，不致影响营销

任务，经理与人事部门商定，一纸通牒令下，让孙兴“心不甘，情不愿”地离开了该公司。

孙兴的遭遇对于当代许多人来说，实在是一堂生动的教育课。是的，“志当存高远”，一个年轻人，志向就应该远大高尚。但是，如果自恃有远大抱负就目空一切、咄咄逼人，那只会招来更多人的厌恶、鄙视和攻击。失去了别人的支持和帮助，再大的志向、再高的才能又有什么用呢？倒不如把这些高远的志愿埋在心里，低调做人，平和行事。这样避免了纷争，反倒更利于立身、处世。

低调处世有益于养精蓄锐

毋庸置疑，这个社会上没有哪个人是天生就自甘平庸的，谁都希望自己能“举世瞩目”“风采照人”。然而，要充分展示自我，受人认可，没有足够的资本是不可能梦想成真的。人们常说“想人前显贵，须得人后受罪”“台上一分钟，台下十年功”，没有“背后”和“台下”的低调历练，又哪来的“一飞冲天”“一鸣惊人”呢？

北京有一家非常有名的中外合资公司，前往求职的人如过江之鲫，但由于其用人条件极为苛刻，求职者被录用的比例很小。那年，从某名牌高校毕业的小李非常渴望进入该公司。于是，他给公司总经理寄去了一封短笺，结果很快他就被录用了。原来，打动该公司老总的不是他的学历，而是他那特别的求职条件——请求随便给他安排一份工作，无论多苦多累，他只拿做同样工作的其他员工4/5的薪水，但保证工作做得比别人更出色。

进入公司后，他果然干得很出色，于是公司主动提出给他满薪。但他却始终坚持最初的承诺，比做同样工作的员工少拿1/5的薪水。

后来，因受所隶属的集团经营决策失误影响，公司要裁减部分员工，很多员工因此失业了。而小李非但没有下岗，反而被提升为部门的经理。这时，他仍主动提出少拿1/5的薪水，但他工作依然兢兢业业，是公司业绩最突出的部门经理。

后来，公司准备给他升职，并明确表示不让他再少拿薪水，还允诺给他相当诱人的奖金。面对如此优厚的待遇，他没有受宠若惊，反而出人意料地提出了辞呈，转而加盟了各方面条件均很一般的另一家公司。

很快，他就凭着自己非凡的经营才干赢得了新加盟公司上下一致的信赖，被推选为公司总经理，当之无愧地拿到一份远远高于那家合资公司的报酬。

当有人追问他当年为何坚持少拿1/5的薪水时，他微笑道："其实我并没有少拿一分的薪水，我只不过是先付了一点儿学费而已。我今天的成功，很大程度上取决于在那家公司里学到的经验……"

高目标必须以低调为基点，这好比弹簧，压得越低，则弹得越高。只有安于低调、乐于低调，在低调中蓄养势力，才能获取更大的发展。小李的经历也正好说明了这一点：他通过自降身价来获取经验，当他的"翅膀"足够强硬时，他便毫不迟疑地为自己谋求到了更高、更精彩的人生舞台。那么，每一位想展翅高飞的人士是不是都应该这样呢？

上得越高则可能跌得越重

一个久握重权、身居高位的人，一旦跌下来，就会惨不可言，即使想成为平民百姓、过贫苦的生活都不可能。其实权力和富贵都是双刃剑，控制得宜便身享荣华，否则大祸立至，先前所拥有和享受的，也正是转头来毁掉自己的。

《鹤林玉露》记载，南宋的韩侂胄在任南海尉时，曾聘用了一个贤明的书生，韩侂胄对他十分信任。韩侂胄升迁后，两人就断了联系。

一天，那位书生忽然来到韩府，求见韩侂胄。韩侂胄见到他十分高兴，要他留下做幕僚，给他丰厚的待遇。这位书生虽无意仕途，但无奈韩侂胄执意不放他走，所以他只好答应留下一段时日。

韩侂胄视这位书生为心腹，与他几乎无话不谈。不久，书生就提出要走，韩侂胄见他去意甚坚，无法挽留，便答应了，并设宴为他饯行。两人一边喝酒，一边回忆在南海共事的情景，相谈甚欢。到了半夜，韩侂胄屏退左右，把座位移到这位书生的面前，问他："我现在掌握国政，谋求国家中兴，外面的舆论怎么说？"

这位书生长叹一声，端起一杯酒一饮而尽，然后叹息着说："平章（指地方高级长官，旧称）家族如今深患灭顶之灾，我还有什么好说的呢？”

韩侂胄问：“何以见得呢？”

这位书生用疑惑的眼光看了韩侂胄一下，摇了摇头，似乎为韩侂胄至今毫无察觉感到奇怪：“危险昭然若揭，平章为何视而不见？册立皇后，您袖手旁观，皇后肯定对您怀恨在心；确立皇太子，您也并未出力，皇太子怎能不仇恨您；朱熹、彭龟年、赵汝愚等一批理学家被时人称作贤人君子，而您欲把他们撤职流放，士大夫们肯定对您深恶痛绝；您积极主张北伐，倒没有不妥之处，但战争中我军伤亡颇重，三军将士的白骨遗弃在各个战场上，全国到处都能听到阵亡将士亲人的哀哭声，这样一来军中将士难免要怨恨您；北伐的准备使内地老百姓承受了沉重的军费负担，贫苦人几乎无法生存，所以普天下的老百姓也会归罪于您。试问，您以一己之身怎能担当起这么多的怨气仇恨呢？”

韩侂胄听了大惊失色，汗如雨下，惶恐了许久才问：“你我名为上下级，实际上我待你亲如手足，你能见死不救吗？你一定要教我一个自救的办法！”

这位书生再三推辞，韩侂胄哪里肯依，固执地追问不已。这位书生最后才说：“办法倒是有一个，但我恐怕说了也是白说。”

书生诚恳地说：“我亦衷心希望平章您这次能采纳我的建议！当今的皇上倒还洒脱，并不十分贪恋君位。如果您迅速为皇太子设立东宫建制，然后以昔日尧、舜、禹禅让的故事劝说皇上及早把大位传给皇太子，那么，皇太子就会由仇视您转变为感激您了。太子一旦即位，皇后就被尊为皇太后。那时，即使她还怨恨您，也无力再报复您了。然后，您就可以趁着辅佐新君的机会刷新司政。您要追封在流放中死去的贤人君子，抚恤他们的家属，并把活着的人召回朝中，加以重用。这样，您和士大夫们就重归于好了。您还要安定边疆，不要轻举妄动，并重重犒赏全军将士、厚恤死者，这样就能消除与军队间的隔阂。您还要削减政府开支，减轻赋税，尤其要罢除以军费为名加在百姓头上的各种苛捐杂税，使老百姓尝到起死回生的快乐。这样，老百姓就会称颂您。最后，你再选择一位当代的大儒，把职位交给他，自己告老还家。您若做到这些，或许可以转危为安、变祸为福。”

但可惜，韩侂胄一来贪恋权位，不肯让贤退位；二来他北伐中原、统一天下的雄心尚未消失；三来他怀抱侥幸心理，认为自己绝对不会如此背运。所以，他明知自己处境危险，却仍不肯急流勇退。他只是把这个书生强行留在自己身边，以便及时应变。这位书生见韩侂胄不可救药，为免受池鱼之殃，没多久就离去了。

后来，韩侂胄发动的“开禧北伐”遭到惨败。南宋被迫向北方的金国求和，金国则把追究首谋北伐的“罪责”作为议和的条件之一。宋开禧三年(1207)，在朝野中极为孤立的韩侂胄被杀害。后来，又被凿开棺木，割下头颅，他的首级被装在匣子里送到了金国。那位书生的话应验了。

权势到手，确实令人身价百倍，也实在

可以令人荣华富贵、风光无限。但是稍有不慎，大难临头，权力旁落，后果也就自然连普通百姓都不如。他们由于权力达到了极点，从而给自己和家人带来了极大的灾祸。

因此，“盛时当作衰时想，上场当念下场时”，在志得意满时，一定要能够安于低调。用低调屏障保护自己，这样才能避免灾难性的后果。

调整心态，走出困境

美国从事个性分析的专家罗伯特·菲力浦有一次在办公室接待了一个因自己开办的企业倒闭、负债累累、离开妻女到处为家的流浪者。那人进门打招呼说：“我来这儿，是想见见这本书的作者。”说着，他从口袋中拿出一本名为《自信心》的书，那是罗伯特许多年前写的。流浪者继续说：“一定是命运之神在昨天下午把这本书放入我的口袋中的，因为我当时决定跳到密歇根湖，了此残生。我已经看破一切，认为一切已至绝望，所有的人（包括上帝在内）已经抛弃了我，但还好，我看到了这本书，使我产生新的看法，为我带来了勇气及希望，并支持我度过昨天晚上。我已下定决心，只要我能见到这本书的作者，他一定能协助我再度站起来。现在，我来了，我想知道你能替我这样的人做些什么。”

在他说话的时候，罗伯特从头到脚打量流浪者，发现他茫然的眼神、沮丧的皱纹、十来天未刮的胡须，以及紧张的神态，这一切都显示，他几乎无可救药了。但罗伯特不忍心对他这样说，因此请他坐下，要他把他的故事完完整整地说出来。

听完流浪汉的故事，罗伯特想了想，说：“虽然我没有办法帮助你，但如果你愿意的话，我可以介绍你去见本大楼的一个人，他可以帮助你赚回你所损失的钱，并且协助你东山再起。”罗伯特刚说完，流浪汉立刻跳了起来，抓住他的手，说道：“看在上天的分上，请带我去见这个人。”

他会为了“上天的分上”而如此要求，显示他心中仍然存在着一丝希望。所以，罗伯特拉着他的手，引导他来到从事个性分析的心理实验室里，和他一起站在一块布帘之前。罗伯特把布帘拉开，露出一面高大的镜子，罗伯特指着镜子里的流浪汉说：“就是这个人。在这世界上，只有一个人能够使你东山再起，除非你坐下来，彻底认识这个人——当作你从前并未认识他——否则，你只能跳进密歇根湖里，因为在你对这个人作充分的认识之前，对于你自己或这个世界来说，你都将是一个没有任何价值的废物。”

他朝着镜子走了几步，用手摸摸他长满胡须的脸孔，对着镜子里的人从头到脚打量了几分钟，然后后退几步，低下头，开始哭泣起来。过了一会儿后，罗伯特领他走出电梯间，送他离去。

几天后，罗伯特在街上碰到了这个人，他不再是一个流浪汉形象，他西装革履，步伐轻快有力，头抬得高高的，原来那种衰老、不安、紧张的姿态已经消失不见。他说，他感谢罗伯特先生，让他找回了自己，并很快找到了工作。

后来，那个人真的东山再起，成为芝加哥的富翁。

修身立德，道路将越走越宽

“诚信”就是诚实守信，“诚”和“信”二者的含义在本质上是相通的。许慎在《说文解字》中说：“诚，信也。”又说：“信，诚也。”二者互训。诚信的主要内容是既不自欺，亦不欺人，它包含着忠诚于自己和诚实地对待别人的双重意义。宋代著名的理学家周敦颐就把“诚”说成是“五常之本，百行之源”。

《礼记·大学》中说：“诚其意者，毋自欺也。”朱熹也说：“诚者何？不自欺、不妄之谓也。”

对个人而言，诚信就是要真心实意地加强个人的道德修养，存善去恶，言行一致，表里如一，对他人不存诈伪之心，不说假话，不办假事，开诚布公，以诚相待。一个人只有具备既不自欺又不欺人的优良品质，才能与他人建立和谐的人际关系。所以孟子说：“诚者，天之道也；思诚者，人之道也。”他还指出，诚实才能打动人，即“至诚而不动者，未之有也；不诚，未有能动者也”。对此，后人也多有阐释。杜恕说：“君臣有义矣，不诚则不能相临；父子有礼矣，不诚则疏；夫妇有恩矣，不诚则离。”《河南程氏遗书》卷二十五则有这样的话：“学者不可以不诚，不诚无以为善，不诚无以为君子。修学不以诚，则学杂；为事不以诚，则事败；自谋不以诚，则是欺自心而自弃其志；与人不以诚，则是丧其德而增人之怨。”司马光认为：“君子所以感人者，其唯诚乎！欺人者，不旋踵人必知之；感人者，益久而人益信之。”

古人甚至认为诚信是“天之道也”，说：“唯天下至诚，为能经纶天下之大经，立天下之大本，知天地之化育。”正如通常人们所说的“至诚通天”“精诚所至，金石为开”。

“诚”如此神通广大，因而人们必须去把握它，并用它去规范自己的一切行为。否则，“不诚无物”，就会什么也干不成，什么也不会有。不诚，国家不会有忠臣孝子和清官廉吏；不诚，个人也不会有贞朋谅友。而如果言行不一，甚至虚伪奸诈，则必然会形影相吊，缺乏良好的人际关系。

诚信为天下第一品牌。以诚待人，是成大事者的基本做人准则。做人做事，都要讲“诚信”二字，养成诚实守信的习惯，才能获得成功的青睐。

1819年，摩根成为一家名叫“伊特纳火灾”的小保险公司的股东。因为这家公司不用马上拿出现金，只需在股东名册上签上名字就可成为股东，这符合摩根没有现金但却能获益的设想。

1835年，有一家在伊特纳火灾保险公司投保的客户发生了火灾。如果按照规定完全付清赔偿金，保险公司就会破产。这一来，股东们一个个惊慌失措，纷纷要求退股。

摩根斟酌再三，认为自己的信誉比金钱更重要，于是他四处筹款，并卖掉了自己的住房，低价收购了所有要求退股的股东们的股票，然后他将赔偿金如数付给了投保的客户。

这件事过后，伊特纳火灾保险公司有了信誉的保证。

已经身无分文的摩根成为保险公司的所有者，但保险公司却已经濒临破产。无奈之中他打出广告：本公司为偿付保险金

已竭尽所能，所以从现在开始，凡是再到本公司投保的客户，保险金一律加倍收取。

不料客户很快蜂拥而至。原来在很多人的心目中，伊特纳公司是最讲信誉的保险公司，这一点使它比许多有名的大保险公司更受欢迎。伊特纳火灾保险公司从此崛起。

过了许多年之后，摩根的公司已成为华尔街的主宰，而当年的摩根先生正是美国亿万富翁摩根家族的奠基人。其实成就摩根家族的并不仅仅是一场火灾，而是比金钱更有价值的信誉。

诚是一个人立足的根本，待人以诚，就是信义为要。荀子说："天地为大矣，不诚则不能化万物；圣人为智矣，不诚则不能化万民；父子为亲矣，不诚则疏；君上为尊矣，不诚则卑。"诚能化万物，也就是所谓的"诚则灵"，这正说明了诚的重要性。相反，心不诚则不灵，行则不通，事则不成。一个心灵丑恶、为人虚伪的人根本无法取得人们的信任。明人朱舜水说得更直接："修身处世，一诚之外更无余事。故曰：'君子诚之为贵。'自天子至于庶人，未有舍诚而能行事也；今人奈何欺世盗名矜得计哉？”所以，诚是“君子之所守也，而政事之本也”。只有保证诚信的人，才能获得别人对他的支持。

真诚待人、真诚做事，这是成功者必备的品质之一。只有具备了这种品质，人才会打开心扉给人看，使人们了解他、接纳他、帮助他、支持他，使他的事业获得成功，使他受到人们的尊重和敬仰。因此，我们应养成真诚待人的习惯，用真诚的心灵赢得事业上的成功。

人与人的感情交流是具有相互性的。只有敞开自己的心扉，真诚待人、肝胆相照、赤诚相见，才会与他人心心相印。

为人处世如果离开了真诚，则无友谊可言，只有一个真诚人的心声才能唤起一大群真诚人的共鸣。“投我以木桃，报之以琼瑶。”我们待人接物时应秉持真诚的品性。也只有这样，我们每个人的心灵才会美好而快乐，才会愉快地过好每一天，才会在事业上获得更多真诚的帮助。

积水成渊，潜心钻研者终成大器

德国著名哲学家黑格尔认为：“一个大有成就的人，他必须如歌德所说，知道限制自己。反之，那些什么事情都想做的人，其实什么事都不能做，而最终归于失败。”

黑格尔的话说的其实就是一个专注问题。其实专注是一种非常重要的心态，这就好比一棵树，必须剪去旁枝才能长得高大粗壮。同理，你只有把心中的一切杂念清除得干干净净，对准你的目标向前挺进，才会最终走向成功。

平庸者成功和聪明人失败一直是一件令人惊奇的事。人们疑惑不解，为什么许多成功者都资质平平，却取得了超乎寻常的成就？其实原因很简单，那些看似愚钝的人有一种顽强的毅力和一股“滴水穿石”的专注精神。他们能专注于一个领域，集中精力，耕耘不辍，一步一步地积累自己的优势。而那些所谓智力超群、才华横溢的人却常常四处涉猎、用心不专，以致最终一无专长。

正因为如此，大凡造诣精深的人，都能自觉地约束自己，以减少旁枝，一心一意地投入到自己所从事的事业中去。

英国科学家弗朗西斯·克里克在1962年因参与发现脱氧核糖核酸的双螺旋结构而荣获诺贝尔奖。获奖后，登门来访和求见他的人络绎不绝。为此，他设计了一份通用的“谢绝书”，上面写道：

“克里克博士对来访者表示感谢，但十分遗憾，他不能因您的盛情而给您签名、赠送相片、为您治病、接受采访、接受来访、发表电视讲话、在电视中露面、赴宴后作演讲、充当证人、为您的事业出力、阅读您的文稿、作一次报告、参加会议、担当主席、充当编辑、写一本书、接受名誉学位……”

对很多人求之不得的待遇和荣誉，克里克都一概拒绝了。但这并不表明他是一个不食人间烟火、缺乏生活乐趣的人，而只是因为他明白，自己一旦屈从，则再不能保证从事科学研究的时间。如果向克里克请教成功的秘诀，他也会像茨威格那样说：“聚精会神，集中所有的力量，完成一项工作。”

专注对任何人来说都是有重要意义的。大物理学家牛顿经常感慨地说："心无二用！"有一次，给他做饭的老太太有事要出去，告诉牛顿鸡蛋放在桌子上，要他自己煮鸡蛋吃。过了一会儿，老太太回来了，她掀开锅盖一看，大吃一惊：锅里竟然有一只怀表！原来，这块怀表刚才放在鸡蛋旁边，而牛顿因为忙于运算，错把怀表当鸡蛋煮了。又有一次，牛顿牵着马上山，走着走着他突然想起了研究中的某个问题，他专注地思考着，不由得松开了手，放掉了马的缰绳。马跑了，他却全然不知。直到走上山顶，前面没了路时，牛顿才从沉思中清醒过来，发现手中牵着的马跑了。正是因为这样心无二用，牛顿才成就了他伟大科学家的美名。

正所谓“不聚焦就不能燃烧”，凡大学者、科学家取得的成就，无一不是“聚焦”的功劳。

从古至今，在事业上、艺术上有所成就的人，无不是心无二志、专注勤勉的人。因此，我们在追求成功、实现理想的道路上必须学会舍弃一些东西。只有这样，才能避免无谓的精力浪费，从而更加集中才智，将一件事情做大、做精、做强。

一个希望终成大器的人，重要的是要经历长期的磨炼。“长历磨难，方成大器。”这实在是一句至理名言。尤其是年轻人，更应将此句作为座右铭。只有耐得住寂寞，抱定长期吃苦耐劳的决心，而不是急功近利，才能磨炼自己的匠人品格，才能增长自己的见识，才能锻炼和培养自己正确判断现实、富有远见的眼力。

王羲之7岁那年，拜女书法家卫铄为师，学习书法。王羲之临摹卫书一直到12岁，虽已不错，但他自己却总是觉得不满意。因常听老师讲历代书法家勤学苦练的故事，他便以张芝临池的故事来激励自己。王羲之不停地练习书法，他用坏的毛笔都可以堆成一座小山了。他家的旁边有一个水池，王羲之经常在这里洗笔和砚台，以至于水都变黑了。于是人们把这个水池叫作“墨池”。

为了练好书法，他每到一个地方总是不辞辛劳，四下钤拓历代碑刻，因而积累了大量的书法资料。他在书房内、院子里、大门边甚至厕所的外面都摆着凳子，安放着笔、墨、纸、砚，每想到一个结构好的字，就马上写到纸上。他在练字时，常凝神苦思，不断推敲，到了废寝忘食的地步。

有一次，丫鬟送来了馒头和蒜泥，催着他吃。他却一点儿反应也没有，仍然专注于练习他的书法。丫鬟没办法，只好去告诉他的夫人。当夫人和丫鬟来到书房的时候，却看见王羲之正拿着一个蘸满了墨汁的馒头往嘴里送，弄得满嘴乌黑。她们忍不住笑出声来。原来，王羲之边吃边练字，由于眼睛还看着字，所以错把墨汁当成蒜泥蘸了。

夫人心疼地说："你要注意保重身体呀！为何要这般苦练呢？"

王羲之回答说："我现在的字虽然写得不错，但都只是因循前人的风格。我想练成自己的风格，自成一体，就非得下一番苦功夫不可！"

经过长年的勤学苦练，王羲之的书法终于形成了自己独特的风格，其书法的主要特点是平和自然，笔势委婉含蓄，遒劲健秀。后人有评："飘若游云，矫若惊龙。"

荀子在《劝学》中写道："君子曰：学不可以已。青，取之于蓝，而青于蓝；冰，水为之，而寒于水。木直中绳，𫐓以为轮，其曲中规，虽有槁暴，不复挺者，𫐓使之然也。故木受绳则直，金就砺则利，君子博学而日参省乎己，则知明而行无过矣！"

这段话的意思是：学习是不可以停止的。靛青，是从兰草中提取的，却比兰草的颜色还要青；冰，是由水凝固而成的，却比水还要寒冷。木材笔直，合乎墨线，（如果）把它烤弯做成车轮，（那么）木材的弯度（就）合乎圆的标准了。即使干枯了，（木材）也不会再挺直，因为经过加工，它已经成为这样的了。所以木材经过墨线测量就能取直，金器在磨刀石上磨过就能变得锋利，而君子广泛地学习并每天检查反省自己，他就会聪明多智，行为就不会有过错了。

另外，荀子还认为："积土成山，风雨兴焉；积水成渊，蛟龙生焉；积善成德，而神明自得，圣心备焉。故不积跬步，无以至千里；不积小流，无以成江海。骐骥一跃，不能十步；驽马十驾，功在不舍。"意思是堆积土石成了高山，风雨就从那里兴起了；汇积水流成为深渊，蛟龙就从那里产生了；积累善行养成高尚的品德，精神就能达到很高的境界，智慧也能得到发展，圣人的思想也就具备了。不从半步开始积累，就没有办法达到千里之远；不积累细小的流水，就没有办法汇成江河大海。骏马跳跃一次，也不足十步远；劣马拉车走十天，也能走得很远，它的成功就在于不停地走。这是在告诫我们，学习并非朝夕之功就能一蹴而就的。我们必须锲而不舍，才可能有朝一日"知明而行无过"。

潜能挖掘：走自立自强之路

在人的身体和心灵里面，有一种永不堕落、永不败坏、永不腐蚀的东西，这便是潜伏着的巨大力量。而一切真实、友爱、公道与正义，也都存在于生命潜能中。每个人体内都存在着巨大的潜能，这种力量一旦被唤醒，即便在最卑微的生命中它也能对人的身心起净化作用，增强人的力量。

潜能不仅能够开发，而且能被创造。那么，人的潜能到底可以开发到何种程度呢？相信下面的故事会给你一个答案。

一块铁块的最佳用途是什么呢？第一个人是个技艺不纯熟的铁匠，而且没有要提高技艺的雄心壮志。在他的眼中，这块铁块的最佳用途莫过于把它制成马掌，他为此还自鸣得意。他认为这块粗铁块每千克只值两三分钱，所以不值得花太多的时间和精力去加工它。他靠强健的肌肉和三脚猫的技术已经把这块铁的价值从1美元提高到10美元了，所以对此他已经很满意。

此时，来了一个磨刀匠，他受过一点儿更好的训练，有一点儿雄心和更高的眼光。他对铁匠说："这就是你在那块铁里见到的一切吗？给我一块铁，让我来告诉你，头脑、技艺和辛劳能把它变成什么。"他对这块粗铁看得更深些，他研究过很多锻冶的工序，他有工具，有压磨抛光的轮子，有烧制的炉子。于是，铁块被熔化掉，碳化成钢，然后被取出来，经过锻冶被加热到白热状态，然后又被投入到冷水中增强韧性，最后又被细致耐心地进行压磨抛光。当所有这些都完成之后，奇迹出现了，它竟然变成了价值2000美元的刀片。铁匠惊讶万分，因为自己只能做出价值仅10美元的粗制马掌。而经过提炼加工，这块铁的价值已被大大提高了。

另一个工匠看了磨刀匠的出色成果后说："如果依你的技术做不出更好的产品，那么能做成刀片也已经相当不错了。但是你应该明白这块铁的价值你连一半都还没挖掘出来，它还有更好的用途。我研究过铁，知道它里面藏着什么，知道能用它做出什么来。"

与前两个工匠相比，这个工匠的技艺更精湛，眼光也更犀利。他受过更好的训练，有更高的理想和更坚韧的意志力，他能更深入地看到这块铁——不再局限于马掌和刀片，他用显微镜般精确的双眼把生铁变成了最精致的绣花针。他已使这块铁的价值翻了数倍，他认为他已经榨尽了这块铁的价值。当然，制作精致的绣花针需要有比制造刀片更精细的工序和更高超的技艺。

但是，这时又来了一个技艺更高超的工匠，他的头脑更灵活，手艺更精湛，也更有耐心，而且受过顶级训练。他对马掌、刀片、绣花针不屑一顾，他用这块铁做成了精细的钟表发条。别的工匠只能看到价值仅几千美元的刀片或绣花针，而他那双犀利的眼睛却看到了价值10万美元的产品。

也许你会认为故事应该结束了，然而，故事还没有结束，又一个更出色的工匠出现了。他告诉我们，这块生铁还没有物尽其用，他可以让这块铁造出更有价值的东西。在他的眼里，即使钟表发条也算不上上乘之作。他知道用这种生铁可以制成一种弹性物质，而一般粗通冶金学的人是无能为力的。他知道，如果锻造时再细心些，它就不会再坚硬锋利，而会变成一种特殊的金属，拥有许多新的品质。

这个工匠用一种犀利的眼光看出，钟表发条的每一道制作工序都还可以改进，每一个加工步骤都还能更完善，金属质地也还可以再精益求精，它的每一条纤维、每一个纹理都能做得更完善。于是，他采用了许多精加工和细致锻冶的工序，成功地把他的产品变成了几乎看不见的精细的游丝线圈。一番艰苦劳作之后，他梦想成真，把仅值1美元的铁块变成了价值100万美元的产品，同样重量的黄金的价格都比不上它。

但是，铁块的价值还没有完全被发掘，还有一个工人，他的工艺水平已是登峰造极。他拿来一块铁，精雕细刻之下所呈现出的东西使钟表发条和游丝线圈都黯然失色。待他的工作完成之后，别人见到了牙医常用来勾出最细微牙神经的精致钩状物。1千克这种柔细的带钩钢丝——如果能收集到的话——要比黄金贵几百倍。

铁块尚有如此挖掘不尽的潜能，何况人呢？我们每个人的体内都隐藏着无限丰富的生命能量，只要我们不断去开发，它就可以是无限大的。

一个人一旦能对其潜能加以有效地运用，他的人生便永远不会陷于贫困的境地。要把你的潜能完全激发出来，首先你必须要自信，这样你才可能一往无前地继续下去，直至你的能量被毫无保留地释放出来。

“勇往直前”是罗斯柴尔德的终身格言，其实也可以说，它是这个世界上遗留过一些痕迹的人的共同格言。当杜邦对法拉格海军少将报告他没有攻下查理士登城，并为之寻找种种借口时，少将严肃地予以了回击：“还有一个理由你不曾提及，那就是，你根本不相信你自己可以把它攻下！”

能够成就伟业的，永远是那些相信自己能力的人，那些敢于想人所不敢想、为人所不敢为的人，那些不怕孤立的人，那些勇敢而有创造力、往前人所未曾往的人。无畏的气概、富于创造的精神，是所有勇往直前的伟人的特征，一切陈旧与落后的东西，他们都从不放在眼里。

敢于打破常规，并且按自己的道路一往无前地走下去，是许多伟大人物的共同特征。拿破仑在横扫全欧时，更是置一切以前的战法于不顾，敢于破坏一切战事的先例。格兰特将军在作战时不按照军事学书本上的战争先例行事，然而正是他结束了美国南北战争。有毅力、有创造精神的人，总是先例的破

坏者。只有懦弱、胆小、无用的人，才不敢破坏常规，他们只知道循规蹈矩、墨守成规。在罗斯福总统眼里，白宫的先例、政治的习惯，全都失去了效力。无论在什么位置上——警监、州长、副总统、总统，他都能坚持“做我自己”。他身上所散发出来的那种无畏的力量大半来自于此。模仿他人是永远不可能成功的，无论被模仿的人如何成功、多么伟大。因为，成功是创造出来的，它是一种自我表现。一个人一旦远离他“自己”，他就失败了。

在这个世界上，那些模仿者、尾随人后者、循行旧轨者多不受人欢迎。世界需要有创造能力的人，需要那种能够脱离旧轨道、闯入新境地的人。只要是有固定见解并且一往无前的人，就会到处都有他的出路，到处都需要他，因为只有他们才可以发挥全部的潜能去获取成功。

能够带着你向目标迈进的力量就蕴藏在你的体内，蕴蓄在你的潜能、你的胆量、你的坚韧力、你的决心、你的创造精神及你的品性中！

于低调中修炼成功心法

一般人谈到平常心的问题，很喜欢引用一句话：“宁静致远，淡泊明志。”但要深刻地理解这句话，却是很不容易的。这句话出自诸葛亮的《诫子书》，即诸葛亮告诫儿子如何做学问的一封信。原文摘录如下：

“夫君子之行，静以修身，俭以养德，非淡泊无以明志，非宁静无以致远。夫学须静也，才须学也。非学无以广才，非志无以成学。淫慢则不能励精，险躁则不能治性。年与时驰，意与日去，遂成枯落，多不接世。悲守穷庐，将复何及！”

这段文字充分表达了诸葛亮儒家思想的修养，而且语言十分优美。文体内容亦相当简练，一如他处世的简单、谨慎。现在让我们来细细品味这封信的含义：

文中一开始，他教儿子以“静”来做学问，以“俭”来养德。其中“俭”不仅仅是指节省，还指自己的身体、精神也要保养，要简单明了，一切干净利索。“非淡泊无以明志”，就是养德方面；“非宁静无以致远”，就是修身治学方面。“夫学须静也，才须学也”是求学的道理，即心境要宁静才能求学，才能也要靠学问来培养。“淫慢则不能励精”，“淫”就是自满，“慢”就是放纵怠惰。该句的意思是如果主观不努力，而且放纵怠惰，做学问就无法精研。“险躁则不能治性”，为什么用“险躁”？因为人做事情都喜欢占便宜、走捷径，走捷径就会行险侥幸，这是人最容易犯的毛病。尤其是年轻人，暴躁、浮躁就不能理性地处理问题。“年与时驰，意与日去”，是说年龄跟着时间过去了，人的思想又跟着年龄在变。“遂成枯落，多不接世。悲守穷庐，将复何及”，少年不努力，等到中年后悔，就来不及了。

老子说：“重为轻根，静为躁君。”

轻率就会丧失根基，浮躁妄动就会丧失主心，非淡泊无以明志，非宁静无以致远，持重守静乃是抑制轻率躁动的根本，故而“简默沉静者，大用有余；轻薄浮躁者，小用不足”。浮躁就是种种炽情惑乱了我们的心，蒙蔽了我们对事物整体的理智识见，从而忽视或排斥了理性而任由感情发泄。

古代有个叫养由基的人精于射箭，且有百步穿杨的本领。

有一个人很崇拜养由基的射术，决心要拜养由基为师，经过几次三番的请求，养由基终于同意了。收徒后，养由基交给他一根很细的针，要他放在离眼睛几尺远的地方，整天盯着看。看了两三天，这个学生有点儿疑惑，问老师说：“我是来学射箭的，老师为什么要我干这莫名其妙的事，什么时候教我学射术呀？”养由基说：“这就是在学射术，你继续看吧。”于是这个学生继续看。过了几天，他又有些烦了。他心想：我是来学射术的，看针能看出神射吗？这个徒弟不相信这些，于是养由基开始教他练臂力的办法，让他一天到晚在掌上平端一块石头。他伸直手臂，将石头平端在手掌上。刚开始倒不觉得累，可一会儿之后，手臂就开始发酸发胀，实在很累了。于是那个徒弟又想不通了，他想，我只学他的射术，他让我端这石头做什么？尽跟我耍花招，一点儿诚意也没有。养由基看他不行，就由他去了。

这个人最终没有学到射术，只是空走了很多地方。如果他能脚踏实地，不好高骛远，从一点一滴做起，他的射术也许就会精湛起来。

秦牧在《画蛋·练功》一文中讲道：必须打好基础，才能建造房子。这道理很浅显，但好高骛远、贪抄捷径的心理，却常常妨碍人们去认识这最普通的道理。人一浮躁起来，心里就像长了草，而且是没有根基的草，被急功近利的风一吹就跑掉了，这样的结局当然只能是无果而终。

因此，做人切忌浮躁、虚荣、好高骛远，而要沉下心来，守住内心的宁静，淡泊地对待名利，踏实地做事、求学。

著名科学家钱学森，作为“两弹一星”的元勋被誉为中国“导弹之父”。获此殊荣他是当之无愧的，可他却多次坚拒。许多人想去采访他，写他的传记、关于他的报告文学，都被他谢绝了。就是偶尔见到一两篇颂扬他的文章，他也马上给作者和报社打招呼“到此为止”。

钱学森不仅对荣誉淡泊，而且对物质利益淡泊。单位要给他建房，他坚决不同意，他说，“我不能脱离广大科技人员”；百万港元的巨额支票，他看都未看就全部捐给了西部的治沙事业。至于题词留念，为人写序，参加鉴定会，出席开幕式、剪彩仪式，出国考察，兼任名誉顾问、名誉教授，这些可以名利双收、别人求之不得的好事，他更是一概推辞。他这样做，一是他对这些事情看得很淡；二是他要静下心来，争分夺秒地为祖国的科技事业和现代化建设专心工作。这才是他的人生乐趣所在，也是他毕生的不懈追求。

然而，钱学森又并非一个全然恬淡与世无争的世外隐士，他更有着强烈赤诚、义无反顾的爱国热情。

为了回国参加祖国的科学建设，他毅然放弃了国外的优厚生活待遇，放弃了他在国外科技界正如日中天的学术地位和学术头衔。回国后，他又把满腔的爱国热情转化为夜以继日的忘我工作，把自己全部的热血和智慧奉献给了祖国的火箭、导弹和航天事业。

《荀子·劝学》中有一段发人深省的话："蚓无爪牙之利，筋骨之强，上食埃土，下饮黄泉，用心一也。蟹六跪而二螯，非蛇鳝之穴无可寄托者，用心躁也。"意思是蚯蚓没有锋利的爪子和牙齿，身体也不强壮，却能向上以尘土为食，向下以黄泉为饮，那是因为它用心极为专一。而蟹有六条腿（实际上是8条腿）和两个蟹钳，自身条件比蚯蚓强得多，但却由于浮躁，如果没有蛇和鳝的洞穴就无处寄身。可见，只要心恒志专，即使自身条件差也能有所成就；反之，自身条件再好，性情浮躁也将一事无成。

"涓流积至沧溟水，拳石崇成泰华岑。"这一出自宋代陆九渊《鹅湖和教授兄韵》的诗句劝喻人们：涓涓细流汇聚起来，就能形成苍茫大海；拳头大的石头垒起来，就能形成泰山和华山那样的巍巍高山。因此，只要我们勤勉努力，脚踏实地，持之以恒，则不论自身条件与客观条件如何，最终都能走上成才立业之路。

行胜于言：行动比口号更有说服力

丹·禾平大学毕业的时候，恰逢经济大恐慌，失业率很高，所以工作很难找。试过了投资银行业和影视行业之后，他找到了开展未来事业的一线希望——去卖电子助听器，赚取佣金。谁都可以做那种工作，丹·禾平也明白，但对他来说，这个工作为他敲开了机会的大门，他决定努力去做。

在近两年的时间里，他不停地做着一份自己并不喜欢的工作，如果他安于现状，就再也不会有出头之日。但是，首先他便瞄准了业务经理助理一职，并且取得了该职位。往上升了这一步，便足以使他鹤立鸡群，看得见更好的机会，这是一个崭新的开始。

丹·禾平在助听器销售方面渐渐卓有建树，以致公司生意上的对手——电话侦听器产品公司的董事长安德鲁想知道丹·禾平是凭什么本领抢走自己公司的大笔生意的。他派人去找丹·禾平面谈。面谈结束后，丹·禾平成了对手公司助听器部门的新经理。然后，安德鲁为了试试他的胆量，把他派到了人生地不熟的佛罗里达州3个月，以考验他的市场开拓能力。结果他没有沉下去！“全世界都爱赢家，没有人可怜输家”的精神驱使他拼命工作，结果他被选中做公司的副总裁。一般人要是在10年誓死效忠地打拼之后能获得这个职位，就已被视为无

上荣耀，但丹·禾平却在6个月不到的时间里就如愿以偿。

就这样，丹·禾平凭着强烈的进取心，在短期内取得了优秀的成绩，登上了令人羡慕的位置。

“一生之计在于勤”，是说人生每日都应当积极做事，不断地有所行动。而进取精神则是讲人生在世，应当不断地发展自己、不断地丰富自己。在眼界上，努力求取新的知识，思考新的问题；在事业上，努力争取年年有所变化。用现在的说法是：不断地否定自己，不断地超越自己，不断地给自己树立新的目标。

主动进取是一种对人生的热爱、对生活的激情，而其基点就在于对人生价值的理解。如果一个人对生活的热爱、激情缺乏价值的支持，那就有可能是弄虚作假的矫情，它就不可能持久，不可能永远充满生机。

主动进取是一种永不停顿的满足。其实，在中华民族几千年发展的历史中，到处可以看到中国人的那种积极进取的精神。中国有许多优美的、动人的传说，如“夸父逐日”“精卫填海”“大禹治水”，所反映的都是一种可贵的自强不息的精神。

主动进取是一种创造。拥有主动进取心的人不会轻易接受命运的安排，他们不沉迷于过去，不满足于现在，而是着眼于未来，勇敢地走前人未走过的路，大无畏地开创一个美好的境界，以一种“想人之所未想，见人之所未见，做人之所未做”的姿态出现在世人面前。

主动进取是一种搏击。主动进取的人能承受住各种挫折和困难的考验，不灰心，不动摇，迎着困难上，并笑对困难。

“霜冻知柳脆，雪寒觉松贞”，中庸、调和不是他们的人生信条。这类人自信，不会轻易放弃自己的抱负，不会轻易承认自己的失败。这类人不悲观，不会绝望，他们坚强、勤奋、无畏，勇敢地与命运抗争。

主动进取是自我的完善。积极进取的人永远是自己选择命运，根据自己的水平、能力去与命运挑战，而不是让命运来选择自己，所以他们的自我发展是健康的、完善的、美好的。

对主动者来说，主动永无止境！

具有主动性的人，在各行各业中都会是出类拔萃的人才。主动是行动的一种特殊形式，不用别人告诉你做什么，你就已经开始做了。

因此，要培养积极进取心的人首先要做到以下两点：

1. 要做一个主动创新的人

当你认为有某一件事情应该要做的时候，就主动去做。你想孩子们的学校有更好的设施吗？那就主动找人商量或集资去购置这些设施。你认为你的公司应该创立一个新部门，开发一项新产品吗？那就主动提出来。

2. 要有出类拔萃的愿望

请观察你身边的成功者，他们是积极分子还是消极分子？无疑，他们中10个有9个都是积极分子、实干家。那些袖手旁观、消极、被动的人带不了头，而那些实干家们强调的是行动，所以他们会有许多自愿的追随者。

从来没有人因为只说不做、等到别人告诉自己该做什么的时候才去做而受到赞赏和表扬的。我们都相信干实事的人，因为他们知道自己在做什么。

拿破仑·希尔认为："行动并不表示不讲效率，效率就是第一次就把事情做对。"

千万不要粗制滥造，那样的行动会令你更慢。我们每天都要想：如何增加效率？如何改善流程？如何让我们的产品或服务更好？如何能够满足更多顾客的需求？这是每一个成功人士每天都会思考的问题。

然而，很少有人能够有系统地思考如何提升做事的效率。效率的改变，来自于观察问题的真正根源所在；效率的改变，来自于分析事情的优先顺序；效率的改变，来自于自觉。

一位心理学家说："自觉是治疗的开始。"这句话讲得非常有道理。

你要学会高效率地行动、学习和工作，懂得利用时间、善用资源，必须以最短的时间和最少的资源产生最大的效益，这样才能确保成功。

记住！在每天行动前必须思考自己做事的效率和做事的品质，这些是成功不可或缺的。那么，在具体实践中

该如何提高行动效率呢？我们可以从以下几个方面入手：

1. 确定最重要的事

确定了事情的重要性之后，不等于事情会自动办好。你或许要花大力气才能把这些重要的事情做好。而要确定最重要的事，你肯定要费很大的劲。商业及计算机巨子罗斯·佩罗说："凡是优秀的、值得称道的东西，每时每刻都处在刀刃上，要不断努力才能保持刀刃的锋利。"下面是有助于你做到这一点的3步计划。

（1）从目标、需要、回报和满足感4个方面对将要做的事情作一个评估。

（2）删掉不必要做的事，把要做但不一定要你做的事委托别人去做。

（3）记下你为达到目标必须做的事，包括完成任务需要多长时间、谁可以帮助你完成任务等。

2. 分清事情的主次关系

在确定每一年或每一天该做什么之前，你必须对自己应该如何利用时间有更全面的看法。要做到这一点，有4个问题你要问自己。

（1）我要成为什么？只有明白自己将来要干什么，我们才能持之以恒地朝这个目标不断努力，把一切和目标无关的事情统统抛弃。

（2）哪些是我非做不可的？我需要做什么？要分清缓急，还应弄清自己需要做什么。总会有些任务是你非做不可的，但重要的是，你必须分清某个任务是否一定要做，或是否一定要由你去做。

（3）什么是我最擅长做的？人们应该把时间和精力集中在自己最擅长的事情上，即会比别人干得出色的事情上。关于这一点，我们可以遵循80/20法则：人们应该用80%的时间做最擅长的事情，而用20%的时间做其他事情。这样使用时间是最具有战略眼光的。

（4）什么是我最有兴趣做的？无论你地位如何，你总需要把部分时间用于做能带给你快乐和满足感的事情。这样你才会始终保持生活热情，因为你的生活是有趣的。有些人认为，能带来最高回报的事情就一定能给自己最大的满足感。其实不然，这里面还有一个兴趣问题，只有做感兴趣的事才能带给你快乐，给你最大的满足感。

比尔·盖茨认为，巨大的成功靠的不是力量而是韧性。如今社会的竞争常常是持久力的竞争，有恒心、有毅力的人往往能够成为笑到最后、笑得最好的人，对于年轻人来讲，恒心和毅力更是成功的必要条件，如果半途而废、浅尝辄止，那么梦想永远只能是梦想。

有些时候，某些人从表面看来似乎一夜成名，但是如果你仔细看看他们的过去，就知道他们的成功并不是偶然的。

一个人之所以成功，不是上天赐给的，而是日积月累自我塑造的，所以千万不能存有侥幸的心理。幸运、成功永远只会属于辛劳的人，属于有恒心、不轻言放弃的人，属于能坚持到底的人。

第十一篇

选择需要智慧，放弃更要理智

懂得取舍，学会选择

所谓取舍，其实就是一种选择，在得到与放弃之间作出自己的抉择。我们每个人想要的东西都很多，可真正属于自己的又能有多少，或许不过是沧海一粟。

“鱼，我所欲也；熊掌，亦我所欲也。二者不可得兼，舍鱼而取熊掌者也。生，亦我所欲也；义，亦我所欲也。二者不可得兼，舍生而取义者也。”孟子通过鱼和熊掌的不可兼得，引申到生命与义之间的选择，得出的结论是：舍生取义。

虽然生活中很少有人会遇到在生命与正义之间作出选择的机会，但选择无处不在。面对生命，有时也需要抉择，在躯体的完整与生命的延续间取舍；同样，面对丰富多彩的世界，会面临许多选择。比如在读书的时候，我们要面临选择学校和专业；在毕业的时候，要选择继续深造还是马上就业；在生活中，我们要选择恋人和朋友；到了人生的暮年，我们同样要面临各种选择，是独享晚年还是与儿女们共同度过，等等。

每当面对取与舍时，很多年轻人都会在有意无意地作着选择，因为取意味着得，舍意味着失，于是在取舍之间，我们自然而然地趋向于前者。然而，生活这门艺术并非如此简单，并不像一加一等于二那么一目了然，生活当中的取舍之术，也并不是取与得、舍与失的一一对应关系。生活当中有关取与舍的艺术，需要我们用自己的智慧和力量去实践。

当面对鱼和熊掌不能兼得的选择时，年轻人应学会放弃，当有所为，有所不为。我们失去的，会有回报，不要悲

观地感慨“不可兼得”地失去，要乐观地看到“失之东隅，收之桑榆”。

仔细观察就不难发现：成功者往往有着很强烈的紧迫感，他们一旦认识到所面临的事情有价值，就会全身心地去奋斗，巧妙策划，不怕挫折，直至达到目的。

美国著名的心理学家、哲学家威廉·詹姆斯曾经说过：“明智的艺术即取舍的艺术。”在很多时候，都要做到适度的取舍。如若不能很好地面对生活中各种纷繁复杂的事物，不能对这些事物进行适度的取舍，那么我们在生活中的表现就不能算得上是明智的。那些不懂取舍之道的人也不能算得上是生活中的大智慧者。

在人生道路上，当面对种种取与舍的选择时，我们必须认认真真地加以选择。只有合理适当地进行取舍，我们才能走上正确的人生道路，尽享人生道路上的种种乐趣。

有这样一道测试题：在一个暴风雨的夜里，你驾车经过一个车站，车站有三个人在等巴士，一个是病得快死的老妇人，一个是曾经救过你命的医生，还有一个是你长久以来的梦中情人。如果你只能带上其中一个乘客走，你会选择哪一个？

每个人的答案都不同，有的选择了自己一生难得的情人，有的基于道德选择快死的老妇人，有的要报恩选择那位医生。任何一种答案都会遭到另外一些人的反对，而最好的答案是：“把车钥匙给医生，让医生带老人去医院，然后和梦中情人一起等巴士。”

当这个答案出来以后，很多人都不得不感慨地说：“多么完美啊，我怎么就没有想到呢？”是啊，这个答案既报了恩，也救了人，同时也没有和情人失之交臂。而我们为什么没有想到呢？这大概就是因为我们从来没有想过放弃那把钥匙，在我们心里一直固执地认为那把钥匙是属于自己的。

面对机会的来临，我们常有许多不同的选择方式。有的人会默默地接受；有的人抱持怀疑的态度，站在一旁观望；有的人则倔强得如同骡子一样，固执地不肯接受任何新的改变。而不同的选择，当然导致迥异的结果。许多成功的契机，起初未必能让每个人都看得到其深藏的潜力，而起初抉择的正确与否，往往便是成功与失败的分水岭。

所以，有时候，如果我们可以放弃一些固执、限制甚至是利益，反而可以得到更多。所以，在我们面对很多选择的时候，不要固执地去选择其中的一个，换一种角度，试着去放弃一些，效果会更好。

放弃无意义的固执，适时变通

人的思维是活跃的，所以做事情的时候应该学会变通，放弃毫无意义的固执才是明智之举。尽管坚持是一种良好的做事态度，但有些时候，过度的坚持就会变成一种盲目的行为，最后可能导致不必要的损失。

洪水淹没了村落。一位神父在教堂里祷告，眼看洪水已经淹到他跪着的膝盖了。这时，一个救生员驾着小船来到教堂，说道："神父，赶快上来。"

神父说："不！我要守着我的教堂，上帝会来救我的。"过了不久，洪水已经淹过神父的胸口了，神父只好勉强站在祭坛上。这时，一个警察开着快艇过来了："神父，快上来！不然你会被淹死的！"神父说："不！我要守着我的教堂，我的上帝一定会来救我的。"

又过了一会儿，洪水已经把教堂整个淹没了，神父在洪水里挣扎着。一架直升机飞过来，飞行员丢下绳梯大叫："快！快上来！这是最后的机会了。"神父还是固执地说："不！上……上帝会来救我的……"话还没说完，神父就被淹死了。

神父死后见到了上帝，他很生气地质问："上帝啊上帝，我一生那么虔诚地侍奉你，你为什么不肯救我？"

上帝说："我怎么不肯救你？第一次，我派了小船去找你，你不要；第二次，我又派了一艘快艇去救你，你还是不肯上船；最后，我派了一架直升机去救你，结果你还是不肯接受。是你自己太固执了，怎么能怪我呢？"

生活中的许多年轻人，固执地坚持自己的要求、自己的主见，最后却失去了许多东西。

在人生的每一个关键时刻，审慎地运用智慧，做最正确的判断，选择正确方向，同时别忘了及时检视选择的角度，适时调整，放掉无谓的固执，冷静地用开放的心胸做正确抉择，每次正确无误的抉择将指引你走向通往成功的坦途。

两只青蛙毗邻而居，一只住在深水池内，很难被人发现；另一只住在浅水沟里，因为沟里的水少，旁边还有一条马路，所以很容易被人看到。

住在深水池里的青蛙就劝告它的朋友，说它住的地方太危险了，劝它和自己同住。但那只青蛙拒绝了，它说它已经在浅水沟里住习惯了。

没过几天，一辆车经过那浅水沟，将那只住在浅水沟的青蛙轧死在轮下。

当有人在你人生奋斗的途中，向你提出一些建议的时候，一定要学会理智地分析。一方面不要因他人的错误劝解而放弃自己的目标；另一方面也不要拒绝对方正确的规劝而固执己见。

两个贫苦的樵夫靠着上山拾柴糊口，一天他们在山里发现两大包棉花。二人喜出望外，当下两个人各自背了一包棉花，便欲赶路回家。

走着走着，其中一樵夫眼尖，看到山路上扔着一大捆布，走近细看，竟是上等的细麻布。他欣喜之余，和同伴商量一同放下背负的棉花，改背麻布回家。

他的同伴却有不同的看法，认为自己背着棉花已走了一大段路，到了这里丢下棉花，岂不枉费自己先前的辛苦，坚持不愿换麻布，继续前行。

又走了一段路后，背麻布的樵夫望见林中闪闪发光。待走近一看，地上竟然散落着数坛黄金，心想这下真的发财了，赶忙邀同伴放下肩头的麻布及棉花，改用挑柴的扁担挑黄金。

他的同伴仍是那套不愿丢下棉花，以免枉费辛苦的论调，并且怀疑那些黄金不是真的，劝他不要白费力气，免得到头来一场空欢喜。

发现黄金的樵夫只好自己挑了两坛黄金，和挑棉花的伙伴赶路回家。走到山下时，无缘无故下了一场大雨，背棉花的樵夫背上的大包棉花吸饱雨水，重得完全无法背得动，那樵夫不得已，只能丢下一路辛苦舍不得放弃的棉花，空着手和挑黄金的同伴回家去。

生命旅程中有太多的障碍，原因有很多，但由于过度的固执和无知造成的却不在少数。在别人好心的建议之下，一定要经过仔细地分析和思考，去处理所要面临的事情，切不可盲目地固执己见。若是固执、无知，不知变通，最后害的还是自己。

要选择你最擅长的

选择无处不在，比如选衣服、选朋友、选伴侣、选工作、选时机、选环境……人人在选择，人人也在被选择。选择是为了“两害相衡取其轻，两利相权取其重”。选择是需要付出代价的，有时候失之毫厘，谬之千里，正所谓“一失足成千古恨”。一个人如果有时间坐下来回顾自己走过的路，或多或少都会有一些对当初选择的后悔。有人说：“人生的悲剧说穿了就是选择的悲剧，随便选择将失去更好的选择。”我们姑且不论前半句话是不是事实，但就成功而言，后半句话则值得重视。

一位女孩儿在某名牌大学读书期间，一时冲动想当作家，她不顾家人的劝阻，执意退学回到家乡写小说。几年过去了，她写的小说没发表过一篇，最终在痛苦中精神分裂了，她烧掉了手稿，离开了这个世界。

其实，人生最重要的，不在于目标怎样宏远，或者如何踌躇满志，而是善用自己的才干和能力，并且有最佳的发挥。有时候，做自己想做的事远不如做自己能做到，且最擅长的事得到的多。

有一位年轻人的父母希望自己的儿子长大后能成为一位体面的医生，这位年轻人自己也对医生这个职业很感兴趣。可是他读到高中便被电脑迷住了，心思都放在了电脑上。他的父母耐心地规劝他，希望他能用功念书，以后好风光地立足社会。可是，他却说："有朝一日我会成为医生的。"

不久，他果然不负众望，考入了一所医科大学。他虽然对做医生也很感兴趣，但无论如何努力，医学成绩总是平平，丝毫也不能引起老师的注意。反而是在电脑方面，他越做越顺手。

在第一学期，他从零售商处买来了降价处理的个人电脑，在宿舍里改装升级后卖给同学。他组装的电脑性能优良，而且价格便宜。不久，他的电脑不但在学校里走俏，而且连附近的律师事务所和许多小企业也纷纷来购买。

后来，经过认真考虑，第一个学期快要结束的时候，他把退学的计划提了出来。父母坚决不同意，只允许他利用假期推销，并且承诺，如果一个夏季销售不好，那么就必须放弃。可是，他的生意就在这个夏季突飞猛进，仅用了一个月的时间，他就完成了19万元的销售额。他的父母只得同意他退学。

这以后，他组建了自己的公司，并且公司很快就发展了起来。那年他才24岁。

他的成功至少可以告诉我们一点：选择你真正能做得好的职业，更容易赢得辉煌成就。

苏联著名的心理学家索尔格纳夫认为，在发挥自己的最佳才能时，不要把"想做的"和"能做的"，以及"能做得最好的”混淆在一起，而这却常常是我们最容易犯的错误。

成功者心中都有一把丈量自己的尺子，知道自己该干什么、不该干什么。比尔·盖茨曾经说过这样一句话：“做自己最擅长的事。”微软公司创立时，只有比尔·盖茨和保罗·艾伦两个人，他们最大的长处是编程技术和法律经验。他俩以此成功地奠定了自己在这个产业上的坚实基础。在以后的20多年里，他们一直不改初衷，“顽固”地在软件领域耕耘，任凭信息产业和经济环境风云变幻，从来没有考虑过涉足其他经营。结果他们有了今天这样的成就。

索尔格纳夫说：“每一个人不要做他想做的，或者应该做的，而要做他可能做得最好的。拿不到元帅杖，就拿枪；没有枪，就拿铁铲。如果拿铁铲拿出的名堂比拿元帅杖要强千百倍，那么，拿铁铲又何妨？”能做得最好的就是最擅长的，不选择自己最擅长的工作是愚蠢的，就相当于拿自己的短处和别人竞争，结果必然是失败。每个人都有长处和不足，如果能够看清自己的长处，对其进行重点经营，则必定会给你的人生增值；相反，如果你分不清自己的长处和不足，或者误将不足当成长处去经营，则必定会使你的人生贬值。

学会放弃，放弃是得到的前提

英国作家莎士比亚说：“倘若没有理智，感情就会把我们弄得精疲力竭，为了制止感情的荒唐，所以才有智慧。”学会放弃，是一种自我调整，是人生目标的再次确立。学会放弃不是不求进取、知难而退，也不是一种圆滑的处世哲学。有的东西在你想得到又得不到时，一味地追求只会给自己带来压力、痛苦和焦虑，这时，学会放弃是一种解脱。

两个朋友一同去参观动物园，由于动物园非常大，他们的时间有限，不可能将所有动物都观赏过来。他们便约定：不走回头路，每到一处路口，选择其中一个方向前进。第一个路口出现在眼前时，路标上写着一侧通往狮子园，另一侧通往老虎山。他们琢磨了一下，选择了狮子园，因为狮子是“草原之王”。又到一处路口，分别通向熊猫馆和孔雀馆，他们选择了熊猫馆，熊猫是国宝嘛……

他们一边走，一边选择，每选择一次，就放弃一次，遗憾一次。只有迅速作出选择，才能减少遗憾，得到更多的收获。

人生莫不如此。左右为难的情形会时常出现，比如面对两份同具诱惑力的工作、两个同具诱惑力的追求者。为了得到其中一个，你必须放弃另外一个。

要二十几岁的年轻人学会放弃，是要他们放弃那种不切实际的幻想和难以实现的目标，而不是放弃为之奋斗的过程和努力；是放弃那种毫无意义的拼争和没有价值的索取，而不是丧失奋斗的动力和生命的活力；是放弃那种金钱地位的搏杀和奢侈生活的追求，而不是失去对美好生活的向往和追求。

也许放弃当时是痛苦的，甚至是无奈的选择，但是若干年后，当我们回首那段往事时，我们会为当时正确的选择感到自豪，感到无愧于人生。

老鹰是世界上寿命最长的鸟类，它的一生可达70年。要获得那么长的寿命，它在40岁时必须做出一个自我放弃的勇敢决定——它必须主动放弃自己身上曾经最尖锐的武器，否则，它将无法继续维持最基本的生存。因为当老鹰活到40岁时，它的爪子开始老化，无法有效地抓住猎物；它的喙变得又长又弯，几乎碰到胸膛；它的翅膀变得十分沉重，因为它的羽毛长得又浓又厚，使得飞翔十分吃力。

面临40岁的这个大坎儿，老鹰只有两种选择：要么等死，要么经历一个十分痛苦的更新过程。

它必须很努力地飞到山顶。在悬崖上筑巢，停留在那里，进行长达150天的痛苦过程。用它的喙击打岩石，直到完全脱落，然后静静地等候新的喙长出来。接着，它再用新长出的喙，把原来的趾甲一根一根地拔出来。待新的趾甲长出来后，再把自己身上又浓又密的羽毛一根一根地拔掉。

5个月以后，新的羽毛长出来了。老鹰便可以重新开始展翅翱翔，在未来的岁月中迎接自己的新生活。

放弃本身并不是我们的目的，放弃是为了更好地得到，一定不能忘记这一点。当你准备放弃的时候，要想清楚是自己为了放弃而放弃，还是为了更好地得到而放弃。

古时候，一个老人背着一个砂锅前行，结果走了一会儿，绑砂锅的绳子忽然断了，砂锅也掉到地上摔碎了，可是老人却仿佛什么事都没有发生过，依旧头也不回地继续前行。好心的路人喊住老人：“老人家，你不知道你的砂锅碎了吗？”老人回答：“知道啊。”路人奇怪：“那你为什么不回头看看？”老人说：“既然已经碎了，回头看看又有什么用？”说罢继续赶路。听完这个故事，不知道你有没有什么感悟。

这个老人说的和做的显然极有哲理。的确，既然砂锅已经摔碎了，回头看看又有什么用呢？失败是无法挽回的，即使惋惜、悔恨也于事无补。与其在后悔中挣扎、浪费时间，还不如重新来过，重新找到一个目标，再一次发奋努力。

每个年轻人都应该学会放弃，像那个老人一样，不要因为砂锅的碎裂而作无谓的自责和叹息。当我们真正学会放弃时，会发现那才是一种心理意义上的超越，是一种真正的战胜自我的强者姿态。

慎重选择第一份工作

人生就是一连串的选择，良好的选择应该是经过深思熟虑并符合个人内心愿望的。很多应届毕业生在面临人生第一份工作的时候，还没来得及思索自己真正想要什么、适合做什么，便随着就业大潮草草就业，也就是所谓的“先就业，再择业”。运气好的碰上个自己喜欢的职业干得还算得心应手，而更多的人是伴随着迷茫和不满度过工作的一个又一个光阴。

作为刚刚走上社会的大学毕业生，职业生涯中的第一份职业选择其实非常重要，并非一些人讲的“先随便找个工作积累些经验”就好。职业的选择也是个人对将来人生道路和生存方式的选择，它至少影响一个人未来一年或者几年的职业规划。

着眼于职业选择，只有选对了方向，才会有较大较快的成功。我们许多职业失败并不是我们没有努力，而是我们选错了职业，导致我们在职业理想上越走越远、越来越吃力。在找工作之前，毕业生要仔细慎重地选择职业。许多失败在选择之初就已注定。

俗话说："男怕入错行，女怕嫁错郎。"在古代，"嫁错郎"似乎比"入错行"更严重，因为在古代，女人嫁错了人不能离婚，而"入错行"若是改行则不会有道德和社会规范的顾虑。不过现代社会恐怕是倒过来了，"嫁错了郎"大不了离婚，而"入错了行"，虽然可以转行，但是真要做起来并不是那么容易。

一位大学毕业生，毕业后一时找不到工作，经人介绍来到一家果菜公司当临时工，想赚点零用钱。没想到工作一段时间后，因为已经习惯了那个工作和周围的环境，也就没有积极去找别的工作，而且一做便是十几年。现在年近四十，也不想换工作了。他说："换工作，谁会要我呢？我又有哪些专长可以让人用我呢？"如今，他还继续在果菜公司当搬运工人。

也许你会说，想转行就转行，也没有人拦着你，但恐怕绝大部分的人都做不到。因为一个工作做久了、习惯了，加上年纪大了些，有了家庭负担，便会失去转行面对新行业的勇气。因为转行要从头开始，会影响到自己的生活。另外，也有人心志已经磨损，只好做一天算一天。有时还会扯上人情的牵绊、恩怨的纠葛，种种复杂的原因，让你有"人在江湖，身不由己"的感觉。

人总是有惰性的，不喜欢的工作做个一两个月，一旦习惯了，就会被惰性牵制，不想再换工作了。一日过一日，不知不觉中，三年五年过去了，那时要再转行，就更不容易了。

对于年轻人而言，走出校园迈向社会的第一份工作，应当慎之又慎。那种怀揣“先就业后择业”、随便找个公司挂靠的糊涂想法，无疑是“治标不治本”的错误之举。对自身定位不准，难以人尽其才，久而久之会让你的职业生涯陷入恶性循环。因为，在人生事业的起跳点，你早已纵身于深渊之中；在职业列车的始发站，你的列车早已驶错了方向。

所以，毕业前做一个长远的职业规划，慎重选择人生中的第一份工作，为自己的前途打好基础，这就显得尤为重要。

改变思路才能有出路

思想家梁启超曾说："变则通，通则久。"知变与应变的能力是一个人的素质问题，同时也是现代社会办事能力高低的一个很重要的考查标准。办事时要学会变通，不要总是直线思考，放弃毫无意义的固执，这样才能更好地办成事情。

著名诗人苏轼的《题西林壁》一诗中有这样的名句："横看成岭侧成峰，远近高低各不同。"如果你陷入了思维的死角而不能自拔，不妨尝试一下改变思路，打破原有的思维定式，反其道而行之，开辟新的境界，这样才能找到新的出路。

马铭刚到一家企业做员工，公司为新员工们提供一次内部训练的机会。按惯例，作为培训前调研，新员工应该与该公司总经理进行一次深入的交流。这家公司的办公室在一幢豪华写字楼里，落地玻璃门窗，非常气派。交流中，马铭透过总经理办公室的窗子，无意间看到有来访客人因不留意，头撞在高大明亮的玻璃大门上。大约过了不到一刻钟，竟然又看到了另外一个客人在刚才同一个地方头撞玻璃。前台接待小姐忍不住笑了，那表情明显的含义是："这些人也真是的。走起路来，这么大的玻璃居然看不见，眼睛到哪里去了？"

其实马铭知道，解决问题的方法很简单，那就是在这扇门上贴上一根横标志线，或贴一个公司标志图即可。然而，为什么这里多次出现问题就是没人来解决呢？问题的关键是，大家都习惯了固定的思维方式，不求变通。这一现象背后真正隐含着的是一种重要的解决问题的思维方式。

改变思路，重新审视我们的制度，才是解决问题的良方。

某市的一个生产品牌手机的工厂，有一组流水线上的工人，不断地进行改良和创新，把一个流程从两个多小时缩短到一分半钟。原来的BP机板是整个的，要切开以后再焊接，他们把第一步改成先焊接再切开，因为这样可以用机械手一次性焊成，缩短了时间。之后，他们不断改进，每一步都只有非常小的改变，但是每一步都很坚实，最后的结果是把流程从两个多小时缩短到了一分半钟。后来这一组工人受到了品牌手机总部的奖励，并前往美国向全球的其他生产该品牌手机的工厂介绍经验。他们的经验在工厂内部得到了推广，极大地提高了生产率。

生产该品牌手机的工厂的绩效改变无疑是非常惊人的，而这个惊人的绩效改变不是来自多么大的改革，而只是来自于一小步、一小步的改变。

“如果你讨厌一个人，那么，你就应该试着去爱他。”善于改变自己的思维，不按照常理去想问题，就会取得非同一般的成效。这就是说，换一种思维方式，就能够化解问题。

巴黎有一位漂亮女人，大选期间有人企图利用她的美色来拉拢一位代表投票。为了选举的公正，必须尽快找到这位美人，及早制止她的行动。但由于地址不详，担任这一寻找任务的上校经过24小时的努力，仍未掌握她的踪迹，急得坐卧不安。

这时，一位上尉来访，当即表示愿帮上校这个忙。上尉转身上街，找到一家大花店，让老板选一些鲜花，并让其帮助送给那位女人。老板一听美女的名字，把鲜花包装好后，举笔在纸上写下这位女人的地址，上尉轻而易举地获悉了这个女人的住处。

上校用24小时都未能找到的地址，上尉只用半小时就解决了。

显然，上校用的办法是惯常的户籍查询、布控寻访等方式，故而费时费力而难见成效。上尉却善于改变思路，上尉思维的“终端目标”是美女的地址，那么，谁知道她的地址呢？显然是常光顾其门者——在公共人员中，送花人应是首选，因为美女总是与鲜花联系在一起的。

这里的关键是找到一个中介点——鲜花店，这是上尉的高明之处。利用中介点拉近与目标的距离，这是破除习惯的重要路径。

年轻人做事要讲变通，千万不能“在一棵树上吊死”。一招行不通时，就换另一招。只要肯改变思路去寻求变化，就一定能发现新出路。只有懂得变通，才可以灵活运用一切他所知道的事物，还可巧妙地运用他并不了解的事物，在恰当的时间内把应做的事情处理好。

用变通打破困境

当你树立了一个明确的目标之后，就要制订一个相应的计划，但这还远远不够。常言说得好：“计划赶不上变化。”因为任何事情都是处于变化之中的，一件事情的发展总是会在你的意料之外。你原有的计划将不再适合于已经变化了的局面，你必须对此作出改变。而一个思想僵化、保守的人显然是难以应付的。只有那些富有创造性的人才能够思路开阔地、灵活机动地对待不可避免、持续发展的变化，而这些变化恰恰是实现目标所必需的。

有一天，农夫的驴子不小心掉进了枯井里，农夫为此大伤脑筋。他绞尽脑汁也救不出驴子，几小时过去了，驴子仍然在枯井里痛苦地哀嚎着。无奈之下，农夫只好决定放弃，他想："反正这头驴子年纪也大了，花费太大的力气去救它出来也没有什么价值了，不过这口井早晚还是得填起来，还不如现在就把井填了。"

于是，农夫请来邻舍们准备帮助他将驴子埋了，一方面帮它解除痛苦，另一方面把这口井填平。邻居们开始铲土往枯井中填，这时候，聪明的驴子很快就领悟到了主人的用意，开始凄惨地哭了起来。但出人意料的是，一会儿驴子就安静了下来。

农夫好奇地探头往井底一看，顿时赞叹自家驴子的智慧。当他们将土扔到驴子的背部时，驴子的反应却令人称奇——它将泥土抖落在一旁，然后再将土踩在脚下。这些人不断地填土，驴子就不断地踩。就这样，驴子将他们铲到它身上的泥土全数抖落在井底，然后再站上去。没过多长时间，驴子就上升到了井口，在场围观的人无不用惊讶的表情看着刚刚自救成功的驴子。

驴子通过创新的思维和创新的行动拯救了自己，获得了成功。在全球化的浪潮中，灵活变通是必需的，灵活多变能把你引向成功的坦途，同时它也将成为你棋高一着的标志。

有个穷人向富人借钱，年关将近还还不了。于是富人对穷人说：“这样吧，我把一黑一白两个石子放在布袋里，你来摸，摸到白的就不用还了，如果是黑的你就把女儿嫁给我。”

富人在放石子的时候，穷人的女儿看见他把两个黑石子放在口袋里。怎么办？当场拆穿的话一样没好处，只有想个变通的方法。于是穷人的女儿在父亲摸到石子的一刹那故意把它碰落在一堆石子中，使之混于一堆石子中无法辨认是哪个。“这时只有一个办法，那就是拿出布袋中的另外一个以证明掉落的一个是黑还是白。”穷人的女儿这样说。不用说，穷人的女儿最终凭借自己变通的智慧使自己摆脱了困境。

所以，很多时候，在陷入困境中时，硬来不如想法变通来得有用。变通是每个年轻人都需要学会的一种思维方式。

詹姆斯是一家大公司的高级主管，他处在一个两难的境地：一方面，他非常喜欢自己的工作，也很喜欢因工作而得来的丰厚薪水；但是，另一方面，他非常讨厌他的主管，经过多年的忍受，最近他发觉已经到了忍无可忍的地步了。在经过慎重思考之后，他决定去猎头公司重新谋一个别的公司的职位。

回到家中，詹姆斯把这一切告诉了他的妻子。他的妻子是一个教师，那天刚刚教学生如何颠倒过来看问题，于是把上课的内容讲给了詹姆斯听。这给了詹姆斯以启发，一个大胆的创意在他脑中浮现。

第二天，他又来到猎头公司，这次他是请猎头公司替他的主管找工作。不久，主管接到了猎头公司打来的电话，请他去别的公司高就。尽管他完全不知道这是他的下属和猎头公司共同努力的结果，但正好这位主管对自己现在的工作也厌倦了，没有考虑多久，他就接受了这份新工作。

这件事最美妙的地方，就在于主管接受了新的工作，结果他目前的位置就空出来了。詹姆斯申请了这个位置，于是他就坐上了以前他主管的位置。

年轻人在处事时，也要注意变通。善于变通的人能够认识到什么是机会，并会及时采取行动抓住机会。变通能力需要以人的洞察力和行动力为武器，要时时与自身固执的心态作斗争。

善于变通的人，只需一个好思路，就能开辟一条道路；只需一个转变，就能看到别样的风景；只需灵活一点儿，就能进退无碍；只需摒弃一份固守，就能获得一次重生；只需举力打破，就能赢得天下。

转换视角，有更多的路可以走

我们常常会遇到难以解决的问题，有的人会选择放弃，有的人会选择不达目的不罢休，而有的人会改变思路，寻找解决问题的新角度。毫无疑问，最后一种人是最有可能解决问题，并有大的收获的人。

犹太人说，这世界上卖豆子的人应该是最快乐的，因为他们永远不必担心豆子卖不完。

假如他们的豆子卖不完，可以拿回家去磨成豆浆，再拿出来卖给行人。如果豆浆卖不完，可以制成豆腐。豆腐卖不成，变硬了，就当作豆腐干来卖。而豆腐干卖不出去的话，就把这些豆腐干腌起来，变成腐乳。

还有一种选择是：卖豆人把卖不出去的豆子拿回家，加上水让豆子发芽，几天后就可以改卖豆芽。如豆芽卖不动，就让它长大些，变成豆苗。如豆苗还是卖不动，再让它长大些，移植到花盆里，当作盆景来卖。如果盆景卖不出去，那么再把它移植到泥土中去，让它生长。几个月后，它结出了许多新豆子。一颗豆子现在变成了上百颗豆子，想想那是多么划算的事。

一颗豆子在遭遇冷落的时候，可以有无数种精彩的选择，一个人更是如此。当你遭受挫折的时候，千万不要丧失信心，稍加变通，再接再厉，就有美好的前途。条条道路通罗马，要相信自己终会成功的。

年轻人在遇到难以解决的问题时，与其死盯住不放，不如把问题转换一下，化难为易，达到解决问题的目的。聪明人可以把复杂问题简单化，不聪明的人可以把简单的问题复杂化。事实上，解决复杂问题时能够化繁为简，就体现了一种新的视角。在“曹冲称象”这个故事中，曹冲之所以能够把称大象这么一个复杂的困难问题变得简便易行，关键是他把“称大象”变成了“称石头”。

有一个农民，当地人都说他是个聪明人。因为他爱动脑筋，所以常常花费比别人更少的力气，获得更大的收益。秋天收获土豆后，为了卖个好价钱，大家都先把土豆按个头分成大、中、小三类，每家都起早摸黑地干，希望快点把土豆运到城里赶早上市。而这个农民却与众不同，他根本不做分拣土豆的工作，而是直接把土豆装进麻袋里运走。他在向城里运土豆时，没有走一般人都经过的平坦公路，而是载着装土豆的麻袋，开车跑一条颠簸不平的山路。这样一路下来，因为车子的不断颠簸，小的土豆就落到麻袋的底部，而大的就留在了上面，卖的时候大小就能够分开了。这样，他的土豆总是最早上市，因此，他每次赚的钱自然比别人家的多。

在现实生活中，当我们解决问题时，时常会遇到瓶颈，那是由于我们只在同一角度停留造成的，如果能换一种视角，也就是我们一直在说的换一面考虑问题，情况就会改观，创意就会变得有弹性。

法国著名女高音歌唱家玛·迪梅普莱，有一个美丽的私人园林。每到周末，总有人到她的园林摘花、拾蘑菇，有的甚至搭起帐篷，在草地上野营、野餐，弄得林园一片狼藉。

管家曾让人在园林四周围上篱笆，并竖起“私人园林，禁止入内”的木牌，但均无济于事，园林内依然不断地遭到践踏、破坏。于是管家请示迪梅普莱，她沉思片刻，让管家做一些大牌子立在路口，上面醒目地写明：“如果在林中被毒蛇咬伤，最近的医院距此15公里，驾车约半小时即可抵达。”从此再也没有人闯入园林。

对于非常强大的障碍，如果我们没有充分的条件和充足的力量去打垮它，只是一味地直线前进，盲目蛮干，轻则徒劳无功，重则头破血流，丢盔卸甲，甚至惨败。

但如果我们动动脑筋，变换一下思路，不去向强敌直接挑战，不去触动和攻击障碍本身，而是采取避实击虚、避重击轻的迂回方式，先去解决与它发生密切关系的其他因素，最后使它不堪一击或不攻自破，比起硬碰硬的真打实敲，会更加有效。

金钱替代不了亲情

从前有个特别爱财的国王，一天，他跟神说：“请教给我点金术，让我伸手所能摸到的都变成金子，我要使我的王宫到处都金碧辉煌。”

神说：“好吧。”

于是第二天，国王刚一起床，他伸手摸到的衣服就变成

了金子，他高兴得不得了。然后他吃早餐，伸手摸到的牛奶也变成了金子，摸到的面包也变成了金子，他这时觉得有点不舒服了，因为他吃不成早餐，得饿肚子了。他每天上午都要去王宫里的大花园散步。当他走进花园时，看到一朵红玫瑰开放得非常娇艳，情不自禁地上前抚摸了一下，玫瑰立刻也变成了金子。他感到有点遗憾。这一天里，他只要一伸手，所触摸的任何物品全部变成了金子。后来，他越来越恐惧，吓得不敢伸手了。他已经饿了一整天。到了晚上，他最喜欢的小女儿来拜见他，他拼命地喊着："女儿，别过来！"可是天真活泼的女儿仍然像往常一样径直跑到父亲身边，伸出双臂来拥抱他，结果女儿变成了一尊金像。

这时国王大哭起来，他再也不想要这个点金术了，他跑到神那里，跟神祈求："神啊，请宽恕我吧，我再也不贪恋金子了，请把我心爱的女儿还给我吧！"

神说："那好吧，你去河里把你的手洗干净。"

国王马上到河边拼命地搓洗双手，然后赶紧跑去拥抱女儿，女儿又变回了天真活泼的模样。

第十二篇

再累也要挺一挺，再苦也要笑一笑

冬天总会过去，春天迟早会来临

四时有更替，季节有轮回，严冬过后必是暖春，这符合大自然的发展规律。在我们人类眼中，事物的发展似乎也遵循着这一条规律，否极泰来、苦尽甘来、时来运转等成语无不反映了人们一种美好的愿望：逆境达到极点就会向顺境转化，坏运到了尽头好运就会到来。所以，我们坚信，没有一个冬天不可逾越，没有一个春天不会来临。这是对生活的信心，也是对生活的希望，有了信心与希望，无论事情多糟糕，我们也会有面对现实的勇气和决心。

约翰是一个汽车推销商的儿子，是一个典型的美国孩子。他活泼、健康，热衷于篮球、网球、垒球等运动，是中学里一个众所周知的优秀学生。后来约翰应征入伍，在一次军事行动中，他所在部队被派遣驻守一个山头。激战中，突然一颗炸弹

飞入他们的阵地，眼看即将爆炸，他果断地扑向炸弹，试图将它丢开。可是炸弹却爆炸了，他重重地倒在地上，当他向后看时，发现自己的右腿、右手全部被炸掉，左腿变得血肉模糊，也必须截掉了。一瞬间他想哭，却哭不出来，因为弹片穿过了他的喉咙。人们都以为约翰再也不能生还，但他却奇迹般地活了下来。

是什么力量使他活了下来？是格言的力量。在生命垂危的时候，他反复诵读贤人先哲的这句格言：“如果你懂得苦难磨炼出坚韧，坚韧孕育出骨气，骨气萌发不懈的希望，那么苦难最终会给你带来幸福。”约翰一次又一次默念着这段话，心中始终保持着不灭的希望。然而，对于一个三截肢（双腿、右臂）的年轻人来说，这个打击实在太大了！在深深的绝望中，他又看到了一句先哲格言：“当你被命运击倒在底层之后，再能高高跃起就是成功。”

回国后，他从事了政治活动。他先在州议会中工作了两届，然后他竞选副州长失败。这是一次沉重的打击，但他用这样一句格言鼓励自己：“经验不等于经历，经验是一个人经过经历所获得的感受。”这指导他更自觉地去尝试。紧接着，他学会驾驶一辆特制的汽车并跑遍全国，发动了一场支持退伍军人的事业。那一年，总统命他担任退役军人事务局负责人，那时他34岁，是在这个机构中担任此职务最年轻的一个人。约翰卸任后，回到自己的家乡。1982年，他被选为国会议员，1986年再次当选。

后来，约翰已成为亚特兰城一个传奇式人物。人们经常可以在篮球场上看到他摇着轮椅打篮球。他经常邀请年轻人与他进行投篮比赛，他曾经用左手一连投进了18个空心篮。

有一句格言说：“你必须知道，人们是以你自己看待自己的方式来看你的。你对自己自怜，人家则会报以怜悯；你充满自信，人们会待以敬畏；你自暴自弃，多数人就会嗤之以鼻。”一个只剩一条手臂的人能成为一名国会议员，能被总统赏识担任一个国家机构的要职，是这些格言给了他力量。同时，他的成功也成了这些格言的有力佐证。

天无绝人之路，生活有难题，同时也会给我们解决问题的能力与方法。约翰之所以能够生存下来并创造事业的辉煌，是因为他坚信人生没有过不去的坎儿，坚信冬天之后春天会来临。他在困难面前没有低头，昂首挺进，直至迎来了生命的春天。

生活并非总是艳阳高照，狂风暴雨随时都有可能来临。

但是每一个人都需要将自己重新打理一下，以一种勇敢的人生姿态去迎接命运的挑战。请记住，冬天总会过去，春天总会来到，太阳也总要出来的。度过寒冬，我们一定会生活得更好。

播种希望，收获奇迹

多年以前，美国曾有一家报纸刊登了一则园艺所重金征求纯白金盏花的启事，在当地轰动一时。高额的奖金让许多人趋之若鹜，但在千姿百态的自然界中，金盏花除了金色的就是棕色的，能培植出白色的不是一件易事。所以许多人一阵热血沸腾之后，就把那则启事抛到九霄云外去了。

一晃就是20年，一天，那家园艺所意外地收到了一封热情的应征信和一粒纯白金盏花的种子。当天，这件事就不胫而走，引起轩然大波。

寄种子的原来是一个年已古稀的老人。老人是一个地地道道的爱花人。20年前当她偶然看到那则启事后，便怦然心动，她不顾8个儿女的一致反对，义无反顾地干了下去。她撒下了一些最普通的种子，精心侍弄。一年之后，金盏花开了，她从那些金色的、棕色的花中挑选了一朵颜色最淡的，任其自然枯萎，以取得最好的种子。次年，她又把它种下去，然后再从这些花中挑选出颜色最淡的花种栽种……日复一日，年复一年，终于，20年后的一天，她在那片花园中看到一朵金盏花，它不是近乎白色，也并非类似白色，而是如银如雪的白。一个连专家都解决不了的问题，在这位不懂遗传学的老人手中迎刃而解，这是奇迹吗？

笑迎人生风雨

生活中难免有痛苦和失落，但是我们不能总是用悲观的心去对待生活，而应该在艰难中给自己一点儿希望，让自己坚强起来，再苦也要笑一笑。

钟爱东是一个百亩鱼塘的主人，被评为省“巾帼科技兴农带头人”。她曾经是一名普通的下岗女工，下岗之后开始从事水产养殖，不惑之年的她勤劳纯朴，成为身价千万的养殖大王。在打拼事业的路上，也曾几经起落。

1997年1月1日，钟爱东下岗了。她在这家工厂工作了近

20年，还成了厂里的“一把手”，几乎把全部的心血都给了工厂，最好的青春年华也都是在这个工厂中度过的。丢失“铁饭碗”让她一时间不知所措。那一天，她哭了。

下岗后，她接到花都区妇联打来的电话。就是这个电话，改变了她后来的人生，也在最艰难的时候教会她“用笑容去迎接困难”。钟爱东在当厂长的时候就经常与周围的农民接触，知道养殖水产有赚头，看准这一点，她拿出了仅有的2000元“压箱底儿钱”，又东奔西走借了些款，一咬牙承包了200亩低洼田进行养殖。资金不够，就赚一分投入一分，滚动式周转。几年下来，天天“泡”鱼塘、搞技术，200亩低洼田变成了水产养殖地。钟爱东说，那时照看鱼塘就是她全部的工作了，她每天早上都要绕池塘走上一走。

但是没想到，生活的打击来得这么快。一场大洪水淹没了她刚刚兴旺的鱼塘。不断上涨的洪水一点点儿吞没了鱼塘，鱼儿也顺着水流“逃逸”，看到此景，钟爱东绝望地回了家。“在哪里跌倒就从哪里爬起来。”钟爱东说，这是当时丈夫说的唯一的话，倔强的她这次没有流泪。她开始带着工人挖塘、养苗，引进新技术、新鱼种，被洪水淹没的鱼塘一点点儿“回来”了。多年的艰难经营，让钟爱东成了远近闻名的“鱼王”，鱼塘越做越大，还办起了企业。

钟爱东有个幸福的四口之家，在最困难的时候，家人的支持成了她的精神支柱。屡经磨难，钟爱东说最重要的是要学会如何看待失败，“下岗、失败都不用怕，路是自己走出来的，认定目标走下去，一定会成功。”

生命，有起有落，有悲有喜，起伏不定，但是太阳却依然明亮，月亮仍然美丽，星星依旧闪烁……一切的一切仍旧是那么和谐，而生命，依然会有着更美丽的色彩，亟待我们去开发。明天，总是美好的，只要我们有心，只要我们在艰难中咬紧牙关，我们就能够在痛苦中盼来新一轮的朝阳。

错误往往是因为选错了方式

克莱克·凯·伍德的母亲对在当地电台工作的儿子很有意见，因为年纪轻轻的儿子偏偏留着小胡子，她不喜欢儿子这样，因为这样显得太老成了。她多次劝说儿子剃掉胡子，都未奏效。

当克莱克·凯·伍德为本地的公共电台筹措资金时，电台的接线员告诉他，一位妇女打电话说，如果克莱克·凯·伍德把他那让人讨厌的小胡子剃掉的话，她愿意捐赠100美元。为了工作，克莱克·凯·伍德决定接受这个条件，晚上回到家里，他便把胡子剃得干干净净。

第二天，支票果然寄来了，可是汇款人栏上却署着他母亲的名字。

伍德的母亲用智慧的爱剃掉了他的胡子。当克莱克·凯·伍德成了美国著名电视节目主持人后，说到此事时还激动得热泪盈眶。

这份情感让人非常感动。但是，好心也要用对地方，否则不但会添乱，还会把事情搞砸。

胡强的爷爷喜欢留着长长的胡子，随着年龄的增长，长胡子给他带来了很多的不便。经常影响吃饭，而且一些顽皮的孩子老是以拽他的胡子为乐。胡强的爸爸看着很难受，便多次劝他把胡子剃掉，可是怎么都劝服不了他。

胡强看在眼里，急在心里。一天晚上，他趁爷爷睡着的时候把他的胡子给剪了，爷爷醒来后十分气愤，两个人大吵了一架。胡强觉得委屈，爷爷气得几天没吃东西，两人谁也不理谁。

都是为了剃胡子，也都是出于爱心，却产生了如此迥异的结果。很多时候，我们其实并没有做错什么，只是选错了方式。

所以，做事情一定要注意做事的方式。只有方式对了，你做的努力才有意义，有时候甚至能带来意想不到的奇效。

快过年了，一位大公司的董事长很苦恼：往年蒸蒸日上的公司，今年的利润大幅度下降。这绝不能怪员工，因为人人都已意识到经济的不景气，干得比以前更卖力。

马上要过年了，照往例，年终奖金最少加发两个月，多的时候甚至再加倍。今年可惨了，算来算去，顶多只能给一个月的奖金。要是让老员工知道，工作积极性会大受影响。

董事长忧心忡忡地对总经理说："许多员工以为最少能领两个月的奖金，恐怕飞机票、新家具都订好了，只等拿奖金就出去度假或付账单呢！"

总经理也愁眉苦脸了："好像给孩子糖吃，每次都抓一大把，现在突然改成两颗，小孩子一定会吵。"

"对了！"董事长灵机一动，"你倒使我想起小时候到店里买糖，总喜欢找同一个店员，因为别的店员都先抓一大把，拿去称，再一颗一颗往回扣，而那个比较可爱的店员则每次都抓不足重量，然后一颗一颗往上加。说实在话，最后拿到的糖没什么差异，但我就是喜欢后者。"

没过两天，公司突然传来小道消息："由于业绩不佳，年底要裁员。"

顿时人心惶惶了。每个人都在猜，会不会是自己。

但是，接着总经理就做了宣布：“公司虽然艰苦，但大家同坐一条船，再怎么危险，也不愿牺牲共患难的同事，只是年终奖金不可能发了。”

听说不裁员，人人都放下心头上的一块大石头，没被解雇的窃喜早压过了没有年终奖金的失落。

眼看春节将至，人人都做了过个穷年的打算，彼此约好拜年不送礼，以渡过难关。突然，董事长召集各部门主管召开紧急会议。看主管们匆匆上楼，员工们面面相觑，心里都有点儿七上八下：“难道又变了卦？”

没几分钟，主管们纷纷冲进自己的部门，兴奋地高喊着：“有了！有了！还是有年终奖金，整整一个月，马上发下来，让大家过个好年！”

整个公司大楼爆发出一片欢呼，连坐在顶楼的董事长都感觉到了地板的震动……

看看吧，董事长只不过换了种方法，不但帮助公司渡过难关，而且公司的凝聚力也大大提升了。

所以，努力地做事固然重要，但如果能开动脑筋、讲究方式，就能事半功倍，你的目标也许就会提前实现。做事情若单靠努力和个人意愿，而不懂得注意方式，往往会坏了事情。

最大的敌人就是自己

驯鹿和狼之间存在着一种非常独特的关系，它们在同一个地方出生，又一同奔跑在自然环境极为恶劣的旷野上。大多数时候，它们相安无事地在同一个地方活动，狼不骚扰鹿群，驯鹿也不害怕狼。

在这看似和平安闲的时候，狼会突然向鹿群发动袭击。驯鹿惊愕而迅速地逃窜，同时又聚成一群以确保安全。狼群早已盯准了目标，在这追和逃的游戏里，会有一只狼冷不防地从斜刺里蹿出，以迅雷不及掩耳之势抓破一只驯鹿的腿。

游戏结束了，没有一只驯鹿牺牲，狼也没有得到一点儿食物。第二天，同样的一幕再次上演，依然从斜刺里冲出一只狼，依然抓伤那只已经受伤的驯鹿。

每次都是不同的狼从不同的地方蹿出来做猎手，攻击的却只是那一只鹿。可怜的驯鹿旧伤未愈又添新伤，逐渐丧失大量的血和力气，更为严重的是它逐渐丧失了反抗的意志。当它越

来越虚弱，已不会对狼构成威胁时，狼便群起而攻之，美美地饱餐一顿。

其实，狼是无法对驯鹿构成威胁的，因为身材高大的驯鹿可以一蹄把身材矮小的狼踢死或踢伤，可为什么到最后驯鹿却成了狼的腹中之食呢？

狼是绝顶聪明的，它们一次次抓伤同一只驯鹿，让那只驯鹿经过一次次的失败打击后，变得信心全无，到最后它完全崩溃了，完全忘了自己还有反抗的能力。最后，当狼群攻击它时，它放弃了抵抗。

所以，真正打败驯鹿的是它自己，它的敌人不是凶残的狼，而是自己脆弱的心灵。同样的道理，要让自己强大起来，唯一的方法就是挑战自己、战胜自己、超越自己。

每个人最大的对手就是自己。如果你能战胜自己，走出布满阴霾的昨天，你也能成为幸福的人，获得自己人生的奖赏。

错误往往是成功的开始

曾经有人做过分析后指出，成功者成功的原因，其中一条很重要的就是“随时矫正自己的错误”。一个渴望成功、渴望改变现状的人，绝对不会因一个错误而停止前进的脚步，他必定会找出成功的契机，继续前进。

一位老农场主把他的农场交给一位外号叫“错错”的雇工管理。

农场里有位堆草垛的高手心里很不服气，因为他从来都没有把错错放在眼里。他想，全农场哪个能够像我那样，一举挑杆儿，草垛便像中了魔似的不偏不倚地落到了预想的位置上？回想错错刚进农场那会儿，连杆子都拿不稳，掉得满地都是草，有的甚至还砸在自己的头上，非常可笑。等他学会了堆草垛，又去学割草，留下歪歪斜斜、高高低低一片狼藉；别人睡觉了，他半夜里去了马房，观察一匹病马，说是要学学怎样给马治病。为了这些古怪的念头，错错出尽了洋相，不然怎么叫他“错错”呢？

老农场主知道堆草垛高手的心思，邀请他到家里喝茶聊天。老农场主问：“你可爱的宝宝还好吗？平时都由他们的妈妈照顾吧？”高手点点头，看得出来他很喜欢他的孩子。老人又说：“如果孩子的妈妈有事离开，孩子又哭又闹怎么办呢？”“当然得由我来管他们啦。孩子刚出生那阵子真是手忙脚乱哩，不过现在好多了。”高手说。

老人叹了一口气，说：“当父母可不易哦。随着孩子的渐渐长大，你需要考虑的事情还有很多很多，不管你愿意不愿意，因为你是父亲。对我来说，这个农场也就是我的孩子，早年我也是什么都不懂，但我可以学，也经过了很多次的失败，就像错错那样，经常遭到别人的嘲笑。”

话说到这个节骨眼儿上，堆草垛高手似乎领会了老人的用意，神情中露出愧色。

“优胜劣汰”成为一种必然，但现在人们开始认同另一种说法：成功，就是无数个“错误”的堆积。

错误是这个世界的一部分，与错误共生是人类不得不接受的命运。

错误并不总是坏事，从错误中汲取经验教训，再一步步走向成功的例子也比比皆是。因此，当出现错误时，我们应该像有创造力的思考者一样了解错误的潜在价值，然后把这个错误当作垫脚石，从而产生新的创意。事实上，人类的发明史、发现史到处充满了错误假设和错误观点。哥伦布以为他发现了一条到印度的捷径，开普勒偶然间得到行星间引力的概念，他这个正确假设正是从错误中得到的，再说爱迪生还知道几千种不能用来制作灯丝的材料呢。

错误还有一个好用途，它能告诉我们什么时候该转变方向。只有适时转变方向，才不会撞上失败这块绊脚石。

想收获，就得先付出

有个人在沙漠里穿行，已经连续几天没喝水了。他饥渴难耐，马上就要支撑不住了，突然发现在前面一株巨大的仙人掌下面有一个压水井。

他欣喜若狂，马上走了过去。看见压水井上面放着一瓶水，他嗓子都要冒烟了，不管三七二十一拿起瓶子准备喝水，发现水井上有块醒目的警告牌子，他忍住干渴，只见牌子上写着这样一些字：

这里距离沙漠的尽头，最近的距离是100英里。

如果你现在将这瓶水喝完，虽然能暂时解除你的干渴，但是你绝对不可能走出沙漠。

如果你将瓶子里的水倒入压水泵，引出井里的水，那么你就能畅饮清凉洁净的井水，使你能平安走出这片沙漠。最后，享用完了别忘了为别人装满一瓶水。

这个人心想，幸好我看了警告，不然后果……然后他将瓶子中的水倒入水泵中，喝足了清凉的井水，安全走出了这片沙漠。

在取得之前，要先学会付出。只有懂得付出，才能引出生命之水，助你安然走过人生的沙漠。种瓜得瓜，种豆得豆。春种一粒粟，秋收万颗子。没有付出，却想不劳而获，就同妄想天上掉馅饼是一样的道理。

一位从南方来的乞丐与一位从北方来的乞丐在路上相遇。南方乞丐惊愕地说道："你多么像我，我也多么像你，你的神情、服装、举止，甚至那个碗，都和我的简直一模一样。"

北方乞丐也兴奋地嚷着："我觉得在遥远的过去，似乎早就与你相识了。"这两位乞丐被彼此吸引，他们渐渐地爱上了对方。于是，他们不再去天涯海角流浪讨饭，彼此只想依偎在一起。

南方乞丐问："我们已经在一起了，你还拿着碗乞求什么？"

北方乞丐说："这还需要问吗？当然是乞求你的爱。我知道你是爱我的，除了我之外，还有谁跟我一样与你有这么多相同点呢？"

北方乞丐继续说道："亲爱的，将你碗里满满的爱，倒在我的空碗里吧，让我感受你无比的温暖。"

南方乞丐回答说：“我端的也是空碗，难道你没瞧见吗？我也祈求你的爱倒入我的空碗，让我的空碗满满的都是你的爱。”

“我的碗是空的，又怎么给你呢？”北方乞丐一脸狐疑。

南方乞丐也说：“我的碗难道是满的吗？”

两个乞丐互相乞讨，都期望对方能给自己一些什么，可是一直到最后，任何一方都没有得到对方的爱。

他们渐渐累了，各自叹息之后，走回自己原本的路，继续

向其他人乞讨。

在期待别人的付出前，你要先学会付出。爱是相互的。建立在对对方予取予求基础上的爱，就像沙滩上的城堡，指望它能经得起海浪的洗礼是不明智的。因为事实告诉我们，只有靠双方真诚付出，才能使我们的城堡建立在坚实的岩石上，我们爱的城堡才可以在风雨中屹立不倒。

所以，想得到一些东西，你就必须得付出一些东西，付出多少，你就能得到多少。俗话说，一分耕耘，一分收获。当然，你不必刻意地追求回报，它总是会自己悄悄到来的。

第十三篇

人生得于淡定时，成功须过寂寞关

人这一辈子总有一个时期需要卧薪尝胆

人生不如意事十之八九，即使是一个十分幸运的人，在他的一生中也总有一个或几个时期处于十分艰难的情况，总是一帆风顺的时候几乎没有。看一个人是否成功，我们不能看他成功的时候或开心的时候怎么过，而要看其在不顺利的时候，在没有鲜花和掌声的落寞日子里怎么过。有句话是这么说的："在前进的道路上，如果我们因为一时的困难就将梦想搁浅，那只能收获失败的种子，我们将永远不能品尝到成功这杯美酒芬芳的味道。"

在中国商界，史玉柱被称为"不死的凤凰"。

他曾经是20世纪90年代最炙手可热的商界风云人物，但也因为自己的张狂而一赌成恨，血本无归。下了很大的决心后，史玉柱决定和自己的3个部下爬一次珠穆朗玛峰——那个他一直想去的地方。

"当时雇一个导游要800元，为了省钱，我们4个人什么也不知道就那么往前冲了。"1997年8月，史玉柱一行4人就从珠峰5300米的地方往上爬。要下山的时候，4个人身上的氧气用完了，走一会儿就得歇一会儿。后来，又无法在冰川里找到下山的路。

"那时候觉得天就要黑了，在零下二三十摄氏度的冰川里，肯定要冻死。"

许多年后，史玉柱把这次的珠峰之行定义为自己的"寻路之旅"。之前的他张狂、自傲，带有几分赌徒似的投机秉性。33岁那年刚进入《福布斯》评选的中国大陆富豪榜前10名，两年之后，就负债2.5亿元，成为“中国首负”，自诩是“著名的失败者”。珠峰之行结束之后，他沉静、反思，仿佛变了一个人。

不管在高耸入云的珠穆朗玛峰上史玉柱找没找到自己的路，一番内心的跌宕在所难免。不然，他不会从最初的中国富豪榜第八名沦落到“首负”之后，又发展到百亿身价。其中艰辛常人必定难以体会。正因为如此，有人用“沉浮”二字去形容他的过往，而史玉柱从失败到重新崛起的经历，也值得我们探讨学习。

20世纪90年代，史玉柱是中国商界的风云人物。他通过销售巨人汉卡迅速赚取超过亿元的资本，凭此赢得了巨人集团所在地珠海市第二届科技进步特殊贡献奖。那时的史玉柱，事业达到了顶峰，自信心极度膨胀，似乎没有什么事做不成。也就是在获得诸多荣誉的那年，史玉柱决定做点“刺激”的事：要在珠海建一座巨人大厦，为城市争光。

大厦最开始定的是18层，但之后大厦层数节节攀升，一直飙到72层。此时的史玉柱就像打了鸡血一样，明知大厦的预算超过10亿元，手里的资金只有2亿元，还是不停地加码。最终，巨人大厦的轰然倒地让不可一世的史玉柱尝尽了苦头。他曾经在最后的关头四处奔走寻觅资金，但“所有的谈判都失败了”。

随之而来的是全国媒体的一哄而上，成千上万篇文章骂他，欠下的债也是个极其恐怖的数字。史玉柱最难熬的日子是1998年上半年，那时，他连一张飞机票也买不起。“有一天，为了到无锡去办事，我只能找副总借，他个人借了我一张飞机票的钱，1000元。”到了无锡后，他住的是30元一晚的招待所。女招待员认出了他，没有讽刺他，反而给了他一盆水果。那段日子，史玉柱一贫如洗。如果有人给那时的史玉柱拍摄一些照片，那上面的表情必定是极度张狂到失败后的落寞，焦急、忧虑是史玉柱那时最生动的写照。

经历了这次失败，史玉柱开始反思。他觉得性格中一些癫狂的成分是他失败的原因。他想找一个地方静静，于是就有了一年多的南京隐居生活。

在中山陵前面有一片树林，史玉柱经常带着一本书和一个面包到那里充电。那段时间，他每天10点左右起床，然后下楼开车往林子那边走，路上会买好面包和饮料。部下在外边做市场，他只用手机遥控。晚上快天黑了就回去，在大排档随便吃一点儿，一天就这样过去了。

后来有人说，史玉柱之所以能“死而复生”，就是得益于那时候的“卧薪尝胆”。他是那种骨子里希望重新站起来的人，事业可以失败，精神上却不能倒下。

经过一段时间的修身养性，他逐渐找到了自己失败的症结：之前的事业过于顺利，所以忽视了许多潜在的隐患——不成熟、盲目自大、野心膨胀，这些就是他性格中的不安定因素。

他决心从头再来，此时，史玉柱身体里“坚强”的秉性体现出来。他在那次珠峰，以及多次“省心”之旅后踏上了负重的第二次创业。这次事业的起点是保健品脑白金。

因为之前的巨人大厦事件，全国上下已经没有几个人看好史玉柱，他再次的创业只是被更多的人看作赌徒的又一次疯狂。但脑白金一经推出，就迅速风靡全国，到2000年，月销售额达到1亿元，利润达到4500万元。自此，巨人集团奇迹般地复活。虽然史玉柱还是遭到全国上下诸多非议，但不争的事实却是，史玉柱曾经的辉煌确实慢慢回来了。

赚到钱后，他没想到为自己谋多少私利，他做的第一件事就是还钱。这一举动，再次使其成为众人的焦点。因为几乎没有人能够想到史玉柱有翻身的一天，更没想到这个曾经输得一贫如洗的人能够还钱。但他确实做到了。

认识史玉柱的人，总说这些年他变化太大。怎么能没有变化呢？一个经历了大起大落的人，内心总难免泛起些波澜。而对于史玉柱，改变最多的大概是心态和性格。几番沉浮，很少有人再看到他像早些年那样狂热、亢奋、浮躁，更多的是沉稳、坚忍和执着。即使是十分危急的关头，他也是一副胸有成竹、不慌不忙的样子。

回想自己早年的失败时，史玉柱曾特意指出，巨人大厦“死”掉的那一刻，他的内心极其平静。而现在，身价百亿的他也同样把平静作为自己的常态。只是，这已是两种不同的境界。前者的平静大概象征一潭死水，后者则是波涛过后的风平浪静。起起伏伏、沉沉落落，有些人生就是在这样的过程中变得强大和不可战胜。良好的性情和心态是事业成功的关键，少了它们，事业的发展就可能徒增许多波折。

人生难免有低谷的时候，在这样的时刻，我们需要的就是忍受寂寞、卧薪尝胆。就像当年越王勾践那样，三年的时间里，作为失败者他饱受屈辱，被放回越国之后，他选择了在寂寞中品尝苦胆，铭记耻辱，奋发图强，最终得以雪耻。

不要羡慕别人的辉煌，也不要眼红别人的成功，只要你能忍受寂寞，满怀信心地去开创，默默付出，相信生活一定会给你丰厚的回报。

只专注于脚下的路

我们之所以没有成功，很多时候是因为在通往成功的路上，我们没能耐得住寂寞，没有专注于脚下的路。

张艺谋的成功在很大程度上来源于他对电影艺术的诚挚热爱和忘我投入。正如传记作家王斌所说的那样："超常的智慧和敏捷固然是张艺谋成功的主要因素，但惊人的勤奋和刻苦也是他成功的重要条件。"

拍《红高粱》的时候，为了表现剧情的氛围，他亲自带人去种出一块100多亩的高粱地；为了"颠轿"一场戏中轿夫们颠着轿子踏得山道尘土飞扬的镜头，张艺谋硬是让大卡车拉来十几车黄土，用筛子筛细了，撒在路上；在拍《菊豆》中杨金山溺死在大染池一场戏时，为了给摄影机找一个最好的角度，更是为了照顾演员的身体，张艺谋自告奋勇地跳进染池充当“替身”，一次不行再来一次，直到摄影师满意为止。

我们如果还在抱怨自己的命运，还在羡慕他人的成功，就需要好好反省自身了。很多时候，你可能就输在对事业的态度上。

1986年，摄影师出身的张艺谋被吴天明点将出任《老井》一片的男主角。没有任何表演经验的张艺谋接到任务，二话没说就搬到农村去了。

他剃光了头，穿上大腰裤，露出了光脊背。在太行山一个偏僻、贫穷的山村里，他与当地乡亲同吃同住，每天一起上山干活，一起下沟担水。为了使皮肤粗糙、黝黑，他每天中午光着膀子在烈日下曝晒；为了使双手变得粗糙，每次摄制组开会，他不坐板凳，而是学着农民的样子蹲在地上，用沙土搓揉手背；为了电影中的两个短镜头，他打猪食槽子连打了两个

月；为了影片中那不足一分钟的背石镜头，张艺谋实实在在地背了两个月的石板，一天3块，每块150斤。

在拍摄过程中，张艺谋为了达到逼真的视觉效果，真跌真打，主动受罪。在拍“舍身护井”时，他真跳，摔得浑身酸疼；在拍“村落械斗”时，他真打，打得鼻青脸肿。更有甚者，在拍旺泉和巧英在井下那场戏时，为了找到垂死前那种奄奄一息的感觉，他硬是三天半滴水未沾、粒米未进，连滚带爬拍完了全部镜头。

在通往成功的道路上，如果你能耐得住寂寞，专注于脚下的路，目的地就在你的前方，只要努力，你一定会走到终点。如果你专注于困难，始终想不到目的地就在离你不远的前方，你永远都走不到终点！

可能在人生旅途中，我们会有理想，也会有很多目标，但我们从来都不知道会遇到什么困难，所以你努力地朝着终点前进，你在过程中变得更自信、更坚强，最终也走到了目的地。但如果你已经预测到了，我们的旅途是何等的艰辛，它困难重重，我们千方百计地去设想、规划每个可能碰到的困难，结果我们在攻克中迷失了方向，在想的过程中目的地已经离我们很远了。

不做自己的“降兵”

生活中，很多时候，你越是想远离痛苦就越觉得痛苦，越是想放弃或逃避越是逃脱不了：你没有过人的才华，不懂得为人处世的技巧，在办公室里，你要小心翼翼地做人，唯恐一时失言把别人得罪了；你没有漂亮的脸蛋、魔鬼的身材，走在人群当中，你不知道该用怎样的资本去高昂头颅，展露属于自己的那份自信……

其实，逆风的方向更适合飞翔。“我不怕霉运阻挡，只怕自己投降。”一个人无论面对怎样的环境，面对再大的困难，都不能放弃自己的信念，都不能放弃对生活的热爱。很多时候，打败自己的不是外部环境，而是你自己。

只要一息尚存，我们就要追求、奋斗。那么，即便遭遇再大的困难，我们都一定能化解、克服，并于逆风之处扶摇直上，做到“人在低处也飞扬”。

日本民间广为传颂着一个动人的小故事：

许多年前，一个妙龄少女来到东京酒店当服务员。这是她的第一份工作，因此她很激动，暗下决心：一定要好好干！但她想不到，上司竟安排她洗厕所！洗厕所！说实话没人爱干，何况她从未干过粗重的活儿，细皮嫩肉，喜爱洁净，干得了吗？她陷入了困惑、苦恼之中，也哭过鼻子。这时，她面临着人生的一大抉择：是继续干下去，还是另谋职业？继续干下去——太难了！另谋职业——知难而退？人生之路岂有退堂鼓可打？她不甘心就这样败下阵来，因为她曾下过决心：人生第一步一定要走好，马虎不得！这时，同单位一位前辈及时地出现在她面前，并帮她摆脱了困惑、苦恼，帮她迈好这人生第一步，更重要的是帮她认清了人生路应该如何走。他并没有用空洞理论去说教，而是亲自做给她看。

首先，他一遍遍地抹洗着马桶，直到抹洗得光洁如新；然

后，他从马桶里盛了一杯水，一饮而尽喝了下去！竟然毫不勉强。实际行动胜过万语千言，他不用一言一语就告诉了少女一个极为朴素、极为简单的真理：光洁如新，要点在于“新”，新则不脏，因为不会有人认为新马桶脏，也因为马桶中的水是不脏的，是可以喝的；反过来讲，只有马桶中的水达到可以喝的洁净程度，才算是把马桶抹洗得“光洁如新”了，而这一点已被证明可以办得到。

同时，他送给她一个含蓄的、富有深意的微笑，送给她关注的、鼓励的目光。这已经足够了，因为她早已激动得几乎不能自持，从身体到灵魂都在震颤。她目瞪口呆、热泪盈眶、恍然大悟、如梦初醒！她痛下决心：“就算一生洗厕所，也要做一名洗厕所最出色的人！”

从此，她成为一个全新的、振奋的人；从此，她的工作质量也达到了那位前辈的高水平。当然，她也多次喝过马桶水，为了检验自己的自信心，为了证实自己的工作质量，也为了强化自己的敬业心。

她的名字叫野田圣子——日本原邮政大臣。

野田圣子坚定不移的人生信念，表现为她强烈的敬业心："就算一生洗厕所，也要做一名洗厕所最出色的人。"这一点就是她成功的奥秘之所在，这一点使她几十年来一直奋进在成功路上，这一点使她逐渐崛起，直至拥有了成功的人生。

缺点并不可怕，平凡也不能掩盖光辉。人生之中，无论我们处于何种在他人看来卑微的境地，我们都不必自暴自弃，只要我们能耐得住寂寞，心中有渴望崛起的信念，只要我们能坚定不移地笑对生活，那么，我们一定能为自己开创一个辉煌美好的未来！

善恶只在一念间

一位老僧坐在路旁，双目紧闭，盘着双腿，两手交握在衣襟之下，陷入沉思。

突然，他的冥思被打断。打断他的是武士嘶哑而恳求的声音："老头！告诉我什么是天界！什么是地狱！"

老僧毫无反应，好像什么也没听到。但渐渐地他睁开双眼，嘴角露出一丝微笑。武士站在旁边，迫不及待，犹如热锅上的蚂蚁。

“你想知道天界和地狱的秘密？”老僧说道，“你这等粗野之人，手脚沾满污泥，头发蓬乱，胡须肮脏，剑上铁锈斑斑，一看就知道没有好好保管。你这等丑陋的家伙，你娘把你打扮得像个小丑，你还来问我天界和地狱的秘密？”

武士恶狠狠地骂了一句，“唰”地拔出剑来，举到老僧头上。他满脸血红，脖子上青筋暴露，就要砍下老僧的人头。

利剑将要落下，老僧忽然轻轻地说道：“这就是地狱。”

霎时，武士惊愕不已，肃然起敬，对眼前这个敢以生命来教导他的老僧充满怜悯和敬意。他的剑停在半空，他的眼里噙满了感激的泪水。

“这就是天界。”老僧说道。

大收获必须付出长久努力

幸运、成功永远只能属于辛劳的人，有恒心、不易变动的人，能坚持到底、绝不轻言放弃的人。

耐性与恒心是实现目标过程中不可缺少的条件，是发挥潜能的必要因素。耐性、恒心与追求结合之后，形成了百折不挠的巨大力量。

一位青年问著名的小提琴家吉阿迪尼：“你用了多长时间学琴？”吉阿迪尼回答：“20年，每天12小时。”

我们与大千世界相比，或许微不足道、不为人知，但是我们能够耐心地增长自己的学识和能力，当我们成熟的那一刻、一展所能的那一刻，将会有惊人的成就。正如布尔沃所说的：

“恒心与忍耐力是征服者的灵魂，它是人类反抗命运、个人反抗世界、灵魂反抗物质的最有力支持。从社会的角度看，考虑到它对种族问题和社会制度的影响，其重要性无论怎样强调也不为过。”

凡事没有耐性，耐不住寂寞，不能持之以恒，正是很多人最后失败的原因。英国诗人布朗宁写道：

实事求是的人要找一件小事做，
找到事情就去做。
空腹高心的人要找一件大事做，
没有找到则身已故。

实事求是的人做了一件又一件，不久就做一百件。

空腹高心的人一下要做百万件，结果一件也未实现。

拥有耐力和恒心，虽然不一定能使我们事事成功，但却绝不会令我们事事失败。古巴比伦富翁拥有恒久的财富秘诀之一，便是保持足够的耐心，坚定发财的意志，所以他才有能力建设自己的家园。任何成就都来源于持久不懈的努力，要把人生看作一场持久的马拉松。整个过程虽然很漫长、很劳累，但在挥洒汗水的时候，我们已经慢慢接近了成功的终点。半路放弃，我们就必须要找到新的起点，那样我们只会更加迷失，可是如果能坚持原路行进，终点不会弃我们而去。也许，我们每个人的心里都有一个执着的愿望，只是一不小心把它丢失在了时间的蹉跎里，让天下间最容易的事变成了最难的事。然而，天下事最难的不过1/10，能做成的有9/10。想成就大事大业的人，尤其要有恒心来成就它，要以坚忍不拔的毅力、百折不挠的精神、排除纷繁复杂的耐性、坚贞不变的气质，作为涵养恒心的要素，去实现人生的目标。

不眼红别人的辉煌，心中只装着自己的目标

别人的人生再辉煌，你也感受不到任何光和热，别人的辉煌与自己毫无关联，你所能做的就是耐住寂寞，认准自己的目标，然后一步步地向自己的目标迈进，千万不要被别人的成功晃花了眼。

在2006年之前，低调的张茵对于大众而言还是一张很陌生的面孔。一夜间，“胡润富豪榜”将这一当年中国女首富推出水面，这个颇具传奇色彩的商界女强人瞬间成为公众瞩目的焦点。

在美国《财富》杂志“2007年最有影响力商业女性50强”

中，她被称为“全球最富有的白手起家的女富豪”！张茵已成为这个时代平民女性的榜样。

玖龙造纸有限公司，当这一企业红遍大江南北时，张茵也因此赢得了“废纸大王”的美誉。这个东北姑娘当年的泼辣闯劲儿至今还留在亲人的脑海里。

祖籍黑龙江的张茵出生于广东，走出校门后，做过工厂的会计，后在深圳信托公司的一个合资企业里也做过财务工作。1985年，她曾有过当时看来绝好的机遇：分配住房，年薪50万港币……然而，张茵却只身携带3万元前往香港创业，在香港的一家贸易公司做包装纸的业务。

一直指导张茵的财富法则就是做事专注而坚定，看准商机就下手，全心全意去做事。对于中国四大发明之一的传统行业——造纸业，张茵情有独钟，倾注了很多的心血：从香港到美国，再到香港，继而把战场转向家乡，扩大到全世界，她的足迹随着纸浆的流动遍布全球。最初入行的张茵以“品质第一”为本，坚决不往纸浆里面掺水，虽然在创业过程中被合伙人欺骗，也历经坎坷，但从未退缩的张茵凭借豪爽与公道逐渐赢得了同行的信任，废纸商贩都愿意把废纸卖给她。尽管她的粤语说得不好，但是诚信之下，沟通不是问题。

6年时间很快过去，赶上香港经济蓬勃时期的张茵不但站稳了脚跟，还在完成资本积累的同时，把目光投向了美国市场。因为有了在香港积累的丰富创业实践经验和一定资本，加之美国银行的支持，自1990年起，张茵的中南控股（造纸原料公司）成为美国最大的造纸原料出口商，美国中南有限公司先后在美建起了7家打包厂和运输企业，其业务遍及美国、欧亚各地，在美国各行各业的出口货柜中数量排名第一。

成为美国废纸回收大王后，独具慧眼的张茵有了新的想法：做中国的废纸回收大王！1995年，玖龙纸业在广东东莞投建。12年后，玖龙纸业产能已近700万吨，成为一家市值300多亿港币的国际化上市公司……

从张茵的身上，我们看到了她的专注与坚定，无论做什么事，都全身心地投入。只要全心全意想做好一件事，无论遇到什么困难与挫折，只要沉着应对，都可以化险为夷。

有人说，挡住人前进步伐的不是贫穷或者困苦的生活环境，而是内心对自己的怀疑。但是，如果一个人内心里始终装着自己的目标，并且能够耐得住寂寞，静下心来学着为自己的目标积累能量，坚定不移地为实现自己的目标而努力，那么即使他贫穷到买不起一本书，仍然可以通过借阅来获得知识。

人若是耐不住寂寞，老是眼红别人的成就，则不免会产生愤懑之心，看不惯别人取得的成就，要么悲叹命运之苦，要么控诉社会不公，这样一来，难免会让自己陷入负面情绪当中，而影响了自己的前程。

不懈追求才能羽化成蝶

成功贵在坚持，要取得成功就要坚持不懈地努力。很多人的成功，也是饱尝了许多次的失败之后得到的。我们经常说“失败乃成功之母”，成功诚然是对失败的奖赏，但却也是对坚持者的奖赏。

古往今来，那些成功者不都是依靠坚持而取得成就的吗？

被鲁迅誉为“史家之绝唱，无韵之离骚”的《史记》，其作者司马迁，享誉千古的史学大师，可是他取得这么大的成就是在什么情况下呢？

汉武帝为了一时的不快阉割了堂堂的大丈夫，那是多么大的耻辱啊，而且这给他带来的身心伤害是多么的巨大！司马迁也曾想过死，对于当时的他来说，死是最容易的解脱方法了。

可是他心中始终有一个梦想，就是写一部历史的典籍，把过去的事记下来，传诸后世。为了这个梦，他坚持了下来，坚持着忍受了身体的痛苦，坚持着忍受了别人歧视的目光，坚持着在严酷的政治迫害下活着，以继续撰写《史记》，并且终于完成了这部光辉著作。

他靠的是什么？只有两个字：坚持。如果他在遭受了腐刑以后，丧失一切斗志，那么我们现在就看不到这本巨著，吸收不了他的思想精华。所以他的成功、他的胜利，最主要的还是靠坚持。他的著作所带给我们的震撼当然大，他坚持的精神所激励、鼓舞我们得更多。

功到自然成。成功之前难免有失败，然而只要能克服困难，坚持不懈地努力，那么，成功就在眼前。

石头是很硬的，水是很柔软的，然而柔软的水却穿透了坚硬的石头，这其中的原因无他，唯坚持而已。我们在黑暗中摸索，有时需要很长时间才能找寻到通往光明的道路。以勇敢者的气魄，坚定而自信地对自己说，我们不能放弃，一定要坚持。也只有坚持，才能让我们冲破禁锢的茧，最终化成美丽的蝴蝶。

执着于成功，才能创造成功

心界决定一个人的世界。只有渴望成功，你才能有成功的机会。

《庄子》开篇的文章是“小大之辩”。说北方有一个大海，海中有一条叫作鲲的大鱼，宽几千里，没有人知道它有多长。鲲化为鸟叫作鹏，它的背像泰山，翅膀像天边的云，飞起来，乘风直上九万里的高空，超绝云气，背负青天，飞往南海。

蝉和斑鸠讥笑说：“我们愿意飞的时候就飞，碰到榆树、檀树就停在上边；有时力气不够，飞不到树上，就落在地上，何必要高飞九万里，又何必飞到那遥远的南海呢？”

那些心中有着远大理想的人常常不能为常人所理解，就像目光短浅的斑鸠无法理解鹏的志向，更无法想象鹏靠什么飞往遥远的南海。因而，像鹏这样的人必定要比常人忍受更多的艰难曲折，忍受心灵上的寂寞与孤独。因而，他们必须要坚强，把这种坚强潜移到远大志向中去，这就铸成了坚强的信念。这些信念熔铸而成的理想将带给大鹏一颗伟大的心灵，而成功者正脱胎于这些伟大的心灵。

本·侯根是世界上最伟大的高尔夫选手之一。他并没有其他选手那么好的体能，能力上也有一点儿缺陷，但他在坚毅、决心，特别是追求成功的强烈愿望方面高人一等。

本·侯根在打高尔夫球的巅峰时期，不幸遭遇了一场灾难。在一个有雾的早晨，他跟太太维拉丽开车行驶在公路上，当他在一个拐弯处掉头时，突然看到一辆巴士的车灯。本·侯根想这下可惨了，他本能地把身体挡在太太面前保护她。这个举动反而救了他，因为方向盘深深地嵌入了驾驶座。事后他昏迷不醒，过了好几天才脱离险境。医生们认为他的高尔夫生涯从此结束了，甚至断定他若能站起来走路就很幸运了。

但是他们并未将本·侯根的意志与需要考虑进去。他刚能站起来走几步，就渴望恢复健康再上球场。他不停地练习，并增强臂力。起初他还站得不稳，再次回到球场时，也只能在高尔夫球场蹒跚而行。后来他稍微能工作、走路，就走到高尔夫球场练习。开始只打几球，但是他每次去都比上一次多打几球。最后，当他重新参加比赛时，名次很快地上升。理由很简

单，他有必赢的强烈愿望，他知道他会回到高手之列。是的，普通人跟成功者的差别就在于有无这种强烈的成功愿望。

成功学大师卡耐基曾说："欲望是开拓命运的力量，有了强烈的欲望，就容易成功。"因为成功是努力的结果，而努力又大都产生于强烈的欲望。正因为这样，强烈的创富欲望便成了成功创富最基本的条件。如果你不想再过贫穷的日子，就要有创富的欲望，并让这种欲望时时刻刻激励你，让你向着这一目标坚持不懈地前进。许多成功者有一个共同的体会，那就是创富的欲望是创造和拥有财富的源泉。

思想能够控制行动。你怎样思考，你就会怎样去行动。你要是强烈渴望致富，你就会调动自己的一切能量去创富，使自己的一切行动、情感、个性、才能与创富的欲望相吻合。对于一些与创富的欲望相冲突的东西，你会竭尽全力去克服；对于有助于创富的东西，你会竭尽全力地去扶植。这样，经过长期努力，你便会成为一个富有者，使创富的愿望变成现实；相反，要是创富的愿望不强烈，一遇到挫折，便会偃旗息鼓，将创富的愿望压抑下去，你就很难成为富有者。

保持一颗渴望成功的心，你就能获得成功。

第十四篇

放得下，人生不必太计较

做人不可过于执着

宋代大文学家苏东坡善作带有禅境的诗，曾写过这样的诗句：“人似秋鸿来有信，事如春梦了无痕。”这两句诗充分地将佛理中的“无常”现象告诉世人。南怀瑾对苏轼这首诗的解释非常有趣：“人似秋鸿来有信”，即苏东坡要到乡下去喝酒，去年去了一个地方，答应了今年再来，果然来了；“事如春梦了无痕”，意思是一切的事情过了，像春天的梦一样，人到了春天爱睡觉，睡多了就梦多，梦醒了，梦留不住也无痕迹。

人生本来如大梦，一切事情过去就过去了，如江水东流一去不回头。老年人常回忆，想当年我如何如何……那真是自寻烦恼，因为一切事不能回头的，只能像春梦一样了无痕。

人世的一切事、物都在不断变幻。万物有生有灭，没有瞬间停留。如果人们能体会到“事如春梦了无痕”的境界，那就不会生出这样那样的烦恼了，也就不会陷入怪圈而不能自拔。

现代著名女作家张爱玲，对繁华的虚无便看得很透。她的小说总是以繁华开场，却以苍凉收尾，正如她自己所说："小时候，因为新年早晨醒晚了，鞭炮已经放过了，就觉得一切的繁华热闹都已经过去，我没份了，就哭了又哭，不肯起来。"

张爱玲生于旧上海名门，她的祖父张佩纶是当时的文坛泰斗，外曾祖父是权倾朝野、赫赫有名的李鸿章。凭着对文字的先天敏感和幼年时良好的文化熏陶，张爱玲7岁时就开始了写作生涯，也开始了她特立独行的一生。

优越的生活条件和显赫的身世背景并没有让张爱玲从此置身于繁华富贵之乡；相反，正是这优越的一切让她在幼年便饱尝了父母离异、被继母虐待的痛苦，而这一切，却不为人知地掩藏在繁华的背后。

其实，纸醉金迷只是一具华丽的空壳，在珠光宝气的背后通常是人性的沉沦。沉迷于荣华富贵的人通常是肤浅的人，在繁华落尽时他会备受煎熬。转头再看，执着于尘俗的快乐，执着于对事物的追求，往往最受连累的就是自己，因为你通常会发现，你所执着的事物其实并不有趣，而且时而令你一无所得。

赵州禅师是禅宗史上有名的大师，他对执着也有很精彩的解释。一次，众僧请赵州禅师住持观音院。某天，赵州禅师上堂说法："比如明珠握在手里，黑来显黑，白来显白。我老僧把一根草当作佛的丈六金身来使，把佛的丈六金身当作一根草来用。菩提就是烦恼，烦恼就是菩提。"有僧人问："不知菩提是哪一家的烦恼？”赵州禅师答：“菩提和一切人的烦恼分不开。”又问：“怎样才能避免？”赵州禅师说：“避免它干什么？”

赵州禅师的话语给我们以足够的启示。人为什么放不下种种欲望？为什么追求种种虚华？就因为他们还没有看清事物的表象，心存欲念，执着不忘。

天黑又天亮，昨天、今天、明天是现象的变化，与这个虚空本身没有关系。天亮了把黑暗盖住，黑暗真的被光亮盖住了吗？天黑了又把光明盖住，互相更替。

不幸人的一大共性：过分执着

偏激和固执像一对孪生兄弟。偏激的人往往固执，固执的人往往偏激，心理学对此有一个专业术语：偏执。

偏执的人总是喜欢以自己的标准来衡量一切，以自己的喜怒哀乐决定一切，缺乏客观的依据。一旦别人提出异议，就立刻转换脸色，对别人正确的意见也听不进去。

偏执的人往往极度敏感，对侮辱和伤害耿耿于怀，心胸狭隘；对别人获得成就或荣誉感到紧张不安，妒火中烧，不是寻衅争吵，就是在背后说风凉话，或公开抱怨和指责别人；自以为是，自命不凡，对自己的能力估计过高，惯于把失败和责任归咎于他人，在工作和学习上往往言过其实；总是过多过高地要求别人，但从来不信任别人的动机和愿望，认为别人存心不良。

喜欢走极端，与其头脑里的非理性观念相关联，是具有偏执心理的一大特色。因此，要改变偏执行为，首先必须分析自己的非理性观念。如：

（1）我不能容忍别人一丝一毫的不忠。

（2）世上没有好人，我只相信自己。

（3）对别人的进攻，我必须立即给予强烈反击，要让他知道我比他更强。

（4）我不能表现出温柔，这会给人一种不坚强的感觉。

现在对这些观念加以改造，以除去其中极端偏激的成分。

（1）我不是说一不二的君王，别人偶尔的不忠应该原谅。

（2）世上好人和坏人都存在，我应该相信那些好人。

（3）对别人的进攻，马上反击未必是上策，我必须首先辨清是否真的受到了攻击。

（4）不敢表示真实的情感，是虚弱的表现。

每当故态复萌时，就应该把改造过的合理化观念默念一遍，用来阻止自己的偏激行为。有时自己不知不觉表现出了偏激行为，事后应重新分析当时的想法，找出当时的非理性观念，然后加以改造，以防下次再犯。

另外，还可以从以下几方面治愈偏执心理：

1. 学会虚心求教，不断丰富自己的见识

常言道："天外有天，人外有人。"别人的长处应该尊重和学习，认识到自己的肤浅。全面客观地看问题，遇到问题不急不躁，冷静分析。

2. 多交朋友，学会信任他人

鼓励他们积极主动地进行交友活动，在交友中学会信任别人，消除不安感。

交友训练的原则和要领是：

（1）真诚相见，以诚交心。要相信大多数人是友好的，是可以信赖的，不应该对朋友，尤其是知心朋友存在偏见和不信任的态度。必须明确交友的目的在于克服偏执心理，寻求友谊和帮助，交流思想感情，消除心理障碍。

（2）交往中尽量主动给予知心朋友各种帮助。这有助于以心换心，取得对方的信任和巩固友谊。尤其当别人有困难时，更应鼎力相助，患难中知真情，这样才能取得朋友的信赖和增进友谊。

（3）注意交友的“心理兼容原则”。性格、脾气相似和一致，有助于心理相容，搞好朋友关系。另外，性别、年龄、职业、文化修养、经济水平、社会地位和兴趣爱好等亦存在“心理兼容”的问题。但是最基本的心理兼容条件是思想意识和人生观、价值观的相似和一致，即所谓的志同道合。这是发展合作、巩固友谊的心理基础。

3. 要在生活中学会忍让和有耐心

生活中，冲突纠纷和摩擦是难免的，这时必须忍让和克制，不能让敌对的怒火烧得自己晕头转向。

4. 养成善于接受新事物的习惯

偏执常和思维狭隘、不喜欢接受新东西、对未曾经历过的东西感到担心相联系。为此，我们要养成渴求新知识，乐于接触新人新事，学习其新颖和精华之处的习惯。只有这样，我们才能不断地提高自己，减少自己的无知和偏执。

凡事不能太较真

有一句著名的话叫作“唯大英雄能本色”，做人在总体上、大方向上讲原则、讲规矩，但也不排除在特定的条件下灵活变通。

人们常说：“凡事不能太较真。”一件事情是否该认真，这要视场合而定。钻研学问要讲究认真，面对大是大非的问题更要讲究认真。而对于一些无关大局的琐事，不必太较真。不看对象、不分地点刻板地认真，往往使自己处于尴尬的境地，处处被动受阻。每当这时，如果能理智地后退一步，往往能化险为夷。

“海纳百川，有容乃大。”与人相处，你敬我一尺，我敬你一丈；有一分退让，就有一分收益。相反，存一分骄躁，就多一分挫败；占一分便宜，就招一次灾祸。

当你心胸开朗、神情自若的时候，对于那些蝇营狗苟、一副小家子气的人，就会觉得他的表演实在可笑。但是，凡人都有自尊心，有的人自尊心特别强烈，因而也就特别脆弱，稍有刺激就有反应，轻则板起脸孔，重则马上还击，结果常常是为了争面子反而没面子。多一点儿宽容退让之心，我们的路就会越走越宽，朋友也就越交越多了，生活也会更加甜美。所以，想成为一个成功的人，我们千万不能处处斤斤计较。许多非原则的事情不必过分纠缠，凡事都较真常会得罪人，给自己多设置一条障碍。鸡毛蒜皮的烦琐无须较真，无关大局的枝节无须较真，剑拔弩张的僵持则更不能较真。

为了有效避免不必要的争论和较真，我们大致可以从以下几个方面做起：

1. 欢迎不同的意见

当你与别人的意见始终不能统一的时候，就要舍弃其中之一。人的脑力是有限的，有些方面不可能完全想到，因而别人的意见是从另外一个人的角度提出的，总有些可取之处，甚至比自己的更好。这时你就应该冷静地思考，或两者互补，或择其善者。如果采取的是别人的意见，就应该衷心感谢对方，因为有可能此意见使你避开了一个重大的错误，甚至奠定了你一生成功的基础。

2. 不要相信直觉

每个人都不愿意听到与自己不同的声音。当别人提出与你不同的意见时，你的第一反应是要自卫，为自己的意见进行辩护并竭力去寻找根据，这完全没有必要。这时你要平心静气地、公平谨慎地对待两种观点（包括你自己的），并时刻提防你的直觉（自卫意识）对你作出正确抉择的影响。值得一提的是，有的人脾气不好，听不得反对意见，一听见就会暴躁起来。这时就应控制自己的脾气，让别人陈述观点，不然未免气量太小了。

3. 耐心把话听完

每次对方提出一个不同的观点，不能只听一点就开始发作，要让别人有说话的机会。一是尊重对方，二是让自己更多地了解对方的观点，以判断此观点是否可取，努力建立了解的桥梁，使双方都完全知道对方的意思，不要弄巧成拙，否则只会增加彼此沟通的障碍和困难，加深双方的误解。

4. 仔细考虑反对者的意见

在听完对方的话后，首先想的就是去找你同意的意见，看是否有相同之处。如果对方提出的观点是正确的，则应放弃自己的观点，而考虑采取他们的意见。一味地坚持己见，只会使自己处于尴尬境地。

5. 真诚对待他人

如果对方的观点是正确的，就应该积极地采纳，并主动指出自己观点的不足和错误的地方。这样做，有助于解除反对者的“武装”，减少他们的防卫，同时也缓和了气氛。

舍得

人生有得就有失，得就是失，失就是得，所以人生最高的境界应该是无得无失。但是人们都是患得患失，未得患得、既得患失。明智的做法是要学会放弃。放弃是一种境界，大弃大得，小弃小得，不弃不得。

第二次世界大战的硝烟刚刚散尽时，以美、英、苏为首的

战胜国首脑们几经磋商，决定在美国纽约成立一个协调处理世界事务的联合国。一切准备就绪之后，大家才发现，这个全球至高无上、最权威的世界性组织，竟没有自己的立足之地。

买一块地皮，刚刚成立的联合国机构还身无分文。让世界各国筹资，牌子刚刚挂起，就要向世界各国搞经济摊派，负面影响太大。况且刚刚经历了“二战”的浩劫，各国政府都财库空虚，许多国家都是财政赤字居高不下，在寸土寸金的纽约筹资买下一块地皮并不是一件容易的事情。联合国对此一筹莫展。

听到这一消息后，美国著名的洛克菲勒家族经商议，果断出资870万美元，在纽约买下一块地皮，将这块地皮无条件地赠予了这个刚刚挂牌的国际性组织——联合国。同时，洛克菲勒家族亦将毗连这块地皮的大面积地皮全部买下。

对洛克菲勒家族的这一出人意料之举，当时许多美国大财团都吃惊不已。870万美元，对于战后经济萎靡的全世界，都是一笔不小的数目，而洛克菲勒家族却将它拱手赠出，并且什么条件也没有。这条消息传出后，美国许多财团主和地产商都纷纷嘲笑说：“这简直是蠢人之举！”并纷纷断言：“这样经营不要十年，著名的洛克菲勒家族财团便会沦落为著名的洛克菲勒家族贫民集团！”

但出人意料的是，联合国大楼刚刚完工，毗邻地价便立刻飙升起来，相当于捐赠款数十倍、百倍的巨额财富源源不尽地涌进了洛克菲勒家族财团。这种结局，令那些曾经讥讽和嘲笑过洛克菲勒家族捐赠之举的财团和商人们目瞪口呆。

这是典型的“因舍而得”的例子。如果洛克菲勒家族没有做出“舍”的举动，勇于牺牲和放弃眼前的利益，就不可能有“得”的结果。放弃和得到永远是辩证统一的。然而，现实中许多人却执着于“得”，常常忘记了“舍”。要知道，什么都想得到的人，最终可能会为物所累，导致一无所获。

孟子说：“鱼，我所欲也；熊掌，亦我所欲也，二者不可得兼，舍鱼而取熊掌也。”

当我们面临选择时，必须学会放弃。放弃，并不意味着失败。像下围棋一样，小的利益虽然放弃，得到的却是更大的利益。但如果想兼得“鱼和熊掌”，恐怕连鱼也得不到了。

在滑铁卢大战中，大雨造成的泥泞道路使炮兵移动不便。拿破仑不甘心放弃最拿手的炮兵，而如果推迟时间，对方增援部队有可能先于自己的援军赶到，那样后果不堪设想。在踌躇之间，几个小时过去了，对方援军赶到。结果，战场形势迅速扭转，拿破仑遭到了惨痛的失败。

拿破仑的失败足以证明：在人生紧要处，在决定前途和命运的关键时刻，我们不能犹豫不决、徘徊彷徨，而必须明于决断、敢于放弃。卓越的军事家总是在最重要的主战场上集中优势兵力，全力以赴去争取胜利，而甘愿在不重要的战场上做些让步和牺牲，坦然接受次要战场上的损失和败绩。

人生和打仗一样，要有所获得，就不能让诱惑自己的东西太多，心灵里累积的烦恼太杂乱，努力的方向过于分散。我们要简化自己的人生，我们要经常做减法，把自己生活中和内心里的一些杂念断然放弃。

下山的也是英雄

人们习惯于对爬上高山之巅的人顶礼膜拜，把高山之巅的人看作是偶像、英雄，却很少将目光投放在下山的人身上。这是人之常理，但是实际上，能够及时主动地从光环中隐退的下山者也是“英雄”。

有多少人把“隐退”当成“失败”。曾经有过非常多的例子显示，对于那些惯于享受欢呼与掌声的人而言，一旦从高空中掉落下来，就像是艺人失掉了舞台，将军失掉了战场，往往因为一时难以适应，而自陷于绝望的谷底。

心理专家分析，一个人若是能在适当的时间选择做短暂的隐退（不论是自愿还是被迫），都是一个很好的转机。因为它能让你留出时间观察和思考，使你在独处的时候找到自己内在真正的世界。

唯有离开自己当主角的舞台，才能防止自我膨胀。虽然失去掌声令人惋惜，但换一种角度看问题，心理专家认为，“隐退”就是进行深层学习。当你志得意满的时候，是很难想象没有掌声的日子的；但如果你要一辈子获得持久的掌声，就要懂得享受“隐退”。

作家尹萍说过一段令人印象深刻的话：“在其位的时候，总觉得什么都不能舍，一旦真的舍了之后，又发现好像什么都可以舍。”曾经做过杂志主编，翻译出版过许多知名畅销书的尹萍，在她事业巅峰的时候退下来，选择当个自由人，重新思考人生的出路。

40岁那年，欧文从人事经理被提升为总经理。3年后，他自动“开除”自己，舍弃堂堂“总经理”的头衔，改任没有实权的顾问。正值人生最巅峰的阶段，欧文却奋勇地从急流中跳出，他的说法是：“我不是退休，而是转进。”

“总经理”3个字对多数人而言，代表着财富、地位，是事业身份的象征。然而，短短3年的总经理生涯，令欧文感触颇深的，却是诸多的“无可奈何”与“不得已而为”。

他全面地打量自己：他的工作确实让他过得很光鲜，周围想巴结自己的人更是不在少数，然而除了让他每天疲于奔命、穷于应付之外，他其实活得并不开心。这个想法，促使他决定辞职。“人要回到原点，才能更轻松自在。”他说。

辞职以后，司机、车子一并还给公司，应酬也减到最低。不当总经理的欧文，感觉时间突然多了起来，他把大半的精力拿来写作，抒发自己在广告领域多年的观察与心得。

“我很想试试看，人生是不是还有别的路可走。”他笃定地说。

事实上，欧文在写作上很有天分，而且多年的职场经历给他积累了大量的素材。现在欧文已经是某知名杂志的专栏作家，期间还完成了两本管理学著作。欧文迎来了他人生的又一次辉煌。

事实上，“隐退”很可能只是转移阵地，或者是为了下一场战役储备新的能量。但是，很多人认不清这一点，反而一直缅怀着过去的光荣，他们始终难以忘怀“我曾经如何如何”，不甘于从此做个默默无闻的小人物。走下山来，你同样可以创造辉煌，同样是个大英雄！

放掉无谓的固执

马祖道一禅师是南岳怀让禅师的弟子。在修行期间，道一整天盘腿静坐，冥思苦想，希望能够有一天修成正果。有一次，怀让禅师路过禅房，看见道一坐在那里面无表情，神情专注，便上前问道：“你在这里做什么？”道一答道：“我在参禅打坐，这样才能修炼成佛。”怀让禅师静静地听着，没说什么走开了。第二天早上，道一吃完斋饭准备回到禅房继续打坐，忽然看见怀让禅师神情专注地坐在井边的石头上磨些什么，他便走过去问道：“禅师，您在做什么呀？”怀让禅师答道：“我在磨砖呀。”道一又问：“磨砖做什么？”怀让禅师说：“我想把它磨成一面镜子。”道一一愣，道：“这怎么可能呢？砖本身就没有光明，即使你磨得再平，它也不会成为镜子的，你不要在这上面浪费时间了。”怀让禅师说：“砖不能磨成镜子，那么静坐又怎么能够成佛呢？”道一顿时开悟：“弟子愚昧，请师父明示。”怀让禅师说：“譬如马在拉车，如果车不走了，你使用鞭子打车，还是打马？参禅打坐也一样，天天坐禅，能够坐地成佛吗？”

道一一心执着于坐禅，所以始终得不到解脱，只有摆脱这种执着，才能有所进步。成佛并非执着索求或者静坐念经就可，必须要身体力行才能有所进步。一开始终日冥思苦想着成佛的道一，在求佛之时，已经渐渐陷入歧途，偏离了参禅学佛的本意。道一未能明白成佛的道理，就像他没有明白自己的本心一样，他不了解自己的内心如何与佛同在，所以他犯了“执”的错误。

百丈禅师每次说法的时候，都有一位老人跟随大众听法，众人离开，亦离开。忽然有一天老人没有离开，百丈禅师于是问：“面前站立的又是什么人？”老人云：“我不是人啊。在过去迦叶佛时代，我曾住持此山，因有位云游僧人问：‘大修行的人还会落入因果吗？’我回答说：‘不落因果。’就因为回答错了，使我被罚变成为狐狸身而轮回五百世。现在请和尚代转一语，为我脱离野狐身。”老人于是问："大修行的人还落因果吗？"百丈禅师答："不昧因果。"老人大悟，作礼说："我已脱离野狐身了，住在山后，请按和尚礼仪葬我。"百丈禅师真的在后山洞穴中，找到一只野狐的尸体，便依礼火葬。

这就是著名的"野狐禅"的故事，那个人为什么被罚变身狐狸并轮回五百世呢？就是因为他执着于因果，所以不得解脱。执着就像一个魔咒，令人心想挂念，不能自拔，最后常令人不得其果，操劳心神，反而迷失了对人生、对自身的真正认识。修佛也好，参禅也好，在认识和理解禅佛之前，修行者必须要先认识自己的本身，然后发乎情地做事，渐渐理解禅佛之意。如果执着于认识禅佛之道，最后连本身都不顾了，这就是本末倒置的做法。就像一个人做事之前，必须要理解自身所长，才能放手施为地去做事。如果只看到事物的好处而忽略了自身能力，又怎么可能将事情做好呢？这便是寻明心、安身心的魅力所在。

不要让小事情牵着鼻子走

在非洲草原上，有一种不起眼儿的动物叫吸血蝙蝠，它的身体极小，却是野马的天敌。这种吸血蝙蝠靠吸食动物的血生存。在攻击野马时，它常附在野马腿上，用锋利的牙齿迅速地刺入野马腿里，然后用尖尖的嘴吸食血液。无论野马怎么狂奔、暴跳，都无法驱逐。吸血蝙蝠可以从容地吸附在野马身上，直到吸饱才满意而去。野马往往是在暴怒、狂奔、流血中无奈地死去。

动物学家们百思不得其解，小小的吸血蝙蝠怎么会让强大的野马毙命呢？于是，他们进行了一项实验，观察野马死亡的整个过程。结果发现，吸血蝙蝠所吸的血量是微不足道的，远远不会使野马毙命，但通过进一步分析得出结论：野马的死亡是它暴躁的性格和狂奔的行为所致，而不是因为吸血蝙蝠吸血所致。

一个理智的人，必定能控制住自己的情绪与行为，不会像野马那样为一点儿小事抓狂。当你在镜子前仔细地审视自己时，你会发现自己既是你最好的朋友，也是你最大的敌人。

上班时堵车堵得厉害，交通指挥灯仍然亮着红灯，而时间很紧，你烦躁地看着手表的秒针。终于亮起了绿灯，可是你前面的车子迟迟不开动，因为开车的人思想不集中，你愤怒地按响了喇叭，那个似乎在打瞌睡的人终于惊醒了，仓促

地挂上了一挡，而你却在几秒钟里把自己置于紧张而不愉快的情绪之中。

美国研究应激反应的专家理查德·卡尔森说：“我们的恼怒有80%是自己造成的。”这位加利福尼亚人在讨论会上教人们如何不生气。卡尔森把防止激动的方法归结为这样的话：“请冷静下来！要承认生活是不公正的，任何人都不是完美的，任何事情都不会按计划进行。”

“应激反应”这个词从20世纪50年代起才被医务人员用来说明身体和精神对极端刺激（噪声、时间压力和冲突）的防卫反应。

现在研究人员知道，应激反应是在头脑中产生的。即使处于非常轻微的恼怒情绪中，大脑也会命令分泌出更多的应激激素。这时呼吸道扩张，使大脑、心脏和肌肉系统吸入更多的氧气，血管扩大，心脏加快跳动，血糖水平升高。

埃森医学心理学研究所所长曼弗雷德·舍德洛夫斯基说：“短时间的应激反应是无害的，使人受到压力的是长时间的应激反应。”他的研究结果表明：61%的德国人感到在工作中不能胜任；有30%的人因为觉得不能处理好工作和家庭的关系而有压力；20%的人抱怨同上级关系紧张；16%的人说在路途中精神紧张。

理查德·卡尔森的一条黄金规则是：“不要让小事情牵着鼻子走。”他说：“要冷静，要理解别人。”他的建议是：表现出感激之情，别人会感觉到高兴，你的自我感觉会更好。

学会倾听别人的意见，这样不仅会使你的生活更加有意思，而且别人也会更喜欢你；每天至少对一个人说，你为什么赏识他，不要试图把一切都弄得滴水不漏。不要顽固地坚持自己的权利，这会花费许多不必要的精力。不要老是纠正别人，常给陌生人一个微笑，不要打断别人的讲话，不要让别人为你的不顺利负责。要接受事情不成功的事实，天不会因此而塌下来；请忘记事事都必须完美的想法，你自己也不是完美的。这样生活会突然变得轻松许多。当你抑制不住自己的情绪时，你要学会问自己：一年前抓狂时的事情到现在来看还是那么重要吗？不为小事抓狂，你就可以对许多事情得出正确的看法。

现在，把你曾经为一些小事抓狂的经历写在这里，然后把你现在对这些事的看法也写下来，对比之下，相信你会有更深的认识。

第十五篇

态度对了，幸福就来了

你不可能让所有人满意

哲人们常把人生比作路，是路，就注定有崎岖不平。

1929年，美国芝加哥发生了一件震动全国教育界的大事。

几年前，罗伯特·哈钦森，一个年轻人，半工半读地从耶鲁大学毕业，做过作家、伐木工人、家庭教师和卖成衣的售货员。然而，只经过了8年，他就被任命为全美国第四大名校——芝加哥大学的校长。他只有30岁！真叫人难以置信。

人们对他的批评就像山崩落石一样一齐打在这位“神童”的头上，说他太年轻了、经验不够，说他的教育观念很不成熟，甚至各大报纸也参与了攻击。在罗伯特·哈钦森就任的那一天，有一个朋友对他的父亲说：“今天早上，我看见报上的社论攻击你的儿子，真把我吓坏了。”“不错，”哈钦森的父亲回答说，“话说得很凶。可是请记住，从来没有人会踢一条死狗。”

确实如此，越勇猛的狗，人们踢起来就越有成就感。

曾有一个美国人，被人骂作“伪君子”“骗子”“比谋杀犯好不了多少”……一幅刊登在报纸上的漫画把他画成伏在断头台上，一把大刀正要切下他的脑袋，街上的人群都在嘘他。他是谁？他是乔治·华盛顿。

耶鲁大学的原校长德怀特曾说：“如果此人当选美国总统，我们的国家将会合法卖淫，行为可鄙，是非不分，不再敬天爱人。”听起来这似乎是在骂希特勒吧？可是他谩骂的对象竟是杰弗逊总统。

可见，没有谁的路永远是一马平川的。为他人所左右而失去自己方向的人，他将无法抵达属于自己的幸福终点。

真正成功的人生，不在于成就的大小，而在于是否努力地去实现自我，喊出属于自己的声音，走出属于自己的道路。

一名中文系的学生苦心撰写了一篇小说，请作家批评。因为作家正患眼疾，学生便将作品读给作家听。读到最后一个字，学生停顿下来。作家问道："结束了吗？"听语气似乎意犹未尽，渴望下文。这一追问，煽起学生的激情，立刻灵感喷发，马上接续道："没有啊，下部分更精彩。"他以自己都难以置信的构思叙述下去。

到达一个段落，作家又似乎难以割舍地问："结束了吗？"

小说一定摄魂勾魄，叫人欲罢不能！学生更兴奋，更激昂，更富于创作激情。他不可遏止地一而再再而三地接续、接续……最后，电话铃声骤然响起，打断了学生的思绪。

有急事，作家匆匆准备出门。"那么，没读完的小说呢？""其实你的小说早该收笔，在我第一次询问你是否结束的时候，就应该结束。何必画蛇添足呢？该停则止，看来，你还没把握情节脉络，尤其是缺少决断。决断是当作家的根本，否则拖泥带水，如何打动读者？"

学生追悔莫及，自认性格过于受外界左右，作品难以把握，恐不是当作家的料。

很久以后，这名年轻人遇到另一位作家，羞愧地谈及往事，谁知作家惊呼："你的反应如此迅捷、思维如此敏锐、编造故事的能力如此之强，这些正是成为作家的天赋呀！假如正确运用，作品一定脱颖而出。”

“横看成岭侧成峰，远近高低各不同。”凡事绝难有统一定论，我们不可能让所有的人都对我们满意，所以可以拿他们的“意见”做参考，却不可以代替自己的“主见”，不要被他人的论断束缚了自己前进的步伐。追随你的热情、你的心灵，它们将带你实现梦想。

你很重要，所以你没有理由不爱自己

多年以来，在我们的教育中，个人总是被否定的那一个：“面对集体，我不重要，为了集体的利益，我应该把自己个人的利益放在一边；面对他人，我不重要，为了他人能开心，只能牺牲我自己的开心；面对我自己，我也不重要，这个世界上，少了我就如同少了一只蚂蚁，没有分量的我，又有什么重要？”但是，作为独一无二的“我”，真的不重要吗？不，绝不是这样，“我”很重要。

当我们对自己说出“我很重要”这句话的时候，“我”的心灵一下子充盈了。是的，“我”很重要。

“我”是由无数星辰日月草木山川的精华汇聚而成的。只要计算一下我们一生吃进去多少谷物、饮下了多少清水，才凝聚成这么一具精雕细琢的躯体，我们一定会为那数字的庞大而惊讶。世界付出了这么多才塑造了这样一个“我”，难道“我”不重要吗？

你所做的事，别人不一定做得来；而且，你之所以为你，

必定是有一些特殊的地方——我们姑且称之为特质吧！而这些特质又是别人无法模仿的。

既然别人无法完全模仿你，也不一定做得来你能做得了的事，试想，他们怎么可能给你更好的意见？他们又怎能取代你的位置，来替你做些什么呢？所以，这时你不相信自己，又有谁可以相信？

况且，每个来到这个世上的人，都带着与众不同的特质，每个人都会以独特的方式与他人互动，进而感动别人。要是你不相信的话，不妨想想：有谁的基因会和你完全相同？有谁的个性会和你一毫不差？

由此，我们相信：你有权活在这个世上，而你存在于这世上的目的，是别人无法取代的。不过，有时候别人（或者是整个大环境）会怀疑我们的价值，时间一长，连我们都会对自己的重要性感到怀疑。请你千万千万不要让这类事情发生在你身上，否则你会一辈子都无法抬起头来。记住！你有权利去相信自己很重要：“我很重要。没有人能替代我，就像我不能替代别人。”

生活就是这样的，无论是有意还是无意，我们都要保持对自己的信心。不要总是拿自己的短处去对比人家的长处，却忽视了自己也有人所不及的地方。自卑是心灵的腐蚀剂，自信却是心灵的发电机。所以我们无论身处何境，都不要让自卑的冰雪侵占心灵，而应燃烧自信的火炬，始终相信自己是最优秀的，这样才能调动生命的潜能，去创造无限美好的生活。

也许我们的地位卑微，也许我们的身份渺小，但这丝毫不意味着我们不重要。重要并不是伟大的同义词，它是心灵对生命的允诺。人们常常从成就事业的角度，断定自己是否重要。但这并不应该成为标准，只要我们在时刻努力着，为光明在奋斗着，我们就是无比重要地存在着，不可替代地存在着。

让我们昂起头，对着我们这颗美丽的星球上无数的生灵，响亮地宣布：我很重要。

面对这么重要的自己，我们有什么理由不去爱自己呢！

甩掉自卑的包袱

从前，在夏威夷有一对双胞胎王子，有一天国王想为大王子娶媳妇了，便问他喜欢怎样的女性。

大王子回答：“我喜欢瘦的女孩子。”

而知道了这消息的岛上年轻女性想：“如果顺利的话，或许能攀上枝头做凤凰。”于是大家争先恐后地开始减肥。

不知不觉，岛上几乎没有胖的女性了。不仅如此，因为女孩子一碰面就竞相比较谁更苗条，甚至出现了因为营养不良而得重病的情况。

但后来却出现了意外的情况。大王子因为生病一下子就过世了，因此仓促决定由弟弟来继承王位。

于是国王又想为小王子娶媳妇，便问他同样的问题。“现在女孩子都太瘦弱了，而我比较喜欢丰满的女性。”小王子说。

岛上知道消息的年轻女性，又开始竞相大吃特吃。于是，岛上几乎没有瘦的女性了，而岛上的食物也被吃得匮乏，甚至连为预防饥荒的粮食也快被吃光了。

最后王子所选的新娘，却是一位不胖不瘦的女性。

王子的理由是：“不胖不瘦的女性，更显青春而健康。”

别太在意别人的眼光，那会抹杀你的光彩

在这个世上，没有任何一个人可以赢得所有人的满意。跟着他人眼光来去的人，会逐渐黯淡自己的光彩。

西莉亚自幼学习艺术体操，身段匀称灵活。可是很不幸，一次意外事故导致她下肢严重受伤，一条腿留下后遗症——走路有一点瘸。为此，她十分懊丧，甚至不敢走上街去，因为害怕看见别人注视残腿的目光。作为一种逃避，西莉亚搬到了约

克郡乡下。

一天，小镇上的雷诺兹老师领着一个女孩子来向她学跳苏格兰舞。在他们诚恳的请求下，西莉亚勉为其难地答应了他们。为了不让他们察觉自己残疾的腿，西莉亚特意提早坐在一把藤椅上。可那个女孩子偏偏天生笨拙，连起码的乐感和节奏感都没有。

当那个女孩子再一次跳错时，西莉亚不由自主地站起来给对方示范那个要领——一个带旋转的交叉滑步动作。西莉亚一转身，便敏感地看见那个学生的目光正盯着自己的腿，一副惊讶的神情。她忽然意识到，自己一直刻意掩盖的残疾在刚才的瞬间已暴露无遗。这时，一种自卑让她无端地恼怒起来。西莉亚的行为伤害了女孩子的自尊心，女孩难过地跑开了。

事后，西莉亚满心歉疚。过了两天，西莉亚亲自来到学校，和雷诺兹老师一起等候那个女孩。西莉亚说："把你训练

成一名专业舞者恐怕不容易，但我保证，你一定会成为一个不错的非职业领舞者。”

这一次，他们就在学校操场上跳，有不少学生好奇地围观。那个女孩子笨手笨脚的舞姿不时招来同学的嘲笑，她满脸通红，不断犯错，每跳一步都如芒刺在背。西莉亚看在眼里，深深理解那种无奈的自卑感。她走过去，轻声对那个女孩子说：“假如一个舞者只盯着自己的脚，就无法享受跳舞的快乐，而且别人也会跟着注意你的脚，发现你的错误。现在你仰起脸，面带微笑地跳完这支舞曲，别管步伐是不是错的。”

说完，西莉亚和那个女孩子面对面站好，朝雷诺兹老师示意了一下。悠扬的手风琴音乐响起，她们踏着拍子，愉快起舞。其实那个女孩子的步伐还是有些错误，而且动作也不是很和谐，但意外的效果出现了——那些旁观的学生被她们脸上的微笑所感染，也不再去关注舞蹈细节上的错误。渐渐地，有越来越多的学生情不自禁地加入到舞蹈中。大家尽情地跳啊跳啊，直到太阳下山。

生活在别人的眼光里，总也找不到自己的路。

其实，同一个事物，每个人的眼光都有不同。面对不同的几何图形，有人看出了圆的光滑无棱，有人看出了三角形的直线组成，有人看出了半圆的方圆兼济，有人看出了不对称图形独到的美……

同是一个甜甜圈，悲观者看见一个空洞，而乐观者却品味到它的香甜味道。

面对赤壁，苏轼高歌“雄姿英发，羽扇纶巾，谈笑间樯橹灰飞烟灭”；杜牧却低吟“东风不与周郎便，铜雀春深锁二乔”。

同是“谁解其中味”的《红楼梦》，有人听到了封建制度的丧钟，有人看见了宝黛的深情，有人悟到了曹雪芹的用心良苦，也有人只津津乐道于故事本身……

苏轼曾说：“横看成岭侧成峰，远近高低各不同。”人生是一个多棱镜，总是以它变幻莫测的每一面反照生活中的每一个人。不必介意别人的流言蜚语，不必担心自我思维的偏差，坚信自己的眼睛、坚信自己的判断、执着自我的感悟。用敏锐的视线去审视这个世界，用心去聆听、抚摸这个多彩的人生，给自己一个富有个性的回答。

生命在，希望就在

有一个阿拉伯富翁，在一次生意中亏光了所有的钱，并且欠下了债。他卖掉房子、汽车，还清了债务。

此刻，他孤独一人，无儿无女，穷困潦倒，唯有一条心爱的猎狗和一本书与他相依为命、相依相随。在一个大雪纷飞的夜晚，他来到一座荒僻的村庄，找到一个避风的茅棚。他看到里面有一盏油灯，于是用身上仅存的一根火柴点燃了油灯，拿出书来准备读书。但是一阵风忽然把灯吹灭了，四周立刻漆黑一片。这位孤独的老人陷入黑暗之中，对人生感到痛彻的绝望，他甚至想到了结束自己的生命。但是，身边的猎狗给了他一丝慰藉，他无奈地叹了一口气沉沉睡去。

第二天醒来，他忽然发现心爱的猎狗被人杀死在门外。抚摸着这条相依为命的猎狗，他突然决定要结束自己的生命，世间再没有什么值得他留恋的了。于是，他最后扫视了一眼周围的一切。这时，他不由发现整个村庄都沉寂在一片可怕的寂静之中。他不由急步向前，啊，太可怕了，尸体，到处是尸体，一片狼藉。显然，这个村庄昨夜遭到了匪徒的洗劫，连一个活口也没留下来。

看到这可怕的场面，老人不由心念急转："啊！我是这里唯一幸存的人，我一定要坚强地活下去。"此时，一轮红日冉冉升起，照得四周一片光亮，老人欣慰地想："我是幸运的人，我没有理由不珍惜自己。虽然我失去了心爱的猎狗，但是，我得到了生命，这才是人生最宝贵的。"老人怀着坚定的信念，迎着灿烂的太阳出发了。

故事中的老人，在失意甚至绝望下，重新找回了希望，赶走了悲伤。这不能不说是他人生中的一大转折。

联想到我们日常的生活和学习，如果遇到失意或悲伤的事情时，我们一样要学会调整自己的心态。

如果你的演讲、你的考试和你的愿望没有获得成功，如果你曾经尴尬，如果你曾经失足，如果你被训斥和谩骂，请不要耿耿于怀。对这些事念念不忘，不但于事无补，还会占据你的快乐时光。抛弃它吧！把它们彻底赶出你的心灵。

让那担忧和焦虑、沉重和自私远离你，更要避免与愚蠢、虚假、错误、虚荣和肤浅为伍，还要勇敢地抵制使你失败的恶习和使你堕落的念头，你会惊奇地发现，你的人生旅途是多么的轻松、自由，你是多么自信！走出阴影，沐浴在明媚的阳光中。不管过去的一切多么痛苦、多么顽固，把它们抛到九霄云外，不要让担忧、恐惧、焦虑和遗憾消耗你的精力。把你的精力投入到未来的创造中去吧，要主宰自己，做自己的主人。请记住：生命在，希望就在！

自卑是对自己的抱怨

自卑就是对自己的抱怨，是在心里对自己能力的一种怀疑。自卑是人生最大的跨栏，每个人都必须成功跨越才能到达人生的巅峰。

自卑的人，情绪低沉，郁郁寡欢，常因害怕别人看不起自己而不愿与人来往，只想与人疏远，缺少朋友，顾影自怜，甚至内疚、自责；自卑的人，缺乏自信，优柔寡断，毫无竞争意识，抓不住稍纵即逝的各种机会，享受不到成功的乐趣；自卑的人，常感疲劳，心灰意懒，注意力不集中，工作没有效率，缺少生活情趣。

如果一个人总是沉迷在自卑的阴影中，那无异于给自己套上了无形的枷锁。但是如果能够认清自己，懂得换个角度看待周围的世界和自己的困境，那么许多问题就会迎刃而解了。

一位父亲带着儿子去参观凡·高故居，在看过那张小木床及裂了口的皮鞋之后，儿子问父亲："凡·高不是位百万富翁吗？"父亲答："凡·高是位连妻子都没娶上的穷人。"

第二年，这位父亲带儿子去丹麦，在安徒生的故居前，儿子又困惑地问："爸爸，安徒生不是生活在皇宫里吗？"父亲答："安徒生是位鞋匠的儿子，他就生活在这栋阁楼里。"

这位父亲是一个水手，他每年往来于大西洋各个港口；这位儿子叫伊东布拉格，是美国历史上第一位获普利策奖的黑人记者。20年后，在回忆童年时，他说："那时我们家很穷，父母都靠卖苦力为生。有很长一段时间，我一直认为像我们这样地位卑微的黑人是不可能有什么出息的。好在父亲让我认识了凡·高和安徒生，这两个人告诉我：上帝没有轻看卑微。"

富有者并不一定伟大，贫穷者也并不一定卑微。上帝是公平的，他把机会放到了每个人面前。自卑的人也有相同的机会。

自卑常常在不经意间闯进我们的内心世界，控制着我们的生活，在我们有所决定、有所取舍的时候，向我们勒索着勇气与胆略；当我们碰到困难的时候，自卑会站在我们的背后大声地吓唬我们；当我们要大踏步向前迈进的时候，自卑会拉住我

们的衣袖，叫我们小心地雷。一次偶然的挫败就会令你垂头丧气、一蹶不振，将自己的一切否定，你会觉得自己一无是处、窝囊至极，你会掉进自责自罪的旋涡。

自卑就像蛀虫一样啃噬着你的人格，它是你走向成功的绊脚石，它是快乐生活的拦路虎。一个人如果自卑，他不仅不敢有远大的目标，同时他将永远不会出类拔萃；一个民族和国家如果自卑，只能当别国的殖民地，站不起来，也不敢站起来，只能跟在别国后边当附庸。

自卑是一种压抑，一种自我对内心潜能的人为压抑，更是一种恐惧，一种损害自尊和荣誉的恐惧，所以生活中，我们只有比别人更相信并且珍爱自己，我们才能发挥自己最大的潜力，创造出属于自己的天地。当我们遭到冷遇时，当我们受到侮辱时，一定要自尊自爱，把羞辱作为奋发的动力，激励自己去战胜一个个难关。

失败了也要昂首挺胸

面对失败，我们是退缩不前，还是鼓起勇气？有这样一则故事，给了我们答案：

巴西足球队第一次赢得世界杯冠军回国时，专机一进入国境，16架喷气式战斗机立即为之护航。当飞机降落在机场时，聚集在机场上的欢迎者达3万人。从机场到市中心不到20千米的道路上，自动聚集起来的人群超过了100万。多么宏大和激动人心的场面！然而前一届的欢迎仪式却是另一番景象。

1954年，巴西人都认为巴西队能获得世界杯冠军。可是天有不测风云，在四分之一决赛中巴西队却意外地败给匈牙利队，结果那个金灿灿的奖杯没有被带回巴西。球员们悲痛至极，他们想，去迎接球迷的辱骂、嘲笑和汽水瓶吧，足球可是巴西的国魂。

飞机进入巴西领空，他们坐立不安，因为他们的心里清楚，这次回国不知要面临什么样的景象。可是当飞机降落在首都机场的时候，映入他们眼帘的却是另一种景象。巴西总统和2万名球迷默默地站在机场，他们看到总统和球迷共举一条大横幅，上书：失败了也要昂首挺胸。

队员们见此情景，顿时泪流满面。总统和球迷们都没有讲话，他们默默地目送着球员们离开机场。4年后，他们终于捧回了冠军奖杯。

失败并不可怕，可怕的是失败之后你会消沉下去，一蹶不振。要学会摆脱失败的阴影，在失败面前昂首挺胸。

人生的道路上难免会有失败的乌云笼罩。面对失败，要获得成功的人需与暴雨相随，与狂风对抗，方能攀上自我实现的高峰。那么，为什么一遇到行动上的阻力你便会退缩呢？为什么你的意志力会如此脆弱呢？因为你缺少成功的信念，成功的信念将会使你坚定向前，而无惧于沿途所遭逢的困难。要获得成功，需与暴雨相随，与狂风对抗——昂首面对失败的挑战。

世界上有无数强者，即使丧失了他们所拥有的一切东西，也还不能把他们叫作失败者，因为他们仍然有不可屈服的意志，有着一种坚忍不拔的精神，而这些足以使他们从失败中崛起，走向更伟大的成功。

第二次世界大战刚刚结束的时候，德国到处都是一片废墟。有两个美国士兵访问了一家住在地下室的德国居民。离开那里之后，两个人在路上谈起感受。

甲问道："你看他们能重建家园吗？"

乙说："一定能。"

甲就问："为什么回答得这么肯定呢？"

乙反问道："你看到他们在黑暗的地下室的桌子上放着什么吗？"

甲说："一瓶鲜花。"

乙接着说："任何一个民族，如果处于这样困苦的境地，还没有忘记鲜花，那他们就一定能够在这片废墟上重建家园。"

面对苦难和失败，依然摆放鲜花，昂首面对，这样的民族必然会重新崛起。

世间真正伟大的强者，对所谓的成败并不介意，他们能够做到"不以成败论英雄"。这种人无论面对多么大的失败，绝不失去镇静，这样的人终能获得最后的胜利。在狂风暴雨的袭击下，心灵脆弱的人唯有束手待毙，但这种人的自信、镇静，却依然存在，这种精神使得他们能够克服外在的一切困难，而得以成功。

要真正战胜失败，关键是要学会昂首挺胸，正视失败，从中吸取教训，下次不再犯同样的错误。会在同一个地方被同一块石头绊倒两次的人自然不会从失败中把握未来，实现命运的转折。

第十六篇

让心平静，然后才有所见

抛弃不成熟的观念

生活中所出现的巨大困难，大都不是在善与恶之间进行的抉择，而是要在善与善之间作出选择。

比方说，有个人想把其富有组织性与创造性的才华加以发挥，争取成为一位伟大的像莎士比亚一样的戏剧家或一位了不起的神职人员。很显然，他无法同时成为这两种人。但在我们早期的人生历程中，我们却未能认识到，一种愿望与另一种愿望有可能是不能兼顾的。因此，我们就必须学会在各种愿望之间进行选择。

上述的这位年轻人，有可能在两种职业之间举棋不定，在想象和幻想中，认为所有这些愿望将来都有可能实现。但是，这个年轻人如果真的想在成人世界里出人头地，那他就得抛弃其中一个抱负，好使其中的一个得以实现。在情感的王国里也是一样，小孩子的爱好和兴趣从一个对象转到另一个对象，这是无可指责的，但一个成人如果还继续和孩子一样朝秦暮楚，以他自己和全家人的幸福作为牺牲，则会成为一出悲剧。

抛弃掉某些东西，往往是令人痛苦的，因而我们便会死命地抱住我们所构想的人生中富于传奇气息的英雄人物不放。不错，如果安安稳稳地往后倒退，继续做我们的白日梦，把自己想象成我们所曾经希望成为的人见人爱的美人、伟大的英雄人物或著名的科学家，这当然对谁也不会有什么害处。但是，企图重新生活在童年时代的种种幻想里，或企图打破在成长的岁月中所树立起来的可能与不可能的事物之间的障碍，这种做法却是很危险的，而且只能是徒劳无益的。

最后，我们必须抛弃对于我们的孩子、我们的朋友，甚至还有我们所爱的人的那种不适当的占有欲。用卡尔·桑德堡的话来说，我们必须宽宏大度地“松开你的双手，放手并说声再见”。而且这样的放弃绝不能只是嘴上说说而已。对于不可能实现的愿望和雄心，我们必须从内心深处发出一声清脆的“不要”，同时还要坚决地认识到这样的放弃意味着什么及对我们自己应有什么要求。

只有当我们敢于直视放弃并说服自己，为了实现我们真正

而永恒的幸福，这样的放弃乃是必不可少的，这时，我们才能消除内心的冲突和压力。科学家会放弃世俗的功名利禄而默默无闻地去追求真理；以苦为荣的烈士宁可忍受法西斯恶棍的折磨摧残而绝不背叛其事业；理想主义者为了服从毫不妥协的道德而不惜冒引起无知暴民愤怒的危险……上述所有这些都是富有创新性地加以放弃的例子。做出了这种放弃的人，便是懂得了不为片刻之间转瞬即逝且又立刻朽烂的狂喜而生活的人，而且是为持久永恒的价值观念而生活的人。因为，只有这样的价值观念，才是自尊和心境平和的源泉。

唤回童年的纯真

人的本性是纯真、清净的，但常受后天环境所影响。若能常保赤子之心，良知即能发挥出来。

有两则小故事，很值得与大家分享。

第一则是描述一位太太，因为要帮助先生的事业，而无法亲自带孩子，于是请了一位很有爱心的保姆。那是一位很年轻的小姐，她十分用心地带那可爱的小宝宝。每天当她要回家时，都会很自然地把孩子搂过来亲亲说："明天见喔。"然后才搭车回家。

有一天这位太太回来晚了，因那位小姐又跟别人有约，所以匆忙地向小孩儿说了再见，就转身跑出去，进入车内。没想到那孩子也跟着她跑出去，追着车子放声大哭。

车子刚开动，突然又停了下来。大家都不知道发生了什么事，只看到那位年轻的保姆从车内走出，将孩子搂过来亲了又亲，然后挥挥手说再见。那小孩原本哭得泪汪汪的，这会儿竟然笑了。

小孩子的这种表现，就是天真之爱。每天他都以亲吻、再见和保姆结束一天愉悦的相处，因为那一天比较不寻常，小孩就觉得很不习惯。人的习惯就是这样从小培养出来的，而且觉得所得到的是应该的；如果失去了，就满心不甘。这是受后天环境培养而形成的。

另一则故事是：

有位妈妈带着小女儿到饭店，点了菜正要吃饭时，小女孩儿天真地问："妈妈，我们是不是要祈祷呀？"

妈妈看到饭店里那么多人，要在这里祈祷实在很不好意思，但又不方便对女儿说。正在犹豫之际，突然听到老板大声地说："小妹妹，你可以祈祷呀，现在就可以开始。"

小女孩儿就以天真、稚嫩的声音，唱起诗歌。在饭店用餐的人看到她那么可爱，也都放下碗筷，静静地听她唱歌。小女孩儿唱完后，大家都露出了愉悦的笑容。

一个天真的小女孩儿，她的诗歌和祈祷让饭店里所有的人都为之动容。饭店里原本是喧哗、吵闹的，只因为这么一位天真小女孩儿的歌声，把大家虔诚的爱也同时启发出来，这即是清净的本性所发挥的良能。

我们不仅忘却了童年的那份童真，也早没了少年时候"到中流击水，浪遏飞舟"的豪迈气概。我们有太多的理由去抱怨，有太多的不满去发泄，有太多的工作要做，有太多的责任要承担。我们就像一个个不停旋转的陀螺，从不肯休息一下，从不肯放松一下。

其实，我们误解了自己。我们把一些困难看得过于强大，把一些阴暗面无形扩大，以至于使我们丧失了一些最纯真的东西。我们可以尝试给自己减减压，给自己放放假，陪亲人旅旅游，和爱人逛逛商场，给小孩儿讲讲你的童年故事，和同学朋友经常小聚一下，给久未谋面的老友打打电话、吹吹牛，让自己好好享受亲情、爱情和友情。放松自己的心情、调整自己的心态，你会发现工作效率会高起来，心情会美丽起来，人会精神起来。所以，要保持一颗童心，唤回那份童真，我们会发现，我们是如此强大。

回归自然的路程

《圣经》说，上帝用泥土造人；《山海经》说，女娲抟土造人。这一点倒和现代科学研究有些“暗合”，正是潮湿的泥土孕育了单细胞生物的诞生，又经过数亿年的演变，才有了古猿、有了人。然后，一代又一代的人就是这样自自然然地来，又自自然然地去。

“人啊，活得自然一点吧！你本来是用灰尘、沙子和泥土制造出来的，你还想成为比灰尘、沙子和泥土更多的东西吗？”（毕希纳《给思想者》）这话乍一听，似乎不太“鼓舞人心”，有几分颓废之意，但细细琢磨，却很有道理，甚至可以说深谙人生真谛。

人本就是自然的产物，来自于泥土，最终还要回归泥土。

活得不自然的人，常常自视甚高，总妄图以征服者自居，以地球的主人自居。

“征服大自然”是人类喊的一句最不知天高地厚的口号，事实证明，人类每一次对大自然的征服，都会引来大自然的无情报复，一场场日益肆虐的沙尘暴就是明证。如今的大西北植树种草恢复生态平衡，说明现代人已经懂得，还是活得自然些为好。

群体如此，个人也不例外。有句俗话说，“一个人浑身是铁能打多少钉”，现代科学也证实了一个人的肉体价值：脂肪能造七条肥皂，石灰质能刷白一小间房，碳含量能造二十磅焦炭，磷含量能造两千两百根火柴，铁质可铸一枚一英寸铁钉，还有一小勺硫黄。

多想想这句俗话，想想这一组数据，会有助于使一个人活得自然些，远离骄狂、虚妄、征服者的心态，与他人和大自然和谐共处。

《菜根谭》说得好：“文章做到极处，无有他奇，只是恰好。人品做到极处，无有他异，只是本然。”

活得不自然的人，多是欲望重压下的苦力。

加拿大的飞人约翰逊，如果能自自然然地训练、自自然然地比赛，将是享誉一时的世界一流田径高手。可惜他求名太急，不“自然”地服用了兴奋剂，结果终身被禁赛，身败名裂。

尼采说：“人生的幸运，就是保持轻度的贫困。”当一个

人被非分之欲烧得不可自已的时候，想想尼采这句话，会有助于退烧降温，回归自然。

永远保有你的童心

最难懂的是我们的心，因为有时候连我们自己都不清楚自己最想要的是什么。但孩子就不同了。

如果有人问，“人生最无忧无虑的快乐在什么时候”，恐怕大多数人都会说是在儿时。

那时的纯洁、天真和欢笑都是那么令人怀念。长大以后，生活变得复杂艰辛，一个人孤独地站在世界上，端着架子，想着票子，还要梗着脖子。奋斗到最后，还可能会无奈地发现，一直以来苦心经营孜孜追求到的，竟不是我们真正想要的生活。

也许，孩子可以无忧无虑恰好是因为看问题的视角不同，所以容易满足，也可能是孩子天真无邪的内心更能体验到真实的东西。

假期里，一位富翁父亲带着儿子去农村体验生活，他想让从小锦衣玉食的儿子知道什么是穷人的生活。他们在一家最穷的人家里待了两天。

回来后，父亲问儿子："旅行怎么样？"

"好极了！"

"这回你知道穷人是怎么过日子的了？"

"是的！"

"有何感想？"

儿子兴致勃勃地说："真是棒极了，他们一家人真富有啊！咱家只有一只猫，我发现他们家里却有三只猫；咱家仅有一个小游泳池，可他们竟有一个大水库。我们的花园里只有几盏灯，可他们却有满天的星星；还有，我们的院子只有前院那么一点草地，可他们的院子周围全是大片大片的草地，还有好多好多的牛羊鸡鸭、瓜果蔬菜！"

儿子说完，父亲哑口无言。

接着儿子又说道："感谢父亲让我明白了我们有多么贫穷！"

同样的一个世界，因有童心便截然不同。孩子的世界充满了美好，他们眼中的世界永远是春光明媚、鸟语花香。用孩子的眼光去看世界，贫穷与富有的界限不再那么分明，快乐与悲伤的界限也不再那么明确。在孩子的眼里，小小的惊喜可以被他们扩大成千百倍的快乐。

失去了一颗单纯的心，过于盲目地去追寻嘈杂的外在物质，精神空虚没有着落，甚至失去目标，不知为何人、何事而活。莫名地快乐不起来，不知不觉间各种奇奇怪怪的疾病就上身了。

纯洁无瑕的童心，是我们内在本有的一种能量体，其本有的热情会自然散发出无尽的快乐与满足。丢失了它，这样一个能量体就消失了，所以我们会忧郁、生病、不快乐；找回了它，许多病也就自然不治自愈。

拥有童心不等于幼稚，相反是一种成熟和超脱的表现。

南宋著名诗人陆游年过古稀，还经常与自己的曾孙一起骑竹马玩。因为童心不泯，他在那个时代竟活到85岁的高龄。

如果我们既拥有了成长的经验智慧，又能保持一颗童心，简单剔透，那生命又何累之有？何病不除？

别让自己活得太累

有三只毛毛虫在河边的草丛里商量事情。它们从遥远的地方爬来，为的是河对岸那片著名的花园。那里的花千姿百态，因此花蜜种类奇多，各有风味，它们也想去饱尝一番。

一个说：“我们必须先找到桥，然后从桥上爬过去。只有这样，我们才能抢在别人的前头，占领含蜜最多的花朵。”

一个说：“在这荒郊野外，哪里有桥？我们还是各造一条船，从水上漂过去。只有这样，我们才能尽快到达对岸，喝到更多的蜜。”

一个却说：“我们走了那么多的路，已经疲惫不堪了，现在应该静下来休息两天。”

另外两个很诧异：“休息？简直是笑话！没看见对岸花丛中的蜜都快被人喝光了吗？我们一路风风火火，马不停蹄，难道是来这儿睡觉的？”

话未说完，一个已开始爬树，它准备折一片树叶作为船，让它把自己带过河去；另一个则爬上河堤的一条小路，它要去寻找一座过河的桥。

剩下的一只躺在树荫下没有动。它想，喝蜜当然舒服，但这儿的习习凉风也该享受一番。于是就爬上最高的一棵树，找了片叶子躺下来。

河里的流水声如音乐一般动听，树叶在微风的吹拂下如同婴儿的摇篮，很快它就睡着了。不知过了多少时辰，也不知自己在睡梦中到底做了些什么，总之一觉醒来，它发现自己变成了一只美丽的蝴蝶。

翅膀是那样美丽，那样轻盈，仅扇动了几下，就飞过了河。

此时，这儿的花开得正艳，每个花苞里都是香甜的蜜，它在花里面自由自在地飞翔品尝。它很想找到原来的两个伙伴，可是飞遍所有的花丛都没有找到，因为它的伙伴一个累死在路上，另一个被河水送进了大海。

在精神生活中善待自己，最重要的是要学会安慰自己。一定要相信，事情并没有想象得那么糟糕。善待自己，就是要使自己满足，要使自己愉快，关键还要有一个正常的心态。有的时候期望越高，失望就越大，顺其自然最好。

物质生活条件不好，有时候无能为力，没有办法改变，但是如果精神总不愉快，那可就怨不着天和地，也怨不着别人了，都是自己和自己过不去，这样的生活是没有什么乐趣可言的。

人生难得偷来半日闲，在周日的午后小憩一会儿，醒来后你的心情会像午后的阳光那样灿烂。在轻松的环境下，每个人的才干才能很容易地显现出来。在繁忙之余，尝试享受大自然的凉风，欣赏美丽的风景，再投入到刚才所做的事情，说不定会有意想不到的效果。用一种平和的心态对待人生吧，不要让自己活得太累，生活是用来享受的。

厄运就像一阵风

宾夕法尼亚州匹兹堡有一个女人，她已经34岁了，过着平静、舒适的中产阶层家庭生活。但是，她突然连遭四重厄运的打击。丈夫在一次事故中丧生，留下两个小孩儿。没过多久，一个女儿被烤面包的油脂烫伤了脸，医生告诉她孩子脸上的伤疤终生难消，她为此伤透了心。她在一家小商店找了份工作，可没过多久，这家商店就关门倒闭了。丈夫给她留下一份小额保险，但是她耽误了最后一次保费的续交期，因此保险公司拒绝支付保费。

碰到一连串不幸事件后，女人近乎绝望。她左思右想，为了自救，她决定再做一次努力，尽力拿到保险补偿。在此之前，她一直与保险公司的下级员工打交道。当她想面见经理时，一位多管闲事的接待员告诉她经理出去了。她站在办公室门口无所适从，就在这时，接待员离开了办公桌。机会来了。她毫不犹豫地走进里面的办公室，结果看见经理独自一人在那里。经理很有礼貌地问候了她，她受到了鼓励，沉着镇静地讲述了索赔时碰到的难题。经理派人取来她的档案，经过再三思索，决定应当以德为先，给予赔偿，虽然从法律上讲公司没有承担赔偿的义务。工作人员按照经理的决定为她办了赔偿手续。

但是，由此引发的好运并没有到此中止。经理尚未结婚，对这位年轻女人一见倾心。他给她打了电话，几星期后，他为女人推荐了一位医生，医生为她的女儿治好了病，脸上的伤疤被清除干净；经理通过在一家大百货公司工作的朋友给女人安排了一份工作，这比以前那份工作好多了。不久，经理向她求婚。几个月后，他们结为夫妻，而且婚姻生活相当美满。

给心灵洗尘

净化心灵，贵在自我。只有自己才是心灵家园的清洁工，只有敞开心扉，才能看见污垢。如果总是用双手遮住心灵深处

的污垢，那么污垢是永远也洗涤不净的。

净化心灵，贵在经常。倘若人们每天都能用“吾日三省吾身”的办法来扪心自问：这顿饭是否能吃、这个地方是否能去、这笔钱是否能拿、这个条子是否能批、这个人情是否能卖……就会作出正确的选择，污垢就不会积厚成疾，难以除去。

20岁左右的时候，我们还有远大的理想，立志要成为某个方面的专家。当青春渐渐远逝，我们发现属于自己的时间越来越少、理想越来越小，小到只是一套房、一部车、一个职称、一个某某级待遇……

生命需要留一间暗室，因为人生总有寂寞时。

有一首诗是这样描写寂寞的：“独自回到家中，望着窗外慢慢暗下去的暮色，无所事事，拿起书，翻了一页又一页，却不知道读了什么；打开电视机，频道换来换去，却没有一个感兴趣的节目；拿起手机，却不知道该拨给哪一个人。”

这种寂寞和孤独人人都会经历，即使你不可一世，在位时前呼后拥，退位后也得体验人走茶凉。

作家村上春树说：“每一个人都像是一座两层楼。一楼有客厅、餐厅，二楼有卧室、书房，大多数人都在这两层楼间活动。实际上，人生还应该有一个地下室，没有灯，一团漆黑，那里是人的灵魂所在地，自己常走进这个暗室，闭门不出，日子久了，就有了一篇篇东西出来。”

很多人也曾在生命的暗室里苦苦追寻，做出过一些小小业绩，却因耐不住外界的诱惑，慢慢地把注意力转向生活琐碎。

这种半途而废的事情在每一个人身上都可能发生。

走进生命的暗室需要勇气，耐得住暗室里的寂寞更需要韧性。但遗憾的是，很多人都是在已经接近成功的时候把自己逐出门外。

面对喧嚣的世界，我们应当常常深入灵魂的暗室，让心灵在寂寞中洗涤，洗去浮躁和污垢，使生命之树回归自然，生命之花才会别样开放。

时尚的都市男女在心理压力大的时候，会选择做SPA。香熏的氤氲，音乐的缭绕，温水的轻柔，会把疲惫和烦恼都带走，是缓解心理压力的最佳途径之一。

给心灵洗尘的另一个方式，是窝在家里读一本很久以前就想读却一直没有时间读的好书。去做一次漫无目的的旅行，一个人花很少的钱，远离人群，体验孤单和寂寞。去附近的寺院听听钟声、看看夕阳，或者去看茶道的表演，或者选择一些轻柔的音乐相伴。

心灵更像一面镜子，需要常常拂拭，才会光可鉴人，才会更接近快乐！

第十七篇

苦才是人生，给才是幸福

幸福与苦难都是对生命的强烈体验

幸福是沧海之后的桑田——人生低谷是幸福开始的地方，幸福与苦难都是对生命意义的强烈体验。

幸福和苦难是人生所要经历的必不可少的环节，却是相反的两个方面，但是它们与生命统一存在。

幸福是灵魂的吟唱和歌颂，而苦难是灵魂的呻吟和抗议，在两者中展现的是对生命意义的强烈体验。

幸福是一种内心的感受，是内心的愉悦与舒适。不过，幸福的感觉并不是一般的快乐，而是内心非常强烈和深刻的一种感觉，以至于我们会为了得到幸福付出许多艰辛的努力，也会因为幸福感受到人生的美好。当我们去体验幸福带来的愉悦时，也会感受到生命这个东西的神奇与美好。父母赐给了我们生命，让我们有机会去享受各种幸福，从幸福中体验生命的意义。当我们被幸福包围，深深地感受到幸福的意义，就会觉得生命不虚此行。我们用灵魂去寻求、面对、体悟、评价整个生命的意义，当我们的人生感到幸福时，那就会带来灵魂的愉悦，这些并不是一些细碎的感觉所能代替的。

一切美好的经历必须用心去体验才能感受其幸福。如果一个人没有一个敏感的心，他就很难体验到幸福，这也决定着一个人感受幸福的能力。对于内心世界不同的人来说，相同的经历具有完全不同的意义，这是因为他们在体验生命的过程中，对幸福有着不同的感悟能力。

苦难与幸福是相反的东西，但是它们却是人生必定要经历的。苦难与幸福有一个共同之处，就是都统一于灵魂，都是对生命意义的评价与体验。在通常情况下，我们的灵魂都是沉睡着的，一旦我们感到幸福或是遭遇苦难时，它便醒来了。它会用自己特有的灵敏去辨别苦难与幸福，给生命以强大的体验。如果说幸福是带来了灵魂的巨大愉悦，而这愉悦源自对生命美好意义的强烈感受，那么，苦难则是会震动生命的根基，使人们体验到生命的另一面，这两方面是所有人都要去经历的，它们统一于生命，只是生命不同的体验形式而已。苦难是一种能够震撼灵魂的东西，它虽然使灵魂处于痛苦却富有生机的紧张状态，但能给生命以强烈的体验。

幸福是灵魂的一种愉悦的体验，苦难则是灵魂受挫的一种表现，它们统一于生命。快感和痛感是肉体的感觉，快乐和痛苦是心理现象，而幸福和苦难则仅仅属于灵魂。

幸福能够让生命的意义展现华美的一面，苦难中却能让生命体味艰辛的一面。其实苦难与幸福未必是互相排斥的，在更多情

况下，人们在苦难中感觉到受挫，才会更加清晰地感受到幸福来临时生命的强烈震动。没有被苦难打击过的人生是不会深刻的，苦难仍会深化一个人对于生命意义的认识。人生的艰难最能检验一个人灵魂的深浅。有的人一生遭遇不幸，却未曾体验过真正的苦难，正因为有了苦难，才会觉得幸福是如此难得。苦难与幸福都是对生命的强烈体验，完整的人生离不开苦难和幸福的支撑。

痛苦是促成幸福的一种力量

我们每个人都无法选择自己的命运。可能命运会给我们安排各种苦难，即使注定要经历痛苦，我们也必须默默地承受。但是，很多时候我们会发现，在经历了苦难之后，我们的心开始变得勇敢，我们的意志开始变得坚强，我们在苦难中成长并学会了应付更多的艰辛……

贝多芬从小就在父亲的暴力迫使下学习各种乐器。

在贝多芬稍长大一些的时候，厄运降临在了他的身上——他最亲爱的母亲去世了。贝多芬很难过，只能写信向朋友哭诉。

在苦难中长大的贝多芬也是幸运的。贝多芬曾经遇到莫扎特，并互相交流。后来他又拜海顿为师。就在贝多芬初次尝到成功的甜蜜的时候，痛苦又一次降临了。他的听力开始衰退。幸好，那时贝多芬的耳朵还没有完全聋。可以说，贝多芬的大部分作品都是在听力衰退以后完成的。

人们从贝多芬的音乐中感受到了天才的伟大，可是这种伟大的背后，又有多少人可以看到他背后的悲伤和苦难。在之后的岁月里，贝多芬又遭到了一连串的打击。后来，他的身体越来越差，先后得了肺病、关节炎、黄热病和结膜炎，等等。尽管如此，他对音乐的热爱还是毫不动摇。

面对生命强加给他的苦难，贝多芬凭着坚韧不拔的意志，最终成为著名的作曲家。贝多芬曾在给弟弟的信中写道："只有道德才能使自己获得幸福，而不是金钱。"命运对每个人都是公平的，苦难也是如此。当我们遭受挫折时，要想想那些遭遇苦难却能勇敢站起来的人们，或许正是因为他们的坚强，他们能够经历上天的考验，才会获得今天的成就；在我们遇到苦难时，不应该怨天尤人，而是应该用自己顽强的意志和痛苦搏斗，去获得最后的胜利。

坚强勇敢的人总是懂得在坎坷的路上抓住机会，他们取得了胜利就会存活下来，就会出人头地！但是如果我们不能经受人生路上的坎坷，就会被生活的磨难打败。痛苦其实是促成我们幸福的一种力量。我们每一个人都要经历磨难，我们不应该被磨难压弯脊梁，而应做一个把苦难打倒的人，这样才有可能在经历痛苦后获得幸福的能量。

在弱者眼里，苦难是鞋里的细沙；而在强者眼里，苦难则是一颗华丽的珍珠。苦难让我们变得更加坚强，苦难让我们始终保持着清醒的头脑，苦难让我们一步步提高自己。

幸福的极致是流泪

许多人可能会认为，每个人在感到幸福的时候都是笑着的，其实，并不是只有笑才是表达幸福的唯一形式。笑不一定是最幸福的时刻，人真正达到幸福的巅峰时，往往会“喜极而泣”，那或许才是幸福的极致。

世俗社会让人们在忙碌中迷失了自己，熏染久了，内心就变得越来越世故，心灵的泉水就会越来越少，甚至干涸。生命中能够保持自己本真天性的人不多，然而，正是这些人才拥有别人想象不到的幸福。

重新在世俗的社会中找到自己失却已久的本真个性，才能体验幸福的最高境界。其实，感动是一种幸福。它是人的感情的一种升华，真正的幸福不一定都是充满欢笑的，感动的时候往往会留下幸福的眼泪。

感动是一种情感体验，它牵动着一个人体验幸福的感官。看到一段浪漫的爱情故事，会被他们爱情的忠贞不渝深深地打动，也会被故事里的情节打动；醉人的歌声、动人的旋律，也会激起内心深藏的情感，在欣赏中被感动。生病时朋友送上了关爱的话语，孤独无助时亲友柔声的安慰和鼓励，都会使我们感动，甚至落下感动的泪水，这时的我们是幸福的，正是因为这种美丽的情感体验，让我们的人生充满幸福。感动也是幸福的一种极致，因为能让你感动流泪的事情必定是在心灵上有很大震动的，是幸福的一种强烈体验。

关于感动有这样的描述：

感动源于对生活的挚爱，源于对生命意义的正确把握。只有那些对真诚、善良、唯美有着本能追求而又情感丰富、细腻的心灵，才善于领悟世界的美好，才会时常被感动得双目濡湿。感动是一种情感操练，是一种无声的教育，是一种良好的滋补。时常体味感动，你的心灵才能永远保持健康、纯净、敏锐和年轻。这样的感动是最真挚的幸福。

那些对一切让人感动的事物视而不见的人，他们的内心是荒凉的，他们的精神世界是空虚的、贫乏的，他们不会去体验生命带来的幸福和美好，往往过得麻木而苦闷。我们要学会做一个会感动别人又容易被别人感动的人，因为这种人是最幸福的，常常感动的人才会容易体验到幸福的极致。如果一个人的内心淡漠，对人或事都是麻木不仁，那么这样的人不可能找到幸福。体验幸福的极致，就必须让自己有一颗灵敏的心、一个柔软的心灵，做本真的自己，体会流着泪的极致幸福。

面对关口，寻找出口

有人说："心灵的新陈代谢，就是要经常替潜意识排毒，换上正面的能量，排走负面的想法和迷执。"就像心灵的沉重需要及时清理，否则就会被负面情绪影响。当我们面对生活的苦难，也要及时地寻找解决困难的办法，只有这样，我们才能从苦难中及时摆脱出来，而不至于越陷越深。只有敢于去面对，敢于去战胜苦难，才会变得更加强大。

面对关口，寻找出口。让自己变得更强的办法就是在困难

来临时，勇敢地迎上去，慢慢地适应困难带来的压力，自己也会变得更强。当困难来临时，要及时地找到解决的办法，及时摆脱困境。否则，如果只是一味地回避，那么只会觉得苦难越来越深，让人无法自拔。其实，苦难和挫折就像弹簧一样，当你让自己变得强大，勇敢面对的时候，它就会弱下来。

遭遇困难不该沉浸在绝望的情绪中，应该激励自己勇敢地迎上去，寻找解决问题的办法。你会发现在经历苦难的冲击之后，心底沉睡的力量会被唤醒，你会发现自己从未如此强大，可以去面对这样的困难。其实，在面对苦难的关口，只要你肯拿出勇气，竭尽全力去寻找出口，那么无论怎样的困难都会有解决的时候。生活不是诗，我们却能让自己的眼睛和心灵共同去谱写更多的诗篇。面对困境，给自己一个机会、一点勇气，战胜困难，才会让自己变得更加强大，更加无所畏惧。

经历过生活的风风雨雨，便会懂得幸福的来之不易。所有一切都要靠自己的努力去争取，想获得幸福的人生，就不要让自己在前进的道路上被困难阻碍。面对困难，及时去解决才不会让困难成为羁绊自己前进的障碍。面对关口，寻找出口，只要勇于尝试，就会战胜一切困难。

经历磨难也是一种幸福

苏联著名作家高尔基曾说："苦难是人生最好的大学。"人的一生中会遇到各种苦难和挫折，如果不可避免的话，倒不如欣然接受，这是因为人一旦经历了苦难之后，就会愈挫愈坚，无往而不胜。对于能正确对待磨难的人来说，经历磨难其实是一种另类的幸福。

每年快到秋天的时候是收获核桃的时节，我们总会发现很多核桃树都是遍体鳞伤，几乎没有一根完整的树枝。一般被砍过的或是小孩子经常爬的核桃枝上的核桃比没有砍过的树枝上结的核桃大得多，而且结的果实也比一般的多。待核桃成熟后，果然受过伤的核桃比没受伤的核桃可口得多。其实，核桃树的脾性和一般的果树不一样，越是使它的枝丫受伤，它长得越茂盛，果实越香甜，而且第二年比第一年更好。尤其是正在结果成形的时候，受的"苦难"越多，越利于结果。

其实，植物界跟我们人类的生存法则是相似的。树枝经过了历练，才能结出更好的果实。一个人如果经历过痛苦、灾难和挫折，那么他生命的枝头结的果实将会比顺境中结出的果实更香甜。经历磨难才能在风雨中站得更直，才能让自己活得更加坚强。成功不一定要经历失败的过程，但如果经历过失败，那么在逆境中锻炼出来的人的潜力，会比在顺境中发展而来的人发掘得更深些、更大些。

在自然界中，那些伤痕累累却又倔强地迎着灾难和风雨生长的种子往往会活得更加挺拔、更加顽强；而对于人生而言，或许命运也更喜欢将最丰硕的果实馈赠给那些经历过磨难依然坚持下来的人。

英国伟大的诗人弥尔顿，虽然双眼失去了光明，可他仍用自己坚强的毅力征服了世界。他曾在描述自我的境遇时，这样自勉：“在茫茫的岁月里/我这无用的双眼/再也瞧不见太阳、月亮和星星/男人和女人/但我并不埋怨/我还能勇往直前。”贝多芬双耳失聪，但仍创作出了很多不朽世界名曲。生活给他的磨难并没有阻碍他前进的脚步，反而成为他激励自己前进的动力，他也因此获了自己应得的荣誉。经历苦难有时候并不都是坏事，它会成为你勇往直前的动力。

苦难是最好的大学。我们不能被苦难所击倒，而应把它作为积累经验或是勉励自己前进的动力，这样你才能成就自己，获得幸福。

得来不易更幸福

到底什么样的感觉才是幸福？有人身处幸福之中，却总觉得不是自己想要的；有人离幸福很远，却仍然在努力争取幸福。

英国哲学家伯兰特·罗素曾说：“一个很容易得到自己想要的东西的人，他会认为，欲望的实现并没有带来幸福。”事实上，对幸福的渴求程度决定着幸福感的强烈。如果你所认为的幸福是你经历过千辛万苦获得的，那么你就会觉得这个幸福来之不易而更加珍惜，因此也就觉得更加幸福。所以，不要被眼前的挫折和困难吓倒，只有经历过挫折和苦难的历练，才会感受到更加强烈的幸福。我们要学会变压力为动力，努力拼搏进取，这样才能获得自己想要的幸福！

有些人的幸福来得太轻而易举，或许他是幸运的，有父母的庇护，他拥有很多别人没有的东西，但是他却不一定是真正幸福的，因为那些不过是父母给的，而不是靠自己的努力得来的，那并不是他所想要的幸福。或许在别人眼中，他无比幸福，不需要付出太多的艰辛就拥有别人努力了很久也得不到的东西。可是，假如你也轻而易举地得到一些原本费尽千辛万苦才能得到的东西，你会觉得幸福吗？幸福感在于你获取幸福的那个过程能给你带来成就感和收获，你付出的越多，幸福感也会越强。不要再抱怨生活的艰辛，逆境让我们不断成长，努力奋斗得来的成果令人更幸福！

有些人总是抱怨生活过得太单调、太乏味，毫无幸福感可言。实际上，幸福感的获得在于怎样让自己的人生过得更加充实而有意义。如果你想要幸福，就尽全力去争取吧。当你投入到这个过程中，或许会感到辛苦、感到困难，但是越是历经坎坷得到的东西，你越会更加珍惜，这个过程给你带来的幸福感比得到现成的强烈得多。

人生就应该在拼搏、争取中度过，短短几十载，如果不让自己活得精彩些，到了暮年，回首往昔，必定会后悔今生过得太过安逸，没有勇敢地去争取自己想要的幸福。一切只是按部就班，或者只是在别人的牵引下前进，完全忘了自己到底想要怎样的幸福。

如果有能力、有信念，那就去争取自己想要的幸福吧！趁年轻，把大好的年华用于不断的奋斗中，只要经过自己的努力，幸福肯定会眷顾于你。自己奋斗来的幸福才更加美妙，得来不易的幸福才能更让人觉得珍贵。

给自己一个悬崖

有一个老人在山里打柴时，拾到一只很小的样子怪怪的鸟，那只怪鸟和出生刚满月的小鸡一样大小，也许因为它实在太小了，还不会飞，老人就把这只怪鸟带回家给小孙子玩耍。老人的孙子很调皮，他将怪鸟放在小鸡群里，充当母鸡的孩子，让母鸡养育。母鸡没有发现这个异类，全权负起一个母亲的责任。怪鸟一天天长大了，后来人们发现那只怪鸟竟是一只鹰，人们担心鹰再长大一些会吃鸡。为了保护鸡，人们一致强烈要求：要么杀了那只鹰，要么将它放生，让它永远也别回来。因为和鹰相处的时间长了，有了感情，这一家人自然舍不得杀它，他们决定将鹰放生，让它回归大自然。然而他们用了许多办法都无法让鹰重返大自然。他们把鹰带到很远的地方放生，过不了几天那只鹰又飞回来了，他们驱赶它，不让它进家门，他们甚至将它打得遍体鳞伤……许多办法试过了都不奏效。最后他们终于明白：原来鹰是眷恋它从小长大的家园，舍不得那个温暖舒适的窝。

后来村里的一位老人说：把鹰交给我吧，我会让它重返蓝天，永远不再回来。老人将鹰带到附近一个最陡峭的悬崖绝壁旁，然后将鹰狠狠地向悬崖下的深涧扔去。那只鹰开始也如石头般向下坠去，然而快要到涧底时它终于展开双翅托住了身体，开始缓缓滑翔，然后轻轻拍了拍翅膀，就飞向蔚蓝的天空，它越飞越自由舒展，越飞动作越漂亮。它越飞越高，越飞越远，渐渐变成了一个小黑点，飞出了人们的视野，永远地飞走了，再也没有回来。

从不幸中挖掘幸福

幸福，是美丽的，是令人向往的，又是值得许多人为之奋斗的。人们渴望幸福，费尽千辛万苦寻找幸福，却忽视了我们或许就沉浸在幸福之中，只是我们不善于发现幸福，也就错失了体验幸福的机会。其实，幸福有很多种内涵，比如寒冷时的一杯热茶足以让人备感温暖、深感幸福。

幸福往往是需要自己挖掘的，即使面对不幸、面对苦难，只要敢于面对，从不幸中挖掘幸福，那么幸福就会不期而至。

幸福是一种心灵的强烈震撼，当我们身处苦难中仍不放弃希望去挖掘幸福时，就会体验到真正的幸福。总有一些坚强的、乐观的、令人敬佩的人勇于在不幸中寻找幸福，他们是值得我们敬佩的。我们应该善于发现生活中的一切，包括苦难、不幸赋予我们的东西，善于发掘，就会从中收获意想不到的东西。

和很多苦难的人相比，我们是幸福的，面对生命赋予的苦难，他们仍能乐观地面对，脸上还洋溢着幸福的笑容。和他们相比，我们真是太幸福了。既然如此，我们就不该愁眉不展，闷闷不乐，抱怨命运的不公平，抱怨仕途的曲折，抱怨生活的艰难，如果觉得自己不幸福，那只是因为缺少一双发现幸福的眼睛。幸福无处不在，只要善于发掘，即使身处苦难与不幸之中，依然会体会到常人无法体会的幸福。

我们要学会从不幸中挖掘幸福，有很多人都是我们学习的榜样。张海迪是不幸的，但她却能学会在不幸中发现人生的幸福，坚强勇敢地活下去；霍金是不幸的，疾病的折磨让他的一生充满苦难，可是他却能从不幸中发掘幸福，从而取得了惊人的成就；史铁生是不幸的，失去了双腿，可是他却用文字述说着与地坛的深厚情谊，发掘生活给他的另一份幸福。幸福是人类共同追求的，苦难与不幸也是人类共同遭遇的，幸福和不幸不分种族、不分国界、不分肤色。

幸福与不幸，只有一字之差。只要懂得把握幸福，就能在不幸中挖掘幸福。如果身在幸福中却不懂得享受幸福，那人生就毫无意义可言。在不幸中能够感知幸福的人是可贵的。只有懂得欣赏生活，享受苦难的人才能在任何时候都能享受幸福。

幸福积聚在生活的低谷

人生有高潮也有低谷，在人生的海洋中航行，不可能永远一帆风顺，总会遭遇暴风雨的袭击，当我们遭遇挫折时，很容易在困境中丧失信心，放弃希望。可是有时候，幸福或许就积聚在生活的低谷，只是我们没有用心发现罢了。

乔治的父亲曾经是个拳击冠军，父亲曾讲过，在一次拳击对抗赛中，他遇到了一位非常强大的对手。因为父亲的个子相对矮小，他一直无法反击，连牙齿也被打出血来。休息时，教练鼓励他说："别怕，你一定会挺到第十二局！"

于是，他鼓起勇气，跌倒了又爬起来，爬起来后又被打倒，虽然一直没有反攻的机会，但他咬牙支撑到了第十二局。

眼看第十二局就要结束了，对方打得手都发颤了，他发现这是最好的反攻时机。于是，他倾尽全力给对手一个反击，只听见对手应声倒地，而他则挺了过来，那也是他拳击生涯中的第一枚金牌。

看着父亲，乔治也想起自己经历过的那段艰苦的日子，当时碰上了经济大危机，他和妻子先后都失业了。但为了生活，他们夫妻俩每天仍努力地找工作。晚上回来时，虽然总是望着彼此摇头，但是他们从不气馁，而是相互勉励说："放心，我们一定能应付过去。"

如今，一切都过去了，乔治体会到，幸福往往积聚于生活的低谷。在低谷时，才会深刻体会到幸福的珍贵。

当你的人生达到顶峰的时候，不要得意，因为原本一切都有可能发生，这一刻的欢心可能变成下一刻的悲痛；当你跌落在人生低谷时也不要绝望，因为在生活的谷底，你才能在下一刻转弯时感受到幸福的弥足珍贵，美好的风景就会重现在你的眼前。我们要以一颗平常心对待生活中的一切，无论遭受到挫折、失败，抑或是成功，总有一天会过去的，只要敢于面对，幸福就会无处不在。幸福感跟金钱、地位、荣誉没有必然的关联，这种感觉只存在于心中，只属于自己。

我们常常在压力和忙碌中迷失自己，鲜有时间真正地安静下来，思考一下自己的内心。幸福是需要用一颗安静、虔诚的心去体会的，即使处在生活的谷底，只要不放弃希望，就能感受到幸福的存在。

我们需要安静与独处，因为我们需要给自己时间与空间去发现、去思考自己的存在。经常留给自己反思的时间，让自己更深地去认识生活赋予我们的点点滴滴。

人的一生总要经历风风雨雨，当生活遭遇低谷时，只要你肯积极面对困难，给自己走出低谷的勇气，幸福便会在那里等你，只要你用积极的心态去面对，那么幸福就会变得触手可及。

第十八篇

爱出者爱返，
福往者福来

幸福的标志就是热情及辐射出的爱

美国作家爱默生曾写道："人要是没有热情是干不成大事业的。"大诗人乌尔曼也说过："年岁只在你的额上留下皱纹，但你在生活中如果缺少热情，你的心灵就将布满皱纹。"

人有了热情，才会表现出对一种事物的爱；有了热情和爱，就会积极而努力地去做某件事，进而获得幸福。一个人如果在生活中非常有热情，就能把额外的工作视作机遇，就能把陌生人变成朋友。热情会让人获得许多意外的收获，就能真诚地宽容别人，就能爱上自己的工作，无论他是什么头衔，或有多少权力和报酬。人有了热情，就会充分调动自己的业余时间去做自己喜欢的事，就能充分利用余暇来完成自己的兴趣爱好。如一位领导可成为出色的画家，一个普通职工也可成为一名优秀的手工艺者。有了热情，没有什么你感兴趣或是想做的事做不到，只要全力以赴。

当著名大提琴家P.卡萨尔斯90岁高龄的时候，他还是每天坚持练琴4～5小时，当乐声不断地从他的指间流出时，他已经弯曲的双肩又变得挺直了，他那疲乏的双眼又充满了欢乐精神。美国堪萨斯州威尔斯维尔的E.莱顿直至68岁才开始学习绘画，她对绘画表现出极大热情，并在这方面获得了惊人的成就，同时也结束了折磨过她至少有30年的苦难历程。人有了热情，就会辐射出对很多事物的爱，因爱而变得更加积极，也就增大了获得幸福的可能。如果生活中充满了热情，人就会变得心胸宽广，抛弃怨恨。如果一个人拥有热情，就不会抱怨生活的琐事或是命运的不公，而是把更大的精力都投入到自己所喜欢、所热爱的事物中，就会变得轻松愉快，甚至忘记病痛，当然还将消除心灵上的一切皱纹。

每个人的天性中都有一份热情，只是这种热情因受环境、个人修养、性格的不同而有所影响。但是，热情也是可以后天培养的一种心态。热情生活是幸福之源，我们要学会热情生活。

一位网友在自己的微博中这样写道：“小时候在农村度过，那时农村很困难，大都是缺粮户，无论大人还是孩子们也很少穿新衣服，吃饱饭。可在我的印象中，尽管日子艰难，但多数人成天有说有笑，我和同伴们也受感染似的感觉很快乐。

我想，你总是对人们有一种对新的生活充满美好和憧憬，热情地去面对未来，那么慢慢地，你就会从中发现热情的巨大

力量。珍惜来之不易的人生和生活，才会快乐与幸福。当然也有与此相反的人，他们对什么事都缺乏热情，也缺乏对所有事物的爱，对生活心灰意冷，甚至悲观厌世。他们也因此失去了获得幸福的机会。”

罗素认为，一切心灰意冷都是一种弊病。消极的情绪确实会在某种环境中不可避免地产生，但无论如何，只要它一出现，就应该尽早予以治疗，而不将它视为一种“高级的智慧”一直放大。

记得有位哲人说过：“永远用热情的宝石般的火焰燃烧，并保持这种高昂的境界，这便是人生的成功。”如果我们可以把自己的全部热情都注入到生活中去，并由此衍生出对所有事物的爱，那么生活就如我们曾经有过激情时那般富于灵性、富于色彩，幸福也会在不经意间眷顾你。而我们有时候会有所抱怨，会有所不甘，其实都源于我们的那一份惰性。我们内心还存在着一些消极的情绪——始终在希求着一份施舍，我们没有拿出那么多的热情来对待生活，而只是消极地等待，希望生活赋予我们精彩和满足。尽管人生会有许多艰难困苦和不幸，与其感叹或抱怨，不如拿出你的热情面对生活。只有时时刻刻充满热情，生活才会少几分无奈，你的生命中才会辐射出你对生活、对所有事物的爱，这样才会带来更多的幸福。有付出总有回报，你热情对待生活，生活就会给你带来幸福，成功和幸福将会伴随我们过一生！

爱是我们理解这个世界的基础

爱是无私的奉献与给予，包括物质、感情、行动等形式。有爱的人有朋友，博爱的人朋友广。没有爱的人从不关心一切，只有自私。这种人是社会发展的障碍。爱是与生俱来的，所以可以认为是本性的特质。换言之，爱是作为人必须具备的本质之一。爱包括灵魂或心灵上的爱，对法律与组织的爱，对自己的爱、食物的爱、金钱的爱、学习的爱、权力的爱、名誉的爱、他人的爱，等等，不同人对其所接受的爱有着不同的重视程度。爱本质上是一个抽象概念，可以体验，但却难以言语。

喜欢，仅代表个人心理感受。当见到喜欢的人或事物时，自身感觉到快乐。当喜欢达到一定的强度，人就会为之付出物质、时间、情感，甚至倾其所有，这时就上升为爱。爱，代表着愿意为对方无条件地付出，而不求回报。爱是愿意为喜欢的人付出。如果不愿付出，仅仅是追求在一起时的快乐，那仅是喜欢。对于这个世界，也要从喜欢上升到爱的地步，才能真正地理解这个世界。

在我们一生的旅程中，某些经历产生的感觉和感情会引起我们的变化，变得更深刻、更丰富、更本质。从这种经历中，我们获得对生命的意义只有形成了复杂的感情和概念，我们才能够开始真正理解世界。

客观世界和身体内部产生感觉，感觉又产生感情和情绪，赋予我们与世界相关联的“色彩”（质地、形状、共鸣，等等）。我们生长的环境，塑造我们对世界的思考和感觉，影响到我们在世界中的行为。

只有形成了复杂的感情和概念，我们才能够真正理解世界：我们对他人和世界越开放，他们展示出的真实内在品质越多。越是限制我们的感觉能力，我们与世界和他人的交往难度越大，虽然不是不可能。有个别例外情况，如出生时就有感官缺陷的人，或由于意外事故、疾病等，丧失了某种感觉功能，如果他们努力克服障碍，发展其他的感觉功能作为补偿，他们一样会获得成功。虽然他们有一些缺陷，但是他们并没有对这个世界失去信心，而是坚强努力地活着，他们依然爱着这个世界。就是因为他们爱这个世界，所以他们能理解世界，理解周围的一切信息。

爱的表达方式有很多种：说出来很明了的爱，用行动表达的默默的爱，还有一种没有机会说出来和表现出来的凝聚在心里的爱。要理解世界，就抱着一颗爱世界的心、抱着在自己内心没有表达出来的爱，去理解这个世界。

爱的法则就是快乐地付出

爱是人世间最美妙的感觉，它给了世界温暖，让人在爱中觉醒。世间众人，皆是在爱中启蒙。“我给你们的新命令就是——彼此爱护。”邬斯宾斯基在《第三工具》中说：“爱无处不在。”它为人们开启通往第四空间——“完美国度”——的大门。真正的爱是无私无畏，它的释放会让人付出所有的情感，也不要求任何回报，只要付出爱，就会感到快乐和愉悦。爱是上帝慈悲的显现，是宇宙最强大的力量，它的美妙就在于它的无私、不求回报，是人与人之间最纯洁的感情。

爱无处不在，纯洁、无私的爱会相互吸引着许多人，无须寻觅求索。不懂得爱的人无论如何也不会找到真爱所在。爱是相互的、无私的，爱是付出，只想享受别人付出的爱而不懂得爱别人的人是不会拥有真爱的。没有人不知道真爱的含义。在情感上，人类自私、专制甚至恐惧，有些人常常怕失去所爱，但却不知道，爱都是自己争取的，爱的法则就是快乐地付出，你付出了爱，也会收获爱。嫉妒是爱最大的敌人，因为它会让一个人思维混乱，做出对爱人移情别恋的事情。如果不消除，某些恐慌可能会成为事实。

曾有一位伤心欲绝的女士去找朋友，她对朋友说，她的心上人另觅新欢，而且根本没想过要和她结为夫妇。嫉妒和怨恨已经让她丧失理智，满心都是嫉妒和憎恨，她狠狠诅咒这个伤害了她的人，然后说："我爱他这么深，他为什么要离我而去？"朋友说："不付出就没有回报，付出真爱才会收获真爱。通过付出不断完善自己的爱吧。给他一份真挚无私的真爱，而不要苛求回报，不要刻薄怨恨，不管他心归何属都要诚挚祝福他。"

她答道："不，除非知道他为什么不爱我了，否则我不会祝福他的。""你这不算真爱，"朋友说道，"当你付出真爱，真爱自然会眷顾于你，不管是对他还是对别人。"

几个月过去了，情况虽然没有好转，但她的心态却在改变。朋友对她说：“当你不再因为他而陷入无情的困境当中，你就解脱了，因为一切都是源于自己的心态。”然后朋友讲了一对印度兄弟的故事。这是一对非常奇怪的兄弟，他们从来不用“早上好”问候别人，而用“我向你内心的神灵问好”。他们不仅问候人的内在神灵，甚至问候丛林里动物的内在神灵。所以他们从未受过伤害，因为他们从生物的内心看到了上帝的影子。朋友说：“问候那个男人的内心神灵吧，并要他说‘我看到了神圣的你。上帝正借用我的双眼看你，一个按神的形象和喜好完美地创造出的人’。”不久，她发觉自己慢慢地变得心平气和并不再怨恨。她所爱的那个人是一名船长，她喜欢叫他“大盖帽”。一天，她不经意地说：“不管他在哪儿，请上

帝保佑‘大盖帽’吧。”朋友回答道：“这才是真爱，当你变成‘完整的圆’，当你只是付出而不再苛求回报，且不再被此事困扰的时候，你或许就会得到他的爱或同等的爱。”

当时朋友正搬家没装电话，所以几周内都没联系。又过了一段时间，朋友收到她的一封信，说：“我们结婚了。”朋友马上联系她，上来就问：“怎么回事？这简直是个奇迹！”她说道：“一天早晨醒来时，我发现痛苦已完全消失了，内心已经不那么痛苦了，原来爱应该是无私地付出，心中不苛求回报，自然也不会那么累了。傍晚，我们再次相遇时，他向我求婚。一周后我们结婚了，他是我见过的最虔诚的人。”

真正的爱是无私的付出，这样的爱才是幸福的，因为你不苛求回报，自然不会有烦恼和失望。当你因为想得到什么才去付出爱，这样的爱就无比沉重，如果达不到你想要的标准，便会痛苦不堪。

有人说：“你没有敌人，也没有朋友，人人都是你的老师。”因此，我们不应困扰于个人的感情，多体会周围人的幸福生活，潜心学习，我们要用心学习如何去爱，只要掌握了爱的法则——爱就是快乐地付出，我们就会从烦恼中得以解脱，获得幸福与自由。只要学会无私的爱，才能获得真正的爱。

爱，超越死亡

那是一个晴朗的夏日。

美国加州攀岩俱乐部正在举行一次无防护徒手攀岩。罗夫曼和妻子莫莉亚丝都是其中的成员，此时他们正同时攀登一个悬崖。罗夫曼的攀登速度要比莫莉亚丝快一些，他很快成了莫莉亚丝仰视的风景。他们没有任何防护，挑战自然，也挑战自己。他们稳健地向悬崖上方攀登，就像岩壁上会呼吸的岩石。罗夫曼离顶峰越来越近了，还有几米就要到达终点了。围观的人群情不自禁地欢呼起来。

然而就在此时，位于莫莉亚丝右上方约5米处的罗夫曼突然一声惨叫，他失足了！正攀岩的莫莉亚丝蓦然瞥见险象，她毅然脱离了崖壁，伸出双手准确地搂接住了从她上方迅速下坠的罗夫曼。两人紧紧拥抱着共同坠入万丈深谷……

这一瞬间的惨剧让在场的每一个人都惊呆了。

而莫莉亚丝那个漂亮的搂接动作，被现场的摄影师定格成了旷世经典。

所有的人，包括莫莉亚丝自己都知道——她根本无力救罗夫曼的生命，却知其不可为而为之。她虽然不能挽救爱人的生命，但是她救起了爱。

幸福圈：释放爱的能量

一位心理学家曾做过一项研究：总在母亲身边玩的小孩儿要比不在母亲身边玩的小孩儿有丰富的创造力。调查研究发现，孩子们在母亲身边的一定范围内，创造力是极其惊人的，这也可以叫作“创造力圈”。原因是他们知道那个无条件爱他们的母亲就在身旁，那种来自无条件的爱带来的力量，给我们

建造了一个“幸福圈”。

我们要努力创造这样的“幸福圈”。你所创建的“幸福圈”就是你的人生功绩，你一生所创立的“幸福圈”就是你的人生功德，就是你建立的功业。人生在世，建功立业，建什么功，立什么业？归根到底就是通过各种各样的方式努力打造幸福圈、扩大幸福圈。这个幸福圈包括你自己、你的家人、你的好朋友、你的同事，你所能影响到的社会。只有幸福圈越变越大，幸福才有可能更持久、更牢固、更坚实。

“幸福是人类的至高财富”，所以我们每个人都应该努力去创造幸福圈。你创造的幸福圈有多大，那么你内心的空间就有多大；你心里的空间有多大，社会就会回报给你多大的空间。你给别人带来幸福，人们也将会永远记住你。作为学校的工作人员，你是留在学生和家长心中的一首颂歌。我们生活在学校这个集体中，要不断地反思，深刻地反思，自觉地把个人幸福与他人幸福连在一起。我们要时时感觉到个人的荣辱、幸福是和集体的声誉血脉相连的，并为这种血脉相连的幸福努力工作、顽强拼搏！

生活对于每个人来说都是平等的，上天不会偏爱任何一个人。但人世间有的人会感到幸福，而有的人感受不到幸福或幸福感不强，那是因为幸福是一种能力，是感谢生命赐予和现有生活的能力；是感受快乐、抵制不良情绪的能力；是不断反省

自己、完善自我的能力；是一种调节身心平衡，调节人与社会平衡的能力。

幸福不会从天而降，不可能一蹴而就，更不可能一劳永逸。幸福是态度、是能力、是创造，幸福与相貌、与智商、与地位、与金钱无关。我们应该试图建立幸福圈，去影响别人，给别人带来幸福的同时，也让自己更加地快乐。这就是幸福圈的力量：它可以释放爱的能量。

幸福源自于爱的无私

每个人都有一套自己的“幸福观”，每个人对幸福的理解都有所不同，幸福指数也有高有低，但幸福是有共性的，这共性就源于我们人类无私的爱。

幸福是一杯水，透明却没有味道。虽然起初味道平淡，但是在你回味幸福的时候它却比蜜还甜，那是因为幸福中包含着爱，就像是糖，当糖溶入水中的时候幸福就有了甜的味道。然而，这种幸福的味道在生活中常常被人们所忽略，但是一旦你用心品尝幸福这杯水，你就会感受到爱的甜味。

幸福来源于爱，爱来源于心里。小王和朋友出门办事，路上见到了一个很可怜的乞丐，但是很少有人会给他钱，每当别人给他钱的时候，他都会看着对方说“谢谢好心人”。朋友手里正好拿着两个大橙子，他看了看乞丐，又看看自己手中的橙子，他走到了乞丐面前，把那两个大橙子放到了乞丐手里，乞丐看了看橙子，别说谢了，连头都没有抬起来就把橙子放在身后了。顿时这个朋友傻了，他皱着眉头说：“可怜之人必有可恨之处……”这一路他的心情都糟透了，小王都快被这些抱怨影响了，小王开口问他：“你为什么要把自己最喜欢的橙子给乞丐？”他说：“因为我看他很可怜，我是一个有爱心的人，这是从我心里对那个乞丐无私的爱呀。”小王笑了笑说：“你根本没有爱，又谈何有爱心呢？因为你给他橙子时是有目的的，你要用橙子换来谢谢和乞丐对你特别的感激。可一旦没有换回你想要的东西，你就开始抱怨和谩骂，这就是你的爱和爱心吗？”

爱，可贵在无私和不求回报，幸福不仅仅在你得到爱的时候可以感受到，在你付出爱的时候更加可以感受到幸福。

一个年幼的孩子得了胃病，吃东西很少，当地人推荐孩子吃米酒，说是可以暖胃。孩子的母亲在街口第一次去买米酒时是一位老阿姨接待了她，她说：“要10块钱的，给孩子吃，他们说可以暖胃。”老阿姨爽口笑道说：“吃这个对孩子胃好，买1块钱的就够了，如果吃多了反而会烧胃。”她觉得这样实在的生意人真是难得，便拿着米酒回家去了，孩子果然吃了后很舒服。女人便天天去那里给孩子买米酒吃，孩子的小脸一天天见红了，食欲也好起来。

有一天，天气非常寒冷还夹着雪花，孩子的母亲那天正好单位有事下班晚了，往回走时天已经黑了。当她走到街口的时候看见那个老阿姨正在向她招手，她很好奇地问阿姨：“这么冷，天又黑了，您还没有回去吗？找我有事吗？”阿姨说：“今天我的米酒卖得很快，我怕孩子吃不到，便留了一些，一直在这里等你回来。”她听了感动得热泪盈眶，赶紧掏出5块钱递给老阿姨说：“您快回去吧，不用找了。”阿姨找回4元钱微笑着说：“家人都劝我别干了，但是我忙了一辈子，闲不住。何况大家都喜欢吃我做的米酒，我觉得很幸福。”

这位阿姨感到幸福是因为她付出了爱，她把对顾客的爱融入到每天做的米酒里，顾客吃到米酒感觉是幸福的，他们脸上绽放的笑容也让阿姨感到幸福。如果一个人将工作作为生命的一部分，在这份工作的付出中也就收获了幸福。给予别人的是一种幸福，看到别人因你的努力而改变，而别人给予你的也是甜甜的幸福。工作是幸福的，在工作中体验幸福，是自身与他人对幸福的传递。

幸福是爱的相互作用

我们都知道，自然界中有太多的美妙、太多的神奇。自然界中力的作用是相互的，你推墙一个力，它也必然还你一个力。我们情感的世界又何尝不是这样？人与人的情感也是相互的。在大部分情况下，你对别人好，别人也会对你好；你对别人付出感情，也会得到相应的回报。爱是人类感情的最高境界，爱的力量是伟大的，它使我们有勇气、有信心、有支撑地面对纷繁复杂的世界。你爱别人，也渴望得到别人的爱。其实，爱的作用也是相互的。

真正的爱不是用言语可以表达的，是发自内心的，不是语言就足以表达的。爱上一个人，你的整颗心都会被你爱的人所吸引，为他着迷，为他牵挂，但愿每一分钟都可以见到他，见不到的时候时时刻刻都会想着他，见到的时候你会兴奋、心跳加快，在一起的时候你会感觉很温暖、很安全；真正地爱一个人会心甘情愿地照顾、关怀他，给予他想要的一切，看着你爱的人开心你也会跟着开心，看到他烦恼你也会跟着烦恼，你会想尽一切办法使你爱的人开心快乐；真正爱一个人会想和他共同到老，与他相濡以沫，愿意为他付出，随他的喜乐而喜乐，为他的忧愁而忧愁。你全身心地付出，你会期待用你的全部爱心来带给他最大的幸福，而你也在这个过程中得到了另一种幸福！这就是爱的相互作用。你时常想到他就开心，很在乎他，没有他好像失去了什么，有了他就拥有了快乐！感觉彼此为对方带来了不可言喻的幸福，正是因为双方对爱的付出，让彼此的爱温暖对方的心灵，才会无时无刻不感到幸福。所以，幸福是爱的相互作用，只有一方的爱是构不成幸福的。幸福是两颗心的惺惺相惜，是两个人的患难与共，只有双方的爱相互支撑才能让幸福之花维持得更长久。

古龙的小说《多情剑客无情剑》中有一段很耐人寻味的话："也许她一直都在爱着他，只不过因为他爱她爱得太深了，所以才会令她觉得无所谓。爱她爱得若没有那么深，说不定反而会更爱他。这就是人性的弱点，人性的矛盾。所以聪明的男人就算爱极了一个女人，也只是藏在心里，绝不会将他的爱全部表现出来。"

付出的感情多的那方得不到对方的重视，长期的付出被当作理所当然或俨然成为一种习惯。爱的力量失去了平衡，一方

的辛苦换来另一方的满不在乎，又何来幸福可言呢？爱是相互作用的，一方的爱太多，另一方的爱太少，必然失去平衡。

幸福的感觉是自己争取的，幸福是来自相互平衡的爱。爱得太深无法自拔，往往为情所困，看见别人的幸福只能心中一阵酸痛。幸福来源于爱的相互作用，两个人在感情中找到了平衡点时，幸福之意便会越来越浓。

爱，把现实与幸福的距离填上

所谓的幸福是什么？其实，每个人对幸福的定义是不一样的，幸福也不是可以用某一种东西来衡量的。如果非要定义幸福，那就是人的生活、物质、工作和学习，包括亲情、友情和爱情都得到了一定的满足。或者说，幸福就是无忧虑，从而使人产生一种快乐的感觉。

有人说，幸福与现实是有距离的。那么，爱就是填补这个距离的东西。或者说无忧无虑使人产生的快乐是一种感觉，也可以说，幸福是单一的、独一无二的。幸福如花，生命盛开又凋落；幸福如茶，浸泡的滋味甘苦自知；幸福如歌，迂回百转的人生起伏变迁。当生命中遇到爱时，心中就会充满无比温情，心中的情窦片片，玫瑰花开。当人生被爱牵住时，绕指的温柔许诺了一辈子的深情。证明今生最爱，心中充满爱，就会让最美妙瑰丽的青春陪伴终生的幸福。

幸福是一种感觉、一种境界、一种氛围，难以说得清、道得明，更不需要去请教别人。因为每个人都有每个人的幸福，即便你翻遍所有的人生，即使你问遍所有人，也难以找到自己满意的答案。要得到幸福，就必须学会爱。你的爱情幸福与否，只有你自己知道。被人看出的幸福，或许只是在爱情生活中一段必要的插曲，浅显而缺少永恒的价值。永恒的幸福早已深入骨血，爱会成为一种力量，填补爱与现实间的距离，无时不支撑着你的人生。

有能力成就非凡人生的人，不一定能拥有终生的幸福。因为这种幸福不仅仅和个人的智慧与汗水有关，更关键的在于一个人是否具有爱的能力。在真正的爱情里，理解与默契是一种幸福，别离与牵挂也是一种幸福，即使是那些难言的无奈与凄苦，也总是闪烁着幸福的光辉。但就是这种爱，让幸福离你越来越近。

爱情，总是给人带来两种截然相反的体验——幸福或痛苦。二者虽表现方式有异，却紧紧相连，使爱情跌宕起伏，让幸福变得充实而意味悠远。

凡是拥有幸福的人，总能具有正视痛苦、深埋痛苦、拥抱痛苦、宣泄痛苦的勇气，因为有爱的支持，即使经历痛苦，幸福也不是那么遥不可及，只是对幸福的一种考验。拥有爱的人，具有在痛苦中不消沉、不萎靡的肚量；具有在痛苦中寻找、提炼幸福的能力。当你爱着的时候，你就要懂得爱：正视痛苦是一种爱的修养，深埋痛苦是一种爱的坚忍，宣泄痛苦是一种爱的坦荡，拥抱痛苦是一种爱的执着。正是爱的这些力量，促使你的幸福能够常伴身边。

虽然爱的痛苦不可避免，却总是自始至终地包含在爱的幸福之中。如果在你的爱情生活中，幸福总是迟迟不肯降临，那么，可能是因为你爱得还不够，不够填补幸福与现实的距离。如果幸福和痛苦的都不够，那是因为你爱得还不够。虽然爱情带来的痛苦是深刻的，但是爱情带来的幸福，也会比其他事物带来的幸福深刻千万倍。所以，修炼你的爱吧，它能让你与幸福越来越接近。

诚心相拥的时刻里总是抱紧自己的手臂，生怕情缘会像秋后的树叶枯了落了，生怕冬天风化的积雪会在来年袭上眉宇，盼望着温暖驻足成永恒。愿没有容颜变苍老，没有世事误会烦扰，琴瑟和鸣地度过淡泊的日子。所谓相守一生是一辈子的幸福，但短暂刻骨的相爱也是一辈子的幸福，无论长短，懂爱且爱过就是拥有过一辈子的幸福，至少要去珍惜这一切。

爱一个人，应该是独自走在路上，却不经意去想象他就在旁边的样子，想象挽着他的手一起逛街，一起散步，一起做很多事。爱一个人，应该是不管何时何地，只要手机响起就会紧张，以为是他的短信或是电话，有激动、猜测，但更多的是期盼，在确认不是他以后，会松一口气，但却有无尽的失望、失落。爱一个人，应该是每看到一部爱情剧就会把两个人想象成男女主角，想象两个人一起出演一幕幕感天动地的醉人画面。爱一个人，应该是每天都把他曾经说过的话回味一遍，然后一个人傻笑；爱一个人，应该是只想知道他每天过得好不好，有没有什么烦心事，却不愿意让自己的事给他带去烦恼。爱一个人，应该是每次打电话都在笑，很温柔地应承他的叮嘱，哪怕已经说了很多遍。爱一个人，应该是一到空闲就在想他在做什么，是在上班、休息，还是想我。爱一个人，应该是随时都担心他吃不好、睡不好，总怕他累着，怕他生病，身体不好。爱一个人，应该是到一个地方玩的时候就会想象如果他也在的话，他会怎么做，那个时候又会是多么幸福。爱一个人，应该会因为一整天没有他的任何消息而生气或是担心。爱一个人，应该是哪怕距离隔得远，却仍感觉彼此靠得很近，因为我们在同一片星空下，我们沐浴着相同的阳光，我们呼吸着一样的空气，我们靠着思念温暖自己，以此过活；爱一个人，应该会变得细腻、温柔、安静、大度；爱一个人，虽有万千种非同寻常的表现，但只有一种，那就是甜蜜、幸福的感觉……

幸福就是“送人玫瑰，手有余香”

什么是幸福？幸福就是“送人玫瑰，手有余香”。这是一条让人间充满爱和希望的路，是我们应该执着追求、坚持走下去的一条路，我们会在坚持中感受着人生的快乐和幸福！

在我们的生活中，我们总会遇到这样的好人，他们给别人以真诚的帮助和扶持，而自己也从中得到慰藉，心中充满快乐和阳光。这样的人是幸福的，于人于己，他们这样做都是值得的。

公交车上，一位中年男人上车后翻遍口袋也没有找到零钱，司机用非常恶劣的态度督促他：“没钱就下车！早干吗去了！”这已经是晚上九点多了，公交车也是等了好久才来了一趟，下车就不一定能再等得上公交了。中年男人尴尬地说：“现在确实找不出来了，要不到站了我再拿给你。”司机依旧不依不饶地说着难听的话，车上的乘客虽然有些看不惯，却不好说什么。这时，一位老太太从口袋里拿出1元钱给了中年男人，说：“先投进去吧。”中年男人有些不好意思，推诿几番，拗不过老人，就接过投了进去。这下，司机停止了抱怨，车上人赞许的目光都投在老太太身上，老太太依然保持着和善的笑容。

只是1元钱，说实话，我们谁都不会说特别在乎那1块钱，但愿意在别人困难之时拿出1元钱的又有多少呢？1元钱，平息了司机的愤怒、中年男人的尴尬，而且老太太心中想必此时是幸福的，因为她觉得她花这1元钱是值得的，帮助了别人，内心也会无比快乐。我们是否想过，我们很少感到幸福，是不是因为自己太过吝啬？有时只是举手之劳便可救别人于危难，我们或许怀着多一事不如少一事的态度不肯出手帮忙，却也因此错失了得到幸福的机会。帮助别人的时候，自己内心不但会得到满足，或许也正是在为自己以后埋藏一个种子，总有一天，你会尝到丰收的硕果。幸福并非那么遥不可及，是我们每个人只要迈出小小的一步就能得到的东西。

“送人玫瑰，手有余香”，需要我们在生活中用心体验这句话的深刻与博大的意蕴。

善待生活就是善待生命，善待别人就是善待自己。当我们在生活中播撒爱心，也会使温暖与感动长存心间。如果每个人都能心怀善良、心怀感激，都能无私地帮助别人，那么阳光将洒满内心，幸福也会随之降临。

俗话说：“花无百日红，人无千日好。”我们自己也总有遇到困难需要帮助的时候，你曾不计回报地帮助过别人，别人也会在你危难之时伸出援手。幸福不仅仅是索取，幸福是相互的，你给了别人幸福，自己也会感到幸福。要收获幸福，就要有赠人玫瑰的大方，而付出的过程也是收获的过程。

第十九篇

经历人生，更要善待人生

最佳的生活状态是从零开始

无论是在生活还是在工作中，我们常常会遭遇瓶颈，并为之苦恼，但是很少有人愿意舍弃自己从事的职业，转投其他事业。因为我们对于环境的转变有一丝恐惧，害怕重新开始，可是如果我们不能将自己的思维“掏空”，不能给自己“换脑”，我们就没有突破，甚至会因为苦恼而对工作产生厌倦，长此以往，就会对自己失去信心。

阜康钱庄的于老板过世之前，将自己的钱庄托付给了胡雪岩。为于老板守孝3个月后，胡雪岩正式接手了钱庄的生意。此时，他早就已经有了做别的买卖的打算，只是一时之间不知道该从何下手。

19世纪50年代，大清王朝最赚钱的生意一共有8种：粮、油、丝、茶、盐、铁、当铺和钱庄。杭州是一个大城市，开当铺的可能性不大，因为这样的生意多是针对穷苦人的，而杭州的百姓虽然不是个个富翁，但是还不至于影响到生计。而盐、铁两大行业，官府一直把得很严，不给私人发展的机会。相对之下，只有粮和丝的生意比较适合。

最初，胡雪岩看准了粮的买卖。当时，正是太平天国运动时期，清军与太平军两军对垒，谁的粮饷多，谁取胜的机会就大，所以双方都在想办法收购粮食。胡雪岩正是从中看到了商机，才决定插手粮食买卖的。初期的投资进行得还比较顺利，可是后来朝廷改变了“南粮北运”的策略，由官府直接在战场附近购入粮食，这就影响了胡雪岩的大计。

王有龄得知这个消息后，赶紧前来安慰胡雪岩，让他放宽心。可是，当他到了胡家的时候，发现胡雪岩正在谋划转投生丝的生意，就赶紧说：“不用沮丧，虽然利润有所减少，但并不是一点儿都赚不到的，相比从前，这已经是很好了。”胡雪岩听了，反而笑道：“我没有因为利润的减少而沮丧，而是准备放弃粮食的生意了。当一个领域的买卖遭到瓶颈的时候，不能死守着不放，而是应该大胆地放弃从前，重新开始。我现在只想把精力都放在生丝的投资上。”

王有龄听后，很是佩服。

没错，在一个领域里遭遇瓶颈，没有办法更进一步发展的时候，就应该大胆地告别从前，重新开始。尽管舍弃从前熟悉的领域是艰难的，可是如果死守着一个没有发展的领域，只会浪费更多的美好时光。

哈佛大学校长到北京大学访问的时候，讲了一段自己的亲身经历。

有一年，校长向学校请了3个月的假，然后告诉自己的家人，不要问他去什么地方，他每个星期都会给家里打电话报平安。

校长只身一人，去了美国南部的农村，尝试另一种全新的生活方式。他到农场去打工，去饭店刷盘子，在田地做工时，他背着老板躲在角落里抽烟，或和工友偷懒聊天。这都让他有一种前所未有的愉悦。

最有趣的是最后他在一家餐厅找到一份刷盘子的工作，干了4小时后，老板把他叫来，跟他结账。老板对他说：“可怜的老头儿，你刷盘子太慢了，你被解雇了。”

“可怜的老头儿”重新回到哈佛，回到自己熟悉的工作环境后，觉得以往再熟悉不过的东西都变得新鲜有趣起来，工作成为一种全新的享受。

这个“可怜的老头儿”，厌倦了在哈佛日复一日的校务工作和程式化的交际，为了改变这一现状，他抛开哈佛校长的光环，从零开始生活，从而抛弃了以往心中所积攒的不少“垃圾”，让自己的内心真正归零。

从某种意义上说，当一个人的发展遭遇某种瓶颈时，以“归零”的方式放弃从前，关上身后的那扇门，你会发现另一片美丽的花园，找到另一番工作的激情和生活的乐趣。

二十几岁的年轻人要知道，人在职场，职业倦怠、激情丧失似乎是永远也绕不开的话题。每过一段时间，每到一定阶段，感到一种难以摆脱的压抑和烦躁时，可以向那位哈佛校长学习，适当地将现状归零，换种方式前进，或许是个不错的选择。

穷忙与瞎忙浪费了太多时间

二十几岁的年轻人也许会有这样的感觉，觉得每天都很忙，忙着工作，忙着生活。但有没有停下来问问自己：究竟在忙什么？这样的忙碌，究竟值不值得？

在生活节奏不断加快的今天，人们往往只是一味地崇拜速度，而忽略了生活的内涵，为了忙碌而忙碌，最终忙而无功，只是徒耗心力，增加烦恼。

有人说："生活，生活，生下来就得干活。"这当然是一种调侃的说法，但也值得我们深思。当大部分人都在争分夺秒、四处奔忙的时候，那些不是很忙的人就开始坐不住了，他们开始怀疑自己的缓慢是错误的，而对忙碌产生羡慕。因为忙碌总是与成功、财富、荣誉紧密相连的，于是大家趋之若鹜地模仿，努力使自己也忙碌起来，把忙碌当成是莫大的殊荣来争相抢夺。这就变成了为忙而忙，改变了生活原来的味道。

一位著名的时间管理专家曾做过这样一个实验：

在一次关于时间管理的课上，专家在桌子上放了一个装水的罐子，然后又从桌子下面拿出一些正好可以从罐口放进罐子里的鹅卵石。当他把石块放完后问他的学生道："你们说这罐子是不是满的？"

"是！"所有的学生异口同声地回答说。"真的吗？"专家笑着问。然后又从桌底下拿出一袋碎石子，把碎石子从罐口倒下去，摇一摇，再加一些，又问学生："你们说，这罐子现在是不是满的？"这回他的学生不敢回答得太快。最后班上有位学生怯生生地回答道："也许没满。""很好！"专家说完后，又从桌下拿出一袋沙子，慢慢地倒进罐子里。倒完后，再问学生：“现在你们再告诉我，这个罐子是满的呢，还是没满？”

“没有满！”学生们这下学乖了，大家很有信心地回答说。“好极了！”专家再一次称赞他的学生们。然后，专家从桌底下又拿出一大瓶水，把水倒进看起来已经被鹅卵石、小碎石、沙子填满了的罐子里。当这些事都做完之后，专家问他的学生：“我们从上面这些事情可以得到什么重要的启示呢？”

课堂上一阵沉默，后来有位学生站起来回答说：“无论我们的工作多忙，行程排得多满，如果要挤一下时间的话，还是可以多做些事的。”专家听完，点了点头，微笑道：“说得很好，但这并不是我要告诉你们的重要信息。”说到这里，这位专家有意停顿了一下，用目光对全班同学扫视了一遍说：“我想告诉各位最重要的信息是，如果你不先将大的鹅卵石放进罐子里去的话，你以后也许永远没机会再把它们放进去了。”

“鹅卵石”是一个形象逼真的比喻，代表我们生命中最重要的事情。我们的人生就好像装水的罐子一样，如果放了太多琐碎的东西，就很难再放进重要的东西了。因此，在每天忙碌奔波之余，我们不妨停下来，多问问自己究竟在忙什么，有没有忙于有价值的事情，这样才能够更充实地过自己的一生。

其实生活并没有过多地去逼迫人们，很多时候都是人们自己在逼迫自己。人们盲目地从众，给自己的心灵套上了枷锁，从而使自己欲罢不能，沦为时间的“奴隶”，不断地追赶时间，不断地找更多的事情来做，不断地加重自身的负担，让自己身心疲惫、心力交瘁。

人生需要的不仅仅是学会工作，还应该学会思考和享受，生命不能够走极端，忙碌不是我们唯一的习性。即使忙碌，也要考虑是不是值得，是不是能够换回自己想要的回报，既不能因为贪欲而不自量力，也不能因为胆怯而放弃机会。

二十几岁的年轻人应该学会改变自己，生活不是马不停蹄地奔跑，留给自己一点时间，享受现有的财富和名誉，这样才会使忙碌变得有价值。

掌握工作与生活的平衡

很多二十几岁的年轻人认为在工作和生活之间只能选择其一，如果努力工作，就不能顾及生活。但是在生活中我们也可以发现，不少成功的人士拥有双重的幸福，即来自工作的幸福和来自家庭的幸福。

俗话说“鱼和熊掌不能兼得”，这句话没有错，但是需要指明的是，生活与工作并不是互相冲突的，主要原因在于我们不能放弃其中的任何一个。对美好生活的向往是每一个人的期望，然而，如果只拥有美好幸福的生活而失去工作带来的幸福，生活就会缺少一种色彩，那么，我们为什么不能合理地分配时间，合理地安排它们，得到双重的幸福呢？

有很多人曾问杰克·韦尔奇这样一个问题：为什么你会有那么多时间去打高尔夫球，还能继续干好CEO的工作呢？他是这样解释的：就是正确地把握生活与工作的平衡关系。例如，要如何去管理生活，如何支配时间，应该把多少精力和时间放在

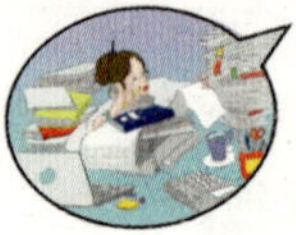

工作上这些问题。

《时尚芭莎》的主编苏芒曾在她的博客中写道：

“我喜欢工作也喜欢家。在工作时，我的头脑充满灵感和梦想，身体像充满能源的加速器一样，随时蓄势待发；在家里，我的心是充满幸福的，宁静满足，无欲无求，一粥一饭，有孩子、爱人，还有一只可爱的小猫……记得有同事向我辞职时常常会这样说：‘对不起，我希望有工作也有生活。’多少人拥有幸福的家庭、快乐的工作和满意的成就呢？就算你暂时没有驾驭两者的能力，难道你不愿意试试吗？”

当我们看到这样一段文字时，我们是否应该问问自己：为什么别人能把工作和生活安排得如此妥当，既能在工作中获得满足，又可以在生活中获得幸福，而自己却没有做到呢？诚然，我们看到诸多成功人士，他们既能拥有如日中天的事业，同时也拥有着幸福的生活。或许现在很多人都不能妥善地处理二者的关系，但是有那么多成功的例子，为什么不能试一试，让自己拥有双重的幸福呢？每一个人都可以的，只要愿意尝试。

其实，很多人之所以处理不好二者之间的关系，有很大一部分原因是没有一个良好的心态，而且不会安排自己的时间。如果能有效利用时间把工作处理好，高效率地工作，那就不用占用很多生活的时间。实际生活中，我们经常会看到这样一些人，工作时喜欢拖延，喜欢做一些与工作无关的私事，比如把与朋友沟通的时间安排到工作时间里去，每天都要打电话给朋友。实际上，多数的电话都是无关紧要的，不是紧急事务最好不要浪费工作时间去打电话，因为这样做的结果会造成工作没有做好，同时也不得不去加班完成工作。这时候，他们就认为工作和生活是矛盾的，两者之间只能选择其一。

如今，很多上班族都出现了这样的问题，如眼疾、慢性疲劳、失眠、过度劳累等，怎么解决这些问题呢？要把工作停下来，是不太可能的。首先，停下来就没有了经济收入，就失去了生活的来源，生存就没法得到保障，这样的生活还能美好吗？其次，即便有了生活上的保障，我们也不能离开工作。既然如此，我们必须正视这个问题，工作和生活必须兼顾，我们需要的是双重的幸福。那么，怎样平衡它们之间的关系呢？首先，我们应该保证自己的工作效率，并尽量利用好有效的工作时间；其次，我们必须保持良好的心态，调整好自己的心态，让心情轻松，坦然地接受压力和劳累，这样能大幅度降低疲劳的程度。

总而言之，在人的一生中，工作和生活都是必须兼顾的，少了哪一项都会觉得有缺憾。如果只有工作，没有生活，每天除了工作没有别的生活趣事，那么工作也将索然无味。反过来也是一样的。想活得更加精彩，就一定要平衡好工作和生活的关系，让自己拥有双重的幸福，既有来自工作的幸福，也有来自生活的幸福！

每天反省五分钟

在生活中，不断作自我反省，才可以令自己立于不败之地。

1. 自省是拯救我们的第一步

自省就是反省自己，这是只有人类才能办到的事。

一般地说，自省心强的人都非常了解自己的优劣，因为他时时都在仔细检视自己。这种检视也叫作“自我观照”，其实质也就是跳出自己的身体之外，从外面审视自己的所作所为是否为最佳的选择。这样做就可以真切地了解自己，但审视自己时必须是坦率无私的。

能够时时审视自己的人，一般地讲过错都非常少，因为他们会时时考虑：我到底有多少力量？我能干多少事？我该干什么？我的缺点在哪里？为什么失败了或成功了？等等。这样做就能轻而易举地找出自己的优点和缺点，为以后的行动打下基础。

可是，我们面临这样的尴尬：一方面是物质生活的富裕；另一方面是精神世界的贫穷——自省意识的缺失便是明证。每当我们惹了麻烦、做了错事、伤害了他人时，我们首先想到的不是主动承认错误，而是如何逃避责任；每当我们遇到考试失利、求职碰壁、婚姻不幸、壮志难酬等困境时，我们最先想到的不是自身努力的不足、实力的欠缺、能力的差距，我们早已习惯在悲伤、沮丧、愤懑的同时，将自身失利的原因归咎于他人的干预和外在的环境，却缺乏对自身灵魂的拷问，缺乏深沉的自省。

于是，我们对心灵的防护能力和对神经的调控能力越来越差，陷于困境的我们往往要在痛苦的深渊里艰难地挣扎，却难以及时觅到逃离苦难的出口和冲击成功的出路。一旦陷于更深的失败或遭受更大的打击，我们唯有自怨自艾，强吞下失利的苦果，从此一蹶不振。

而有些人又走到了另一个极端，将自省意识等同于严苛的自责，他们对自己的失利求全责备，这只能助长自卑的心理，不仅于事无补，还会加深内心的苦痛。

自省既不等同于自怨自艾，也不是求全责备，它是精神层面上的反省，是对灵魂的追问。自省的前提是承认过失，既知其“失”，同时要知其所以“失”，进而在行动中纠其“失”。

自省不是外在的强加，而应该像吃饭睡觉那样成为我们自觉的行为。

具备了自省精神的人和民族注定是强大的、不可战胜的。

当年越王勾践卧薪尝胆、东山再起，靠的就是一股强烈的自省意识的支撑。现代社会的人都感到竞争激烈，苦恼多多，为什么不像越王那样多点儿自省意识？自省是拯救我们的第一步，迈开这一步后我们的人生之路一定会宽敞平坦得多。

2. 如何培养自省意识

培养自省意识，首先得抛弃那种“只知责人，不知责己”的劣根性。当面对问题时，人们总是说：

“这不是我的错。”

“我不是故意的。”

“没有人不让我这样做。”

“这不是我干的。”

“本来不会这样的，都怪……”

这些说辞是什么意思呢？

“这不是我的错。”是一种全盘否认。否认是人们在逃避责任时的常用手段。当人们乞求宽恕时，这种精心编造的借口经常会脱口而出。

“我不是故意的。”则是一种请求宽恕的说法。通过表白自己并无恶意而推卸部分责任。

“没有人不让我这样做。”表明此人想借装傻蒙混过关。

“这不是我干的。”是最直接的否认。

“本来不会这样的，都怪……”是凭借扩大责任范围而推卸自身责任。

找借口逃避责任的人有时能侥幸逃脱，他们因此而自鸣得意，却从来不反省自己在错误的形成中起到了什么作用。

为了免受谴责，有些人甚至会选择欺骗手段，尤其是当他们明知故犯的时候。这就是所谓“罪与罚两面性理论”的中心内容，而这个论断又揭示了这一理论的另一方面：当你明知故犯一个错误时，除了编造一个敷衍他人的借口之外，有时你会给自己找出另外一个理由。比如小王没有按时完成小组工作计划中自己那一部分任务，她给自己的理由是她需要时间进入状态；而当同事们问起延误的原因时，她却对他们说自己生病了。

其次，培养自省意识，就得养成自我反省的习惯。我们每天早晨起床后，一直到晚上上床睡觉前，不知道要照多少次镜子。这个照镜子，就是一种自我检查，只不过是一种对外表的自我检查。相比之下，对本身内在的思想做自我检查，要比对外表的自我检查重要得多。可是，我们不妨问问自己：你每天能做多少次这样的自我检查呢？我们不妨设想一下，如果某一天我们没有照镜子，那会是一种什么结果呢？也许，脸上的污点没有洗掉；也许，衣服的领子出了毛病……总之，问题都没有发现，就出了门。可是，我们如果不对内在的思想做自我检查，那么我们就可能出言不逊也不知道，举止不雅也不知道，心术不正也不知道……那是多么可怕的事！我们不妨养成这样一个习惯——每当夜里刚躺到床上的时候，想一

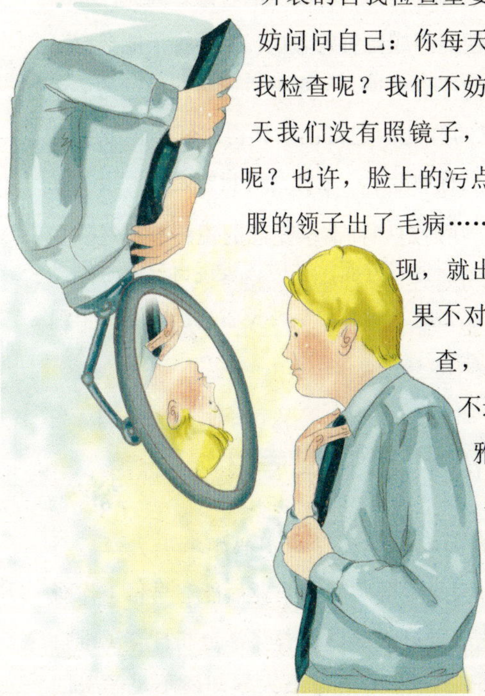

想自己今天的所作所为，有什么不妥当的地方；每当出现问题的时候，首先从自己这个角度做一下检查，看看有什么不对的地方；还要经常对自己做深层次、远距离的自我反省。

最后，培养自省意识，就得有自知之明。就像最有可能设计好一个人的就是他自己而不是别人一样，最有可能完全了解一个人的就是他自己，而不是别人。但是，正确地认识自己实在是一件不容易的事情，不然怎么会有“人贵有自知之明”“好说己长便是短，自知己短便是长”之类的古训呢？自知之明，不仅被当作一种高尚的品德，而且被当作一种高深的智慧。因此，你即便能做到严于律己，即便能养成自省的习惯，也不等于能把自己看得清楚。就以对自己的评价来说，如果把自己估计得过高了，就会自大，看不到自己的短处；把自己估计得过低了，就会自卑，对自己缺乏信心；只有估准了，才算是有自知之明。很多人经常是处于一种既自大又自卑的矛盾状态——一方面，自我感觉良好，看不到自己的缺点；另一方面，在应该表现自己的时候畏缩不前。对自己的评价都如此之难，如果要反省自己的某一个观念、某一种理论，就更难了。

做一个幸福的**利己主义者**

她是一个家境贫寒的女学生。父母担心她考上大学后会带来家里沉重的负担，因此希望她高中毕业后能够早日工作赚钱以贴补家用。但是她却坚持入学，靠着奖学金和打零工维持自己的大学生活。两年后，当弟弟考上大学却凑不足学费的时候，父母让她休学，并把存下来的学费拿出来给弟弟用。她却坚持说，一定要将书念完，自己不能随便休学，但她愿意把缴完学费后所剩下的余额给弟弟用。无奈之下，父母最终还是借钱帮弟弟缴了学费，她因此被人说成是“狠毒的人”“只顾自己的自私鬼”。辛苦地完成了大学学业后，她成了一名护理师。6年后的某一天，她拿出了一大笔钱，请她父母搬到一处更大的房子居住。父母亲惊讶不已，对她说：“还是拿这些钱准备你的婚礼吧！”看着父母还给她的存折，她笑着说：“你们以为我会连结婚的钱都没准备好，就给你们这些钱吗？”正如她自己说的那样，她自己的婚礼费用早就已经准备好了。从此之后，她所到之处，大家都会称她为“孝女”。

对二十几岁的年轻人来说，他们最大的负担之一，就是当自身的能力还没有完善时，就有愈来愈多的人希望得到他们的帮助。有很多二十几岁的年轻人，要从拼命工作得来的月薪中，拿出大部分的薪水给父母或者兄弟姊妹花，这样薪水根本所剩无几。这样辛苦地工作，留给他们的只有不实用的赞美话、所剩无几的存款及迷茫的未来。二十几岁的年轻人，不必急着负担抚养等重大的责任，首先要为自己的未来精打细算，充实好自家的库房，再去关心别人的状况。

也许会有别人的误解，但是没关系，二十几岁的年轻人要学会善待自己，学会做一个幸福的利己主义者。但是，最爱自己与完全不关心别人是两回事，千万别混淆了。

不管遇到什么情况，只为自己而活的人，绝不会拥有幸福和成功的人生。二十几岁的年轻人应该牢牢抓住那些关系到自身未来的、最重要的东西，但除此以外不妨让一步。换句话说，就算不能得到任何回报，也应该在能力范围内，给予别人自己力所能及的帮助。只有这样，对方才能安心地接受，自己也才会心情愉快。

对那些经常礼让他人的人，我们只会说他很善良，而不会说他很傻。善良和傻并不一样，不要把善良的人全部都当成傻瓜。以恶脸对笑脸的人，100个人里面也找不到1个，而我们每天见到的人，都不见得会有100个。哪怕周围不讲理的人再多，也不会超过10个人。因此，在身边的人群中树立良好形象最有效的方法，就是经常做善事。不要在微不足道的小事上发脾气，事后又独自后悔。

人的一生当中，最能够得到锻炼的便是二十几岁这段时期。如果不在二十几岁的时候，练习礼让别人、学会善良，学会善待自己与人生，那么你一生的日子都将如同嚼蜡。而且二十几岁的年轻人如果能够有善良的一面，那么碰到好人和好机遇的机会也将会扩大。纵观那些成功人士，没有人是只顾自己的吝啬鬼。不以友善的心态面对生活的人，大家也不会欢迎他。所以，和没有付出也没有收获的人生比较，付出多且得到的也多的人生要有意义得多。

学会从生活中**采撷情调**

我们的生活可以很平淡、很简单，但是不可以缺少情趣。二十几岁的年轻人要懂得从生活中的点滴琐细中，采撷出五彩缤纷的情趣。

杨蕊是一个大三的穷学生，她和另一个家境好的女生都喜欢同一个男生。在男生眼里，她们都很优秀，他不知道应该选谁做妻子。有一次，他到杨蕊家玩，她的房间非常简陋，没什么像样的家具。但当他走到窗前时，发现窗台上放了一瓶花——瓶子只是一个普通的水杯，花是在田野里采来的野花。就在那一瞬，他下定了决心，选择杨蕊作为自己的终身伴侣。促使他下这个决心的理由很简单，杨蕊虽然穷，却是个懂得如何生活的人，将来无论他们遇到什么困难，他相信她都不会失去对生活的信心。

刘玉是个普通的职员，过着很平淡的日子。她常和同事说笑："如果我将来有了钱……"同事以为她一定会说买房子买车子，而她的回答是："我就每天买一束鲜花回家！"不是她现在买不起，而是觉得按她目前的收入，到花店买花有些奢侈。有一天她走过人行天桥，看见一个乡下人在卖花，他身边的塑料桶里放着好几把康乃馨，她不由得停了下来。这些花一把才5元钱，如果是在花店，起码要15元，她毫不犹豫地掏钱买了一把。这把从天桥上买回来的康乃馨，在她的精心呵护下开了一个月。每隔两三天，她就为花换一次水，再放一粒维生素C，据说这样可以让鲜花开放的时间更长一些。每当刘玉和孩子一起做这一切的时候，都觉得特别开心。

二十几岁的年轻人，要懂得生活的情调，懂得在平凡的生活细节中拣拾生活的情趣。亨利·梭罗说过："我们来到这个世上，就有理由享受生活的乐趣。"当然，享受生活并不需要太多的物质支持，因为无论是穷人还是富人，他们在对幸福的感受方面并没有很大的区别，我们可以通过摄影、收藏、从事业余爱好等途径培养生活情趣。

卡耐基说过，生活的艺术可以用许多方法表现出来，没有任何东西可以被不屑一顾，没有任何一件小事可以被忽略。一次家庭聚会、一件普通得不能再普通的家务，都可以为我们的生活带来无穷的乐趣与活力。

音乐也是一种享受生活情调的重要方法。如若没有音乐，生活将变得单调乏味，给人一种度日如年的感觉。有了音乐，阴天会变成晴天；有了音乐，忧郁会变为开心；有了音乐，贫穷会变得富有。正因为如此，二十几岁年轻人的生活中，也应

该学会让音乐无处不在——

1. 厨房

在厨房里放爱情歌曲最为合适。听得久了，都不知道我们是在烹饪食品，还是在烹饪爱情了。

2. 餐桌

音乐这道食品，虽不能果腹，却可以赏心。它是一道开胃小品，吃得再多也不会发胖。再一般的东西，如若有音乐相伴，也会变得香甜可口。

3. 卧室

卧室里的音乐自然带有神秘色彩，女人喜欢神秘，神秘的东西具有诱惑力。卧室里的音乐暧昧，让人呼吸不定，心跳加速。有音乐陪伴每天的生活，这种感觉是美好的。

二十几岁的年轻人，懂得采撷生活情调，才能更好地享受生活。

简单，幸福生活的完美基调

当代作家刘心武曾说："在五光十色的现代世界中，应该记住这样一句古老的真理——活得简单才能活得自由。"

简单是一种美，是一种朴实且散发着灵魂香味的美。简单不是粗陋，而是一种真正的大彻大悟之后的升华。

一只小鸡破壳而出的时候，刚好有只乌龟经过，从此以后，小鸡就打算背着蛋壳过一生。它受了很多苦，直到有一天，它遇到了一只大公鸡。

——原来摆脱沉重的负荷很简单，寻求名师指点就可以了。

一个孩子对母亲说："妈妈，你今天好漂亮。"母亲问："为什么？"孩子说："因为妈妈今天一天都没有生气。"

——原来要拥有漂亮很简单，只要不生气就可以了。

一位农夫叫他的孩子每天在田地里辛勤工作，朋友对他说："你不需要让孩子如此辛苦，农作物一样会长得很好的。"农夫回答说："我不是在培养农作物，我是在培养我的孩子。"

——原来培养孩子很简单，让他吃点苦头就可以了。

有一支淘金队伍在沙漠中行走，大家都步伐沉重，痛苦不堪，只有一人快乐地走着，别人问："你为何如此惬意？"他笑着说："因为我带的东西最少。"

——原来快乐很简单，只要放弃多余的包袱就可以了。

美国哲学家梭罗有一句名言感人至深："简单点儿，再简单点儿！奢侈与舒适的生活，实际上妨碍了人类的进步。"他发现，当他生活上的需要简化到最低限度时，生活反而更加充实，因为他已经无须为了满足那些不必要的欲望而使心神分散。

用过电脑的朋友都知道，在系统中安装的应用软件越多，电脑运行的速度就越慢。并且在电脑运行的过程中，还会有大量的垃圾文件、错误信息不断产生，若不及时清理掉，不仅会影响电脑的运行速度，还会造成死机甚至导致整个系统的瘫痪。所以必须定期地删除多余的软件，清理掉那些无用的垃圾文件，这样才能保证电脑的正常运转。

我们的生活和电脑系统的情况十分类似。现代人的生活过得太复杂了，到处都充斥着金钱、功名、利欲的角逐，到处都充斥着新奇和时髦的事物。被这样复杂的生活牵扯，我们能不疲惫吗？如果你想过一种幸福快乐的生活，就不能背负太多不必要的包袱，要学会删繁就简。托尔斯泰笔下的安娜·卡列尼娜以一袭简洁的黑长裙在华贵的晚宴上亮相，惊艳无比，令周遭的妖娆“粉黛”颜色尽失。只有去除烦躁与复杂，恢复生活的本真，才能让我们的人生释放最美丽的光彩。

简单地做人，简单地生活，其实也没什么不好。人生可以是金钱、功名、出人头地、飞黄腾达，但若能在灯红酒绿、推杯换盏、斤斤计较、欲望和诱惑之外，不依附权势，不贪求金钱，心静如水，无怨无争，拥有一份简单的生活，不也是一种很惬意的人生吗？毕竟，你用不着挖空心思去追逐名利，用不着留意别人看你的眼神，没有锁链的心灵，快乐而自由，想哭就哭，想笑就笑，即使不能出人头地、活得风风光光，但至少过得简单幸福。

慢生活是一种能力，更是一种心态

现代生活中，每个人看起来都好像在马不停蹄地奔波，时时刻刻一副很努力、很拼命的样子。人们不断地追求着自己的目标，可结果是很多人都搞得身心疲惫，很不快乐，而且依然没有满足感。那是因为大多数人都不知道自己的内心究竟需要什么。

在越来越快的生活面前，越来越多的人迷失了生活的方向，使自己离健康的生活和生命的本质越来越远。我们活着，似乎成天在赶路，脚步匆匆，不敢稍停一下，生怕一旦懈怠便再也赶不上别人的步伐，“惶惶不可终日”是现代人普遍的心理病症，我们耳边一直回响着两个字“竞争”，将我们的人生“糟蹋”为一场又一场比赛。难道我们所处的这个世界，真是一个角斗场？在残酷的竞技场上，我们永远没有闲心去享受生活吗？

生活日复一日，乐趣越来越少，压力越来越大，让人难以接受。是的，为什么要为生活所累，而不好好安排自己的人生，做自己真正的生活主宰者呢？

小时候，我们常常在夏日的傍晚和家人一起坐在院子里乘凉，整个晚上在闲聊中度过。如今为什么不能花1小时去散一次步，花2小时去音乐厅静静地听一场新年音乐会，花2小时慢慢地享受一顿美食，花15天住在一个地方慢慢看风景，或者只是把手机、电话关闭3小时，舒舒服服地打场球、看几页书呢？所有这些“慢生活”与个人资产的多少并没有太大关系，只需要有平静的心态和把握个人时间的能力。

二十几岁的年轻人，现在静下心，问问自己：

你是愿意天天吃快餐，还是希望在家里吃精煮细熬的饭菜？

你是愿意像工作机器一样日夜操劳，还是希望在舒适的环境里把工作当作一种乐趣？

你是愿意到了“五一”“十一”才去旅游休闲，还是希望在平日里就可以钓钓鱼、打打高尔夫球，轻松一点呢？

……

相信所有的人都会选择后一种情况。是的，慢生活是现代人的一种向往，是回归自然的一种期盼。

但是回归自然并不是每个人都能做到的，有时候，能否实现慢生活，还是我们能力的一种体现。因为国内大部分能够实现慢生活的人，都生活在社会收入的顶层，有着一定的物质基础，也有着比较乐观和较好的生活态度。他们享受着家庭的乐趣，他们可以选择自己喜欢的工作，还可以比普通人拥有更多的时间休闲。这让普通劳动者们羡慕不已：“做有钱人真好，我一定要努力工作赚更多的钱。”在这种心态的指引下，他们把更多的时间用在工作和赚钱上，而留给自己和家人的时间就更少了。

其实我们可以让我们自己不断向慢生活靠近。慢，不仅是一种能力，更是一种心态。

只要你能挣开自己的“锁”，不被外面的世界干扰了心灵，总是抱着一种知足常乐的心态，好好地享受今天的阳光带给你的明媚；只要你满足于自己的生活现状，能够做到“宠辱不惊，看庭前花开花落；去留无意，望天上云卷云舒”，更接近自然，更直接地接受造化赐予，更深切地体会亲情，更近地触摸自己的灵魂，更清晰地听到自己真实的声音，更靠近真理的“自己”，又怎么不能享受到生活给予生命的美好呢？

二十几岁的年轻人要明白，人生就像登山，不是为了登山而登山，而应重视攀登中的观赏、感受与互动，如果忽略了沿途风光，也就体会不到其中的乐趣了。人们最美的理想、最大的希望便是过上幸福的生活，而幸福生活是一个过程，不是忙碌一生后才能到达的一个顶点。

不完满才是人生

幸福就是送人玫瑰，手有余香